高等学校机器人工程专业系列教材

ROS机械臂开发与实践

王晓云 武延军 常先明 蒋畅江 编著

化学工业出版社
·北京·

内容简介

本书包含 ROS 基础以及 ROS 机械臂全过程开发和实践等内容，是编著者在结合国内外最新方法和技术，总结自己多年机器人开发经验以及教学科研成果的基础上完成的。本书第 1~4 章简单概述了机械臂基础和 ROS 基础，结合具体实践详细讲解了 ROS 通信机制、常用组件、TF2 等进阶功能；第 5~7 章基于机械臂控制系统开发的工程实践，详细讲解了 ROS 机械臂建模、MoveIt!基础、MoveIt!的编程；第 8、第 9 章介绍了机械臂的视觉系统和视觉抓取。

本书理论与实践相结合，仿真与实物相结合，配有开源教学软件包和课后习题答疑解析，所有教学示例均提供 C++和 Python 两种编程实现，方便读者更好地理解和实践书中内容。

本书可作为普通高校自动化、机器人工程、人工智能等相关专业的教材，也可作为机器人开发者和工程师的技术参考书。

图书在版编目（CIP）数据

ROS 机械臂开发与实践 / 王晓云等编著. —北京：化学工业出版社，2023.3（2024.10 重印）
高等学校机器人工程专业系列教材
ISBN 978-7-122-42592-8

Ⅰ．①R… Ⅱ．①王… Ⅲ．①机械手-高等学校-教材 Ⅳ．①TP241

中国版本图书馆 CIP 数据核字（2022）第 230577 号

责任编辑：郝英华　　　　　　　　　　　　　文字编辑：吴开亮　林　丹
责任校对：田睿涵　　　　　　　　　　　　　装帧设计：史利平

出版发行：化学工业出版社（北京市东城区青年湖南街 13 号　邮政编码 100011）
印　　装：北京机工印刷厂有限公司
787mm×1092mm　1/16　印张 21¼　字数 556 千字　2024 年 10 月北京第 1 版第 3 次印刷

购书咨询：010-64518888　　　　　　　　　　售后服务：010-64518899
网　　址：http://www.cip.com.cn
凡购买本书，如有缺损质量问题，本社销售中心负责调换。

定　　价：78.00 元　　　　　　　　　　　　　　　　　　　版权所有　　违者必究

前言

机器人系统比较复杂，包含机械、驱动、感知和控制等子系统，涉及机械、电子、自动控制、人机交互、通信、软件工程、人工智能等多个领域，给机器人开发者和研究者带来了很大的挑战。为了提高开发效率，避免"重复造轮子"，ROS（Robot Operating System，机器人操作系统）应运而生，为机器人开发提供了一套标准框架。

ROS 可应用在机械臂、无人车、无人机、人形机器人等不同种类的机器人上。越来越多的机器人开发者、实验室和企业公司选择 ROS 作为机器人开发框架，用于机器人仿真和真机的研发测试。根据 ROS Index 官方统计数据，截至 2022 年 10 月，共有开源 ROS 仓库 2000 余个、功能包 7000 余个，且每天都在增加。

本书基于"如何从零开始搭建机械臂的 ROS 控制系统"这一问题，由浅入深，由易到难，理论结合实践，详细介绍了 ROS 机械臂开发过程中使用的技术，并通过大量工程实例，帮助读者深入理解 ROS 框架，学会将 ROS 和 MoveIt!应用到具体的机器人开发实践中。

本书共分为 9 章：第 1 章对机械臂的系统组成、技术参数、正/逆运动学等进行简单介绍，让读者了解机械臂的基础知识和基本概念；第 2 章介绍 ROS 的功能、安装、文件系统、通信架构和计算图等基础知识，并详细介绍 ROS 工作空间的创建和本书教学示例代码包的下载安装；第 3 章学习 ROS 中最基本的通信方式（消息、话题、服务和参数服务器）以及相关实践，为后续章节频繁使用 ROS 通信机制打下基础；第 4 章学习 ROS 的 Action 通信、常用组件工具、动态参数配置和 TF2，是 ROS 的进阶实践；第 5 章详细介绍 URDF 和 xacro 语法规范，深入学习机器人（机械臂）URDF 模型的搭建过程和原理；第 6 章介绍 MoveIt!的系统架构和功能模块以及机械臂系统的通信机制，学习配置助手（Setup Assistant）配置机器人的过程，通过 MotionPlanning 插件和命令行工具测试机械臂的运动规划等功能；第 7 章通过大量实践示例，学习机械臂的目标规划、笛卡儿路径规划、避障规划、机械臂抓取和放置等任务的编程实现；第 8 章介绍相机驱动和 ROS 中的图像、点云消息，并学习搭建简易的 ROS 视觉系统，实现颜色检测和物体检测功能；第 9 章分析视觉抓取应用中用到的关键技术，通过具体的自动抓取应用示例，学习视觉抓取系统的基本组成和编程实现。

书中部分理论讲解参考 ROS 和 MoveIt!官方文档，几乎所有的教学实践示例均由编著者根据工程经验自行设计和实现，前后连贯，系统性强，便于读者理解掌握并快速应用到实际机器人的开发工作中。通读全书，可以发现所有章节按照前后顺序，刚好回答了前面提出的问题——如何从零开始搭建机械臂的 ROS 控制系统，这也是本书编写的初衷。本书配套开源教学软件包和课后习题答疑解析，正文讲解以 ROS Melodic Morenia 版本为准，同时在开源仓库提供 Kinetic Kame 和 Noetic Ninjemys 版本代码，便于读者测试。书中教学示例均提供 C++和 Python 两种编程实现方式，方便不同编程基础的读者入门和使用。本书配套的资源包，读者可扫描封底二维码查看或下载。

本书编著者来自中国科学院软件研究所、重庆邮电大学自动化学院和江苏中科重德智能科技有限公司，长期从事移动机器人和机械臂的开发工作，积累了大量的工程经验和科研成果。本书第 1、2 章由蒋畅江、常先明和邹术杰编著，第 3、4 章由武延军、常先明、王晓云和刘朋编著，第 5~7 章由王晓云和武延军编著，第 8、9 章由王晓云、武延军、常先明和蒋畅江编著。全书由王晓云和武延军统稿并组织编著。感谢化学工业出版社对本书的大力支持，感谢方洋、谭建、汪鹏、邹术杰、刘朋、刘晨等参与了教学示例的编写测试工作，感谢邹术杰和刘朋参与了课后习题的答案解析工作。

因编著者水平有限，书中难免有疏漏或不足之处，欢迎读者批评指正。

编著者
2023 年 3 月

目录

第 1 章 机械臂基础

1.1 机械臂系统组成 001
1.1.1 机械系统 001
1.1.2 驱动系统 001
1.1.3 感知系统 002
1.1.4 控制系统 002
1.2 机械臂主要技术参数 002
1.2.1 自由度 002
1.2.2 定位精度 003
1.2.3 工作空间 003
1.2.4 速度和加速度 004
1.2.5 承载能力 004
1.3 空间描述和变换 004
1.3.1 位置描述 005
1.3.2 姿态描述 005
1.3.3 机器人位姿 007
1.3.4 坐标变换 007
1.4 机械臂正、逆运动学 008
1.4.1 关节空间和笛卡儿空间 008
1.4.2 正运动学 009
1.4.3 逆运动学 009
1.5 推荐阅读 009
本章小结 009
习题 1 010

第 2 章 认识 ROS

2.1 什么是 ROS 011
2.2 ROS 的安装与测试 011
2.2.1 操作系统和 ROS 版本选择 011
2.2.2 安装 ROS Melodic Morenia 版本 ... 012
2.2.3 测试 ROS 015
2.3 ROS 文件系统 015
2.3.1 catkin 工作空间和 ROS 功能包 ... 015
2.3.2 创建工作空间 017
2.4 教学代码包 018
2.4.1 下载安装教学代码包 018
2.4.2 Qt Creator 开发环境 019
2.4.3 教学代码包简要说明 025
2.5 ROS 的通信架构 026
2.5.1 节点与 ROS Master 027
2.5.2 消息 027
2.5.3 话题 027
2.5.4 服务 028
2.5.5 动作 028
2.5.6 话题、服务和动作对比 028
2.5.7 参数服务器 028
2.6 ROS 计算图和命名空间 029
本章小结 029
习题 2 030

第 3 章 ROS 基础实践

- 3.1 消息的定义和使用 031
  - 3.1.1 消息的描述和类型 031
  - 3.1.2 自定义消息类型 033
  - 3.1.3 消息的使用 035
- 3.2 rospy 和 roscpp 客户端 035
- 3.3 话题通信和编程实现 036
  - 3.3.1 话题的发布节点（Python）......... 036
  - 3.3.2 话题的订阅节点（Python）......... 040
  - 3.3.3 话题的发布节点（C++）........... 042
  - 3.3.4 话题的订阅节点（C++）........... 046
  - 3.3.5 话题通信测试 049
- 3.4 服务通信和编程实现 052
  - 3.4.1 服务的定义 052
  - 3.4.2 自定义服务类型 053
  - 3.4.3 服务的服务端节点（Python）....... 055
  - 3.4.4 服务的客户端节点（Python）....... 057
  - 3.4.5 服务的服务端节点（C++）......... 059
  - 3.4.6 服务的客户端节点（C++）......... 061
  - 3.4.7 服务通信测试 062
- 3.5 ROS 中的参数 064
  - 3.5.1 rosparam 命令行工具 064
  - 3.5.2 参数服务器（Python）............. 066
  - 3.5.3 参数服务器（C++）............... 068
- 本章小结 071
- 习题 3 071

第 4 章 ROS 进阶实践

- 4.1 动作通信和编程实现 073
  - 4.1.1 Action 的定义 073
  - 4.1.2 Action 的服务端节点（Python）..... 076
  - 4.1.3 Action 的客户端节点（Python）..... 079
  - 4.1.4 Action 的服务端节点（C++）....... 081
  - 4.1.5 Action 的客户端节点（C++）....... 084
  - 4.1.6 Action 通信测试 085
- 4.2 ROS 常用组件和工具 089
  - 4.2.1 XML 语法规范 089
  - 4.2.2 launch 启动文件 090
  - 4.2.3 RViz 可视化平台 096
  - 4.2.4 rqt 工具箱 101
  - 4.2.5 rosbag 数据记录与回放 101
- 4.3 动态参数配置 101
  - 4.3.1 编写 .cfg 文件 102
  - 4.3.2 设置动态参数节点（Python）....... 103
  - 4.3.3 设置动态参数节点（C++）......... 107
  - 4.3.4 测试动态参数配置 108
- 4.4 ROS 中的坐标系和 TF2 110
  - 4.4.1 ROS 中的 TF 110
  - 4.4.2 编写 TF2 广播节点（Python）...... 113
  - 4.4.3 编写 TF2 监听节点（Python）...... 117
  - 4.4.4 编写 TF2 广播节点（C++）........ 119
  - 4.4.5 编写 TF2 监听节点（C++）........ 121
  - 4.4.6 TF 测试和常用工具 123
- 4.5 扩展阅读 126
- 本章小结 127
- 习题 4 127

第 5 章 ROS 机械臂建模

- 5.1 URDF 建模原理和语法规范 128
  - 5.1.1 什么是 URDF 128
  - 5.1.2 urdf 功能包 128
  - 5.1.3 URDF 语法规范 129
- 5.2 机械臂 URDF 建模 133
  - 5.2.1 创建机械臂描述功能包 134

5.2.2 创建机械臂 URDF 模型 134
5.2.3 添加机械臂夹爪模型 136
5.2.4 URDF 调试工具 139
5.2.5 在 RViz 中可视化模型 140
5.3 xacro 语言简化 URDF 模型 142
5.3.1 xacro 模型文件常用语法 143
5.3.2 使用 xacro 简化机械臂 URDF 模型 145
5.3.3 为机械臂添加移动底盘 148
5.4 sw2urdf 插件 149
5.4.1 sw2urdf 插件简介 150
5.4.2 sw2urdf 插件导出的功能包 150
5.4.3 XBot-Arm 机械臂的 URDF 模型 153
5.5 robot_state_publisher 发布 TF 157
5.5.1 robot_state_publisher 原理简介 157
5.5.2 编写/joint_states 话题发布节点 160
本章小结 163
习题 5 163

第 6 章 MoveIt!基础

6.1 MoveIt!软件架构 164
6.1.1 move_group 节点 165
6.1.2 运动学求解器 166
6.1.3 运动规划器 166
6.1.4 规划场景 168
6.1.5 碰撞检测 168
6.2 MoveIt!可视化配置 168
6.2.1 安装 MoveIt!并启动配置助手 169
6.2.2 生成自碰撞矩阵 170
6.2.3 添加虚拟关节 171
6.2.4 添加规划组 173
6.2.5 添加机器人位姿 176
6.2.6 添加末端执行器 179
6.2.7 添加被动关节 180
6.2.8 ROS 控制 181
6.2.9 Simulation 仿真 182
6.2.10 设置 3D 传感器 182
6.2.11 添加作者信息 182
6.2.12 自动生成配置文件 182
6.3 使用 RViz 快速上手 MoveIt! 183
6.3.1 启动 Demo 并配置 RViz 插件 184
6.3.2 使用 MotionPlanning 交互 187
6.3.3 设置规划场景测试碰撞检测 189
6.4 MoveIt!配置功能包解析 193
6.4.1 SRDF 文件 193
6.4.2 kinematics.yaml 文件 195
6.4.3 joint_limits.yaml 文件 195
6.4.4 ompl_planning.yaml 文件 196
6.4.5 fake_controllers.yaml 文件 196
6.4.6 demo.launch 启动文件 196
6.4.7 move_group.launch 文件 198
6.4.8 setup_assistant.launch 文件 200
6.5 MoveIt!控制真实机械臂 201
6.5.1 通信机制和系统架构 201
6.5.2 添加 MoveIt!启动文件 204
6.5.3 真实机械臂测试 205
6.6 使用 MoveIt!的命令行工具 206
本章小结 210
习题 6 210

第 7 章 MoveIt!的编程

7.1 关节目标和位姿目标规划 211
7.1.1 演示模式下测试 212
7.1.2 关节目标规划示例（Python）............213
7.1.3 关节目标规划示例（C++）................216
7.1.4 位姿目标规划示例（Python）............218
7.1.5 位姿目标规划示例（C++）................222
7.2 笛卡儿路径规划 223
7.2.1 演示模式下测试 224

7.2.2 直线运动示例（Python）..................226	7.4 物品抓取与放置..................247
7.2.3 直线运动示例（C++）..................230	7.4.1 演示模式下测试..................247
7.2.4 圆弧运动示例（Python）..................232	7.4.2 pick 和 place 编程接口..................250
7.2.5 圆弧运动示例（C++）..................235	7.4.3 编程实现物品抓取与
7.3 避障规划..................237	放置（Python）..................252
7.3.1 演示模式下测试..................237	7.4.4 编程实现物品抓取与放置（C++）..................257
7.3.2 避障规划示例（Python）..................240	本章小结..................260
7.3.3 避障规划示例（C++）..................245	习题 7..................260

第 8 章　机械臂的视觉系统

8.1 视觉系统概述..................261	8.4.2 cv_bridge 的使用示例（Python）..................277
8.2 ROS 图像接口和相机驱动..................261	8.4.3 cv_bridge 的使用示例（C++）..................279
8.2.1 使用 usb_cam 功能包测试 USB 摄像头..................262	8.5 颜色检测..................282
	8.5.1 HSV 颜色检测和测试..................282
8.2.2 Image 和 CompressedImage 图像消息..................264	8.5.2 编程实现 HSV 颜色检测（Python）..................285
	8.5.3 编程实现 HSV 颜色检测（C++）..................288
8.2.3 RealSense 相机的驱动安装和测试..................265	8.6 ROS 中的物体检测..................289
8.2.4 PointCloud2 点云消息..................269	8.6.1 物体检测简述..................289
8.3 相机的标定..................270	8.6.2 find_object_2d 节点的测试..................291
8.3.1 camera_calibration 简介和安装..................270	8.6.3 find_object_3d 节点的测试..................293
8.3.2 camera_calibration 的相机标定..................270	8.6.4 darknet_ros 的安装和测试..................295
8.4 cv_bridge 功能包..................275	本章小结..................297
8.4.1 cv_bridge 安装和测试..................275	习题 8..................297

第 9 章　机械臂的视觉抓取

9.1 视觉抓取关键技术分析..................298	9.3.4 手眼标定结果的发布和使用..................318
9.2 AR 标签检测与定位..................302	9.4 基于 AR 标签识别的自动抓取..................319
9.2.1 ar_track_alvar 的简介与安装..................302	9.4.1 应用系统原理..................319
9.2.2 创建 AR 标签..................303	9.4.2 应用测试..................322
9.2.3 检测 AR 标签..................304	9.4.3 编程实现自动抓取（Python）..................324
9.3 机械臂手眼标定..................306	9.4.4 编程实现自动抓取（C++）..................327
9.3.1 手眼标定的基本原理..................306	本章小结..................330
9.3.2 easy_handeye 的安装和准备工作..................308	习题 9..................330
9.3.3 眼在手外的手眼标定..................312	

参考文献

第 1 章 机械臂基础

机器人学作为一门综合性学科，涉及机械设计、机械电子、动力学、运动学、规划和控制等多领域的知识。机械臂是机器人的应用之一，本章将介绍机械臂的组成、技术参数等基本概念，简单介绍机械臂运动的空间描述、变换和正逆运动学解算原理，为后续学习机械臂的 ROS 开发打下基础。

1.1 机械臂系统组成

机械臂（机械手臂、机械手、操作臂）是一种由程序控制，能模仿人手臂某些功能，进行抓取、放置、搬运、装配等操作的自动装置，属于机器人的一种。机械臂能够代替人进行繁重的生产劳动，在恶劣环境下操作使用，实现生产的机械化和自动化，从而提高生产效率。

目前，机械臂已广泛应用于汽车制造、模具制造、电子制造、农业、医疗服务等领域。随着服务机器人兴起，机械臂从工业领域走向日常生活，出现了一些低成本、小型的机械臂产品，或安装于桌面上，或与移动机器人底盘结合，从而拓展服务机器人的功能。

典型的机械臂（机器人）系统通常由机械系统、驱动系统、感知系统和控制系统组成。

1.1.1 机械系统

机械臂的机械系统是指机械臂的组成机构，由被称为构件或连杆（link）的刚体通过关节（joint）连接而成。关节可通过驱动系统进行驱动，相邻两连杆之间可以进行相对运动。

机械臂的组成机构可分为操作臂本体和末端执行器。

① 操作臂本体通常包括基座结构、手臂结构和手腕结构三部分。基座用于机械臂的固定。操作臂与基座连接的前三个关节可以确定"腕点"的位置，主要用于定位，称为手臂部分。剩下的关节用来确定末端执行器的姿态，它们的轴相交于"腕点"，主要用于定向，称为手腕部分。

② 末端执行器（end effector）也叫工具端。根据机器人不同应用场合，末端执行器可以是夹具、焊枪、电磁铁、吸附式取料手、仿生灵巧手等。

为增加机械臂的操作范围和使用范围，还可为机械臂增加移动机构，如移动底盘等。

1.1.2 驱动系统

驱动系统是指驱动机械结构动作的驱动装置，通常由驱动源、控制调节装置和辅助装置组成。根据驱动源的不同，驱动系统可分为电气系统、液压系统、气压系统以及把它们组合应用的综合系统。

① 电气驱动可分为步进电机、直流伺服电机和交流伺服电机三种驱动形式。电气驱动功率较大，控制精度高，能精确定位且反应灵敏，可实现高速、高精度的连续轨迹控制，伺服性能好，适合中小负载、位置控制精度要求高、速度大的机器人，是现在大多数中小型机械臂的关节驱动方式。

② 液压驱动输出功率很大，控制精度较高，适用于负载大、低速驱动的机器人。

③ 气压驱动输出功率大，结构简单，动作迅速。但由于空气具有可压缩性，工作速度稳定性差，适用于中小负载、精度要求较低的机器人。

1.1.3 感知系统

感知系统（传感系统）可获取机械臂和环境信息反馈给控制系统，由内部传感器和外部传感器组成。内部传感器通常可用于获取机械臂本身的实时信息，如关节的位置、速度、加速度、电压、电流、负载和温度等；外部传感器可用于监测机械臂与周围环境之间的状态，如距离、障碍物、目标的位姿等。常见的传感器有摄像头、超声、红外、麦克风，相当于人的五官，为机械臂赋予了更加智能的功能。

1.1.4 控制系统

控制系统能够根据机器人的任务指令以及感知系统获取的机器人实时信息和外界环境信息，控制驱动系统驱动机械机构进行相应的动作，相当于机械臂的"大脑"。随着人工智能的发展和应用，机器人的控制系统承担的功能也越来越多。智能算法的计算、人机交互、自主决策等都需要通过控制系统来实现。本书介绍的机械臂 ROS 系统搭建与开发，即为机械臂控制系统搭建的一部分。

1.2 机械臂主要技术参数

1.2.1 自由度

一个刚体若在空间上完全没有约束，则可以在 3 个正交方向上运动，也可以以这 3 个正交方向为轴进行转动，共 6 个自由度（degree of freedom，DoF）。

机械臂通常由连杆（构件、刚体）和关节组成，每个关节连接两个连杆。应用最广泛的机械臂关节为转动关节（revolute joint）和移动关节（prismatic joint，滑动关节/直线关节）。如图 1.1 所示，转动关节可绕关节轴做旋转运动，移动关节可沿着关节轴线方向做直线运动，均只有一个自由度。

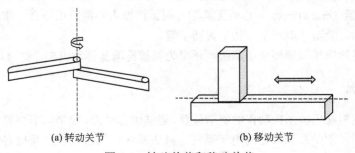

(a) 转动关节　　　　　　　　(b) 移动关节

图 1.1　转动关节和移动关节

关节也可以有多个自由度，如圆柱关节（cylindrical joint）和球形关节（spherical joint）等。一个关节既可以看作为一个刚体相对另一个刚体提供了自由度，也可看作为连接的两个刚体的运动提供了约束[1]。机械臂的自由度可通过 Grübler 公式[1]（1.1）计算：

$$\text{DoF} = m(N-1) - \sum_{i=1}^{J} c_i = m(N-1) - \sum_{i=1}^{J}(m-f_i) = m(N-1-J) + \sum_{i=1}^{J} f_i \tag{1.1}$$

式中，N 为机械臂的连杆数目（包含基座）；J 为机械臂的关节数目；m 为刚体的自由度（对于平面刚体 $m=3$，对于空间刚体 $m=6$）；f_i 为第 i 个关节具有的自由度数目；c_i 为第 i 个关节具有的约束数目；这里对所有 i，均满足 $f_i + c_i = m$。

由于机械臂大多为开链机构（open-chain mechanism），且每个关节都有 1 个自由度、5 个约束，因此机械臂的自由度通常等于机械臂关节的数目，一般不包含末端执行器（例如手爪开合和吸盘）的自由度。通用的机械臂多为 3~6 个自由度。图 1.2 是一款 6 自由度（不包含手爪自由度）机械臂的结构。

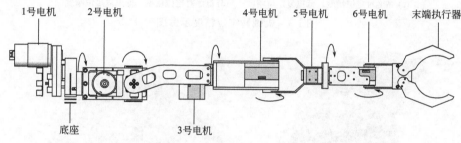

图 1.2　一款 6 自由度机械臂结构

1.2.2　定位精度

定位精度通常是指机械臂末端的精度，是描述机械臂整体运动性能的关键指标之一，一般分为绝对定位精度和重复定位精度。

绝对定位精度是指机械臂末端实际到达位置与目标位置的差异，用来描述机械臂末端实际到达空间中某一目标的准确性。

重复定位精度是指机械臂末端重复到达空间中相同位置的一致性能力，可以用标准偏差这个统计量来表示。

绝对定位精度和重复定位精度在实际机械臂中没有绝对关联性，重复定位精度高不一定代表绝对定位精度高。图 1.3 是绝对定位精度和重复定位精度的示意图，中心圆圈代表目标位置，数个小圆圈代表机械臂末端重复多次实际到达的位置。

目前工业机械臂的重复定位精度可达 0.01mm 量级，绝对定位精度一般低于重复定位精度，可达 0.3~0.5mm 量级。机械臂产品精度一般指的是重复定位精度。

1.2.3　工作空间

工作空间（workspace）是机械臂末端所能到达的范围，一般分为灵巧工作空间和可达工作空间。灵巧工作空间是指机械臂末端能够从各个方向到达的空间区域。可达工作空间是指机械臂末端至少从一个方向上可以到达的空间区域。

通常机械臂的工作空间是指不安装末端执行器时的工作空间，以避免安装不同执行器时带来的影响。图 1.4 是一款机械臂的可达工作空间。

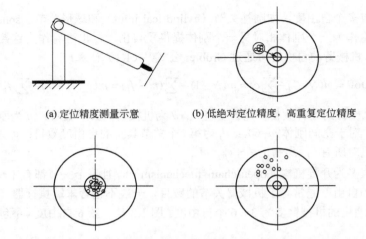

(a) 定位精度测量示意　　(b) 低绝对定位精度，高重复定位精度

(c) 高绝对定位精度，低重复定位精度　　(d) 低绝对定位精度，低重复定位精度

图 1.3　机械臂定位精度示意图

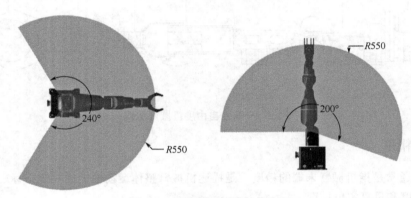

图 1.4　机械臂的可达工作空间

1.2.4　速度和加速度

速度和加速度是表明机械臂运动特性的主要指标。机械臂产品技术参数中通常提供主要运动自由度的最大稳定速度。考虑机械臂运动特性时，除注意最大稳定速度外，还应注意其允许的最大和最小加速度。

1.2.5　承载能力

承载能力是指机械臂在工作范围内的任何位姿上所能承受的最大质量，又可称为负载能力。承载能力不仅取决于负载的质量，还与机器人运行的速度、加速度的大小和方向有关。

1.3　空间描述和变换

为了描述机械臂在空间内的运动，通常定义一个世界坐标系（world link）作为全局参考固定坐标系，并在机械臂各个构件（连杆、刚体）上固定连接其他笛卡儿坐标系，通过坐标系之间的相对关系来描述机械臂的位置和姿态。一般将机械臂固定底座的参考系称为基坐标系（base link）；

将机械臂末端执行器上的一个特殊点指定为操作点或工具中心点（TCP），以 TCP 为原点建立工具坐标系。通常采用工具坐标系相对于机械臂基坐标系的位姿来描述机械臂的位置和姿态。本节将简单介绍空间描述和坐标变换的相关理论。

1.3.1 位置描述

给定参考坐标系后，空间中点的位置可通过 3×1 的位置矢量（向量）来表示。如图 1.5 所示，可看作从参考坐标系原点指向该点的一个矢量。

点 P 在坐标系$\{A\}$下的矢量表示为 ^AP，可等价认为是点 P 在坐标系$\{A\}$下的位置。矢量中每个元素的值为向量在相应坐标轴的投影[式（1.2）]。坐标系$\{A\}$中的 P 点位置也可用（x，y，z）表示。

$$^AP = \begin{bmatrix} p_x \\ p_y \\ p_z \end{bmatrix} \tag{1.2}$$

1.3.2 姿态描述

（1）旋转矩阵

当研究对象从一个点变为一个刚体时，除了刚体中心的位置，还需关心刚体的姿态，例如一个手爪是水平的、竖直的还是倾斜的？只有确定了刚体的姿态，才能把这个刚体完整描述出来。

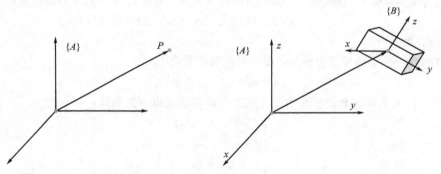

图 1.5　相对于坐标系的矢量　　　图 1.6　刚体的位置和姿态

如图 1.6 所示，为了描述刚体的姿态，可在刚体上固连一个坐标系$\{B\}$。坐标系$\{B\}$相对于坐标系$\{A\}$的描述即为刚体在坐标系$\{A\}$下的位置和姿态。我们用 $\hat{X}_B$、$\hat{Y}_B$、$\hat{Z}_B$ 来表示坐标系$\{B\}$三个主轴方向的单位矢量。将坐标系$\{A\}$作为参考坐标系时，它们被写成 $^A\hat{X}_B$、$^A\hat{Y}_B$ 和 $^A\hat{Z}_B$。一组三个矢量可以用来确定一个姿态，将这三个矢量按顺序作为矩阵的列构成 3×3 矩阵，称为旋转矩阵。坐标系$\{B\}$相对于$\{A\}$的姿态描述可以用旋转矩阵 ^A_BR 来表示[2]：

$$^A_BR = \begin{pmatrix} ^A\hat{X}_B & ^A\hat{Y}_B & ^A\hat{Z}_B \end{pmatrix} = \begin{pmatrix} r_{11} & r_{12} & r_{13} \\ r_{21} & r_{22} & r_{23} \\ r_{31} & r_{32} & r_{33} \end{pmatrix} \tag{1.3}$$

在式（1.3）中，标量 r_{ij} 可用每个矢量在参考坐标系中轴线方向上的投影的分量来表示。于是，式（1.4）中的 ^A_BR 的各个分量可用一对单位矢量的点积来表示：

$$_B^A R = \begin{pmatrix} ^A\hat{X}_B & ^A\hat{Y}_B & ^A\hat{Z}_B \end{pmatrix} = \begin{pmatrix} \hat{X}_B \bullet \hat{X}_A & \hat{Y}_B \bullet \hat{X}_A & \hat{Z}_B \bullet \hat{X}_A \\ \hat{X}_B \bullet \hat{Y}_A & \hat{Y}_B \bullet \hat{Y}_A & \hat{Z}_B \bullet \hat{Y}_A \\ \hat{X}_B \bullet \hat{Z}_A & \hat{Y}_B \bullet \hat{Z}_A & \hat{Z}_B \bullet \hat{Y}_A \end{pmatrix} \quad (1.4)$$

旋转矩阵是一个行列式为1的正交矩阵,它的逆矩阵等于它的转置矩阵。

（2）欧拉角

从旋转矩阵,我们很难直观地想象出这个姿态是怎样的。现在我们学习另一种用来描述姿态的方式——欧拉角。

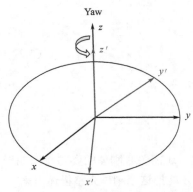

图1.7 绕Z轴正向旋转——偏航角

不考虑坐标系的位置偏移,将两个坐标系的原点放在同一位置,欧拉角把一个旋转分解成三次绕不同轴的旋转,可以用三个分离的转角直观描述。将绕 X 轴的旋转称为滚转（Roll,R）,绕 Y 轴的旋转称为俯仰（Pitch,P）,绕 Z 轴的旋转称为偏航（Yaw,Y）,旋转方向的定义均符合右手螺旋定则,图1.7是偏航角示意图。

若按照固定的三个轴旋转,则称为静态欧拉角；若按照旋转之后的轴旋转,则称为动态欧拉角。

按照绕轴旋转的顺序,可以将欧拉角进行不同的划分。如先绕 Z 轴旋转得到偏航角,再绕 Y 轴旋转得到俯仰角,最后绕 X 轴旋转得到滚转角,可得到一个 ZYX 的欧拉角,或者标记为 YPR。同理可定义 XYZ、ZXY 等欧拉角。

（3）四元数

四元数拥有一个实部和三个虚部,是一种扩展的复数[3]:

$$q = q_0 + q_1 \mathrm{i} + q_2 \mathrm{j} + q_3 \mathrm{k} \quad (1.5)$$

式中,i、j、k 为四元数的三个虚部。这三个虚部满足以下关系式:

$$\begin{cases} \mathrm{i}^2 = \mathrm{j}^2 = \mathrm{k}^2 = -1 \\ \mathrm{ij} = \mathrm{k}, \mathrm{ji} = -\mathrm{k} \\ \mathrm{jk} = \mathrm{i}, \mathrm{kj} = -\mathrm{i} \\ \mathrm{ki} = \mathrm{j}, \mathrm{ik} = -\mathrm{j} \end{cases} \quad (1.6)$$

我们能用单位四元数表示三维空间中任意一个旋转。假设某个旋转是绕单位向量 $n = [n_x, n_y, n_z]^\mathrm{T}$ 进行了角度为 θ 的旋转,那么这个旋转的四元数形式为式（1.7）:

$$q = \left[\cos\frac{\theta}{2}, \ n_x \sin\frac{\theta}{2}, \ n_y \sin\frac{\theta}{2}, \ n_z \sin\frac{\theta}{2}, \right]^\mathrm{T} \quad (1.7)$$

反之,也可从单位四元数中计算出对应的旋转轴与夹角:

$$\begin{cases} \theta = 2\arccos q_0 \\ [n_x, n_y, n_z]^\mathrm{T} = [q_1, q_2, q_3]^\mathrm{T} / \sin\frac{\theta}{2} \end{cases} \quad (1.8)$$

四元数、欧拉角和旋转矩阵可以用来描述同一个旋转（姿态）。C++和Python中都有相应的库可以进行计算。在后面章节的学习中,我们会直接调用相应的库函数进行欧拉角和四元数之间的转换。

1.3.3 机器人位姿

在机器人学中，位置和姿态经常成对出现，一般将位置和姿态合称为位姿。为方便描述，将固连在机器人上的坐标系称为$\{B\}$，参考坐标系为$\{A\}$，如图1.8所示，机器人在参考系$\{A\}$下的位姿，即为$\{B\}$相对于$\{A\}$的位置和姿态，可以等价地用一个位置矢量和一个旋转矩阵来描述。

$$\{B\} = \{{}_B^A R, {}^A P_{\text{BORG}}\} \tag{1.9}$$

式中，${}^A P_{\text{BORG}}$为坐标系$\{B\}$的原点在参考坐标系$\{A\}$下的位置矢量；${}_B^A R$为坐标系$\{B\}$相对于$\{A\}$的旋转矩阵。

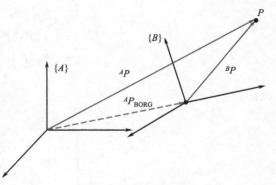

图1.8 位置和姿态

1.3.4 坐标变换

（1）平移坐标变换

如图1.9所示，$\{B\}$和$\{A\}$两个坐标系具有相同的姿态。对于同一个点P，${}^B P$为该点在坐标系$\{B\}$中的描述，${}^A P$为该点在坐标系$\{A\}$中的描述。P点在不同坐标系下的描述满足以下关系：

$$ {}^A P = {}^B P + {}^A P_{\text{BORG}} \tag{1.10}$$

式中，${}^A P_{\text{BORG}}$为坐标系$\{B\}$的原点在坐标系$\{A\}$下的位置矢量。

（2）旋转坐标变换

如图1.10所示，$\{B\}$和$\{A\}$两个坐标系原点重合，但姿态不同。P点在不同坐标系下的描述满足以下关系：

$$ {}^A P = {}_B^A R \, {}^B P \tag{1.11}$$

式中，${}_B^A R$为坐标系$\{B\}$相对于$\{A\}$的旋转矩阵。

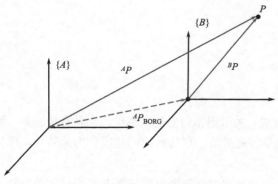

图1.9 平移变换

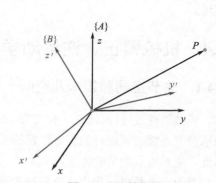

图1.10 旋转变换

（3）一般变换

如图1.11所示，$\{B\}$和$\{A\}$两个坐标系原点不一致，且具有不同的姿态。将坐标系$\{B\}$绕原点旋转，使之姿态与坐标系$\{A\}$一样，记为坐标系$\{C\}$。此时P点在坐标系$\{C\}$下表示为${}_B^C R \cdot {}^B P$，而坐标系$\{C\}$与坐标系$\{A\}$的姿态一致，于是得到下面的等式：

$$\begin{aligned}
^A P &= {}_C^A R \cdot {}^C P + P_{\text{CORG}} \\
&= {}_C^A R \cdot ({}_B^C R \cdot {}^B P + {}^C P_{\text{BORG}}) + {}^A P_{\text{BORG}} \\
&= I \cdot ({}_B^C R \cdot {}^B P + 0) + {}^A P_{\text{BORG}} \\
&= {}_B^A R \cdot {}^B P + {}^A P_{\text{BORG}}
\end{aligned} \tag{1.12}$$

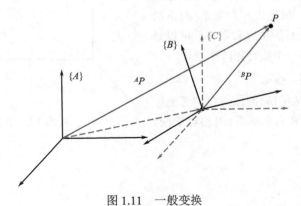

图 1.11 一般变换

上述复合变换可以写为齐次形式如下[2]:

$$\begin{bmatrix} ^A P \\ 1 \end{bmatrix} = \begin{bmatrix} {}_B^A R & {}^A P_{\text{BORG}} \\ 0 & 1 \end{bmatrix} \begin{bmatrix} ^B P \\ 1 \end{bmatrix} \tag{1.13}$$

将位置矢量用 4×1 矢量表示,增加 1 维的数值恒为 1,我们仍然用原来的符号表示 4 维位置矢量并采用以下符号表示坐标变换矩阵。

$$_B^A T = \begin{bmatrix} {}_B^A R & {}^A P_{\text{BORG}} \\ 0 & 1 \end{bmatrix} \tag{1.14}$$

$$^A P = {}_B^A T \, {}^B P \tag{1.15}$$

式中,$_B^A T$ 为 4×4 矩阵,称为齐次坐标变换矩阵,可看作坐标系$\{B\}$相对于坐标系$\{A\}$的变换描述。

1.4 机械臂正、逆运动学

1.4.1 关节空间和笛卡儿空间

机械臂通过连杆(link)和关节(joint)组成,关节通常由驱动器驱动,且具有传感器,能够获取关节连接的两连杆的相对位置关系。如果是转动关节,可将转过的角度称为关节角,单位为弧度,用来表示关节的位置。

对于一个具有 n 个自由度的操作臂来说,它的所有连杆位置可由 n 个关节变量(关节角)加以确定。这样的一组变量常被称为 $n×1$ 的关节向量。所有关节向量组成的空间称为关节空间。

笛卡儿空间(Cartesian Space)是由空间直角坐标系组成的空间。关节空间中只能知道各个关节角的值,无法准确描述机械臂末端的位置和姿态,而在笛卡儿空间中,可通过描述笛卡儿坐标系之间的坐标关系来确定末端执行器的位姿。

机械臂在关节空间中的描述和笛卡儿空间中的描述可以进行相互转化。

1.4.2 正运动学

机械臂的正运动学（Forward Kinematics，FK）是已知一组关节角向量，求解机械臂末端执行器（工具坐标系）位姿的静态几何问题。即如何将已知的机械臂关节空间描述转化为笛卡儿空间描述。

对于开链机械臂，可通过 D-H 参数（Denavit-Hartenberg Paramater）法或指数积公式（Product of Exponential，PoE）构建机械臂正向运动学模型[1]。

1.4.3 逆运动学

机械臂的逆运动学（Inverse Kinematics，IK）是指已知机械臂末端（工具坐标系）相对于基坐标系的期望位置和姿态，求解一系列满足期望的关节角的问题，相当于将机械臂从笛卡儿空间映射到关节空间。逆运动学问题要比正运动学复杂得多。

求解逆运动学方程是一个非线性问题，需要考虑解的存在性、多重解和求解方法。解的存在即构成机械臂的工作空间。存在的解的个数与机械臂关节数目、关节运动范围和关节构型等有关。机械臂逆运动学求解的方法一般可分为两种：封闭解（closed-form solutions）和数值解（numerical solutions）。

1.5 推荐阅读

本书的重点是机械臂的 ROS 开发和编程实践，对空间描述和坐标变换、机械臂的正/逆运动学、轨迹生成和运动规划等理论知识的讲解浅尝辄止，感兴趣的同学可参考资料[1][2]进行更加深入的学习。

Introduction to Robotics：Mechanics and Control：作者 John J.Craig，中文译为《机器人学导论：力学与控制》。该书涵盖坐标变换、操作臂的正/逆运动学、动力学、轨迹规划、线性/非线性控制、力控制和操作臂的结构设计等内容。

Modern Robotics：Mechanics，Planning，and Control：作者 Kevin M. Lynch 和 Frank C. Park，中文译为《现代机器人学：机构、规划与控制》。该书系统介绍了机器人学的基础理论知识，将现代旋量理论引入了机器人运动学、动力学和控制理论中。

本章小结

本章对机械臂的系统组成、主要技术参数进行了简单介绍，并对机器人的空间描述、坐标变换和正/逆运动学的基本概念进行了说明，让读者对机械臂有了一定的了解。

① 机械臂（机器人）系统通常由机械系统、驱动系统、感知系统和控制系统组成。

② 自由度、定位精度、工作空间、速度、加速度和承载能力是机械臂的主要技术参数，其中自由度可通过 Grübler 公式计算。

③ 在机器人学中，可通过位姿（位置和姿态）描述刚体的运动。

④ 旋转矩阵、欧拉角和四元数可用来描述同一旋转。

⑤ 变换包括平移和旋转两部分，可通过坐标变换矩阵来描述两个坐标系之间的变换关系。

⑥ 正运动学（FK）是已知一组关节角向量，求解机械臂末端执行器的位置和姿态的静态几

何问题。

⑦ 逆运动学（IK）是指已知机械臂末端相对于基坐标系的期望位置和姿态，求解一系列满足期望的关节角的问题。

本章涉及的概念只是后续章节学习中常用的知识点，无法涵盖机械臂所有的理论知识，读者可参考 1.5 节推荐的书籍自行学习。

❓ 习题1

1. 机械臂系统通常由_____、_____、_____和_____四部分组成。
2. 机械臂自由度的 Grübler 计算公式是什么？
3. 机械臂的自由度通常等于_____的数目。
4. 姿态可以通过_____、_____和_____三种方式来描述。
5. 一般变换包含_____和_____两部分。
6. 机械臂的正运动学是什么？
7. 机械臂的逆运动学是什么？

第2章 认识ROS

ROS（Robot Operating System，机器人操作系统）自2010年正式发布以来，已被广泛应用于机器人、机械臂、无人机、自动驾驶等领域，并以其独特的优势被科研工作者和部分企业所青睐。ROS的学习可以分为两个阶段：基本知识概念的学习以及应用ROS开发机器人。本书第2~4章属于第一阶段的学习，第5~9章属于第二阶段的学习。

本章将讲述ROS的基础知识——安装测试、文件系统、通信架构，为后续章节应用ROS开发机械臂打下基础。

2.1 什么是ROS

ROS是一个适用于机器人的开源操作系统（meta-operating system），它提供了操作系统应有的功能服务，但与Windows、Linux等传统意义上的操作系统不同，可以将其理解为一个"机器人框架"。ROS系统提供了硬件抽象、底层设备驱动、常用功能实现、进程间的消息传递和包管理等功能，为机器人开发提供了一套标准的框架。

ROS基于分布式、点对点的设计便于机器人的模块化开发，提高了系统的容错能力，而丰富的组件工具包也为机器人的调试提供了便利。可以在ROS开源社区（http://wiki.ros.org/）里找到丰富的学习教程、应用ROS开发的机器人、使用ROS开发的软件包等资源。此外，ROS基于BSD协议，允许使用者修改和重新发布其中的应用代码，甚至将其用于商业产品。

ROS的设计目标是为机器人的研究和开发提供代码复用的支持。通俗举例，假设张三和李四都想做一台可以导航避障的无人车，使用ROS之前，他们需要各自从底层驱动开始，编写传感器处理代码、建图定位代码、路径规划代码……工作量巨大。使用ROS之后，他们可以省去很多重复性开发工作。如SLAM建图定位算法，便可使用ROS中的开源功能包，无需自己从零编写。假如王五自己写了一套SLAM算法程序，想在张三的无人车上验证算法效果，只要将代码封装成ROS需要的形式，即可轻松接入张三的无人车，而无需关注张三的其他代码是如何实现的。上述举例只是ROS系统应用的一方面，在后面的学习中，读者将深入体会ROS的作用。

2.2 ROS的安装与测试

2.2.1 操作系统和ROS版本选择

ROS1.0正式版由机器人公司Willow Garage发布于2010年，随后ROS版本频繁迭代，截至2021年，已发布到Noetic Ninjemys版本。本书中提到的ROS是指ROS1.0系统。ROS目前主要支持Ubuntu

和 Mac OS X 系统，同时也一直在为 Fedora、Gentoo、Arch Linux 和其他 Linux 平台提供支持，部分 ROS 组件也可在 Windows 系统上运行。建议使用 Ubuntu 系统安装和学习 ROS，表 2.1 列出了 ROS 版本的支持周期以及推荐的 Ubuntu 系统版本。

表 2.1 ROS 版本的支持周期以及推荐的 Ubuntu 系统

发行版本	发布日期	停止支持日期	推荐 Ubuntu 系统
ROS Noetic Ninjemys	2021-5-23	2025-5	Ubuntu 20.04
ROS Melodic Morenia	2018-5-23	2023-5	Ubuntu 18.04
ROS Lunar Loggerhead	2017-5-23	2019-5	Ubuntu 17.04
ROS Kinetic Kame	2016-5-23	2021-4	Ubuntu 16.04
ROS Jade Turtle	2015-5-23	2017-5	Ubuntu 15.04
ROS Indigo Igloo	2014-7-22	2019-4	Ubuntu 14.04
ROS Hydro Medusa	2013-9-4	2015-5	—
ROS Groovy Galapagos	2012-12-31	2014-7	—
ROS Fuerte Turtle	2012-4-23	—	—
ROS Electric Emys	2011-8-30	—	—
ROS Diamondback	2011-3-2	—	—
ROS C Turtle	2010-8-2	—	—
ROS Box Turtle	2010-3-2	—	—

Kinetic Kame、Melodic Morenia 和 Noetic Ninjemys 是目前使用人数较多的 ROS 版本。本书使用 Ubuntu18.04 系统和 ROS Melodic Morenia 版本进行代码开发和讲解，在本书配套程序仓库中同时为部分示例提供了 Kinetic Kame 和 Noetic Ninjemys 版本程序。

2.2.2 安装 ROS Melodic Morenia 版本

使用 Debian 安装包安装 ROS 的方式要比源码编译安装快捷高效，同时也是 ROS wiki 官方教程中推荐使用的方式。本书以在 Ubuntu18.04 系统上安装 Melodic Morenia 版本的 ROS 为例进行讲解，其他版本的安装教程可参考 wiki 官方教程：

http://wiki.ros.org/ROS/Installation

（1）设置 Ubuntu 系统软件源

Ubuntu 系统软件源（软件库）中提供了系统中会用到的绝大部分软件和程序库，可以通过命令"apt-get install 软件名"安装软件源中提供的软件包。

Ubuntu 系统提供了四个主要软件仓库。

① main：官方支持的免费和开源软件。

② universe：Ubuntu 社区维护的开源软件。

③ restricted：硬件驱动程序包。

④ multiverse：非开源的、受版权或法律保护的软件。

安装 ROS 前需配置 Ubuntu 系统软件源以允许使用"universe""restricted"和"multiverse"存储库。

打开系统"Software & Updates（软件与更新）"软件，在"Ubuntu Software"界面勾选"main""universe""restricted"和"multiverse"存储库。为了提高下载速率，国内用户可在"Download from"下拉列表中点击"Other..."选项选择国内的软件源，如阿里云源（mirrors.aliyun.com）、中

国科学技术大学源（mirrors.ustc.edu.cn）等，如图 2.1 所示。

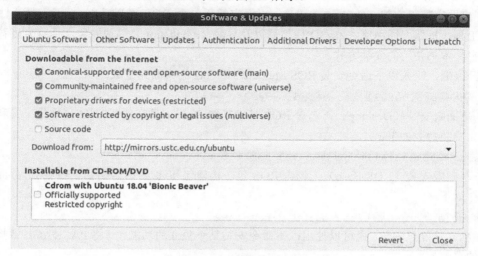

图 2.1　设置系统软件源

修改软件源后需要打开终端，输入以下命令更新软件源：

$ sudo apt-get update

（2）添加 ROS 软件源

上一步中设置好的软件源地址都保存在 Ubuntu 系统的 /etc/apt/sources.list 文件中。/etc/apt/sources.list.d 文件夹里的各 .list 文件中可存放 apt 包管理工具所用的其他仓库地址。

打开终端，输入以下命令添加 ROS 官方的软件镜像源：

$ sudo sh -c 'echo "deb http://packages.ros.org/ros/ubuntu $(lsb_release -sc) main" > /etc/apt/sources.list.d/ros-latest.list'

这一步的目的是将 ROS 的软件源地址添加到 /etc/apt/sources.list.d/ros-latest.list 文件中。为提高下载安装速度，也可在以下镜像源网页中选择国内的镜像源：

http://wiki.ros.org/ROS/Installation/UbuntuMirrors

例如可以在终端输入以下命令选择中国科学技术大学（USTC）镜像源：

$ sudo sh -c '. /etc/lsb-release && echo "deb http://mirrors.ustc.edu.cn/ros/ubuntu/ `lsb_release -cs` main" > /etc/apt/sources.list.d/ros-latest.list'

（3）设置密钥

密钥是 Ubuntu 系统的一种安全机制，也是 ROS 安装中不可或缺的一部分。若系统还未安装 curl 工具，则需要先在终端中输入以下命令进行安装：

$ sudo apt-get install curl

安装 curl 后，可在终端输入以下命令设置密钥：

$ curl -s https://raw.githubusercontent.com/ros/rosdistro/master/ros.asc | sudo apt-key add -

出现"OK"则说明设置成功。

（4）安装 ROS

安装 ROS 前，需要在终端输入以下命令确保软件源索引是最新的：

$ sudo apt-get update

在 ROS 中有很多库和工具，ROS 官方提供了以下四种安装方式。

① 桌面完整版安装（Desktop-Full）：桌面完整版包含 ROS 基础功能、rqt 工具套件、RViz 可视化工具、机器人通用库、2D/3D 模拟器以及导航（navigation）等功能包，是官方推荐的安装方式，也是本书使用的安装方式。

打开终端，输入以下命令安装 ROS Melodic Morenia 的桌面完整版：

```
$ sudo apt install ros-melodic-desktop-full
```

② 桌面版安装（Desktop）：包含 ROS 基础功能、rqt 工具套件、RViz 可视化工具和机器人通用库。安装命令如下：

```
$ sudo apt install ros-melodic-desktop
```

③ 基础版安装（ROS-Base）：包含 ROS 包、构建包和通信库，不包含任何图形界面工具。安装命令如下：

```
$ sudo apt install ros-melodic-ros-base
```

④ 独立功能包安装：也可以使用以下命令安装某个独立的功能包（将 PACKAGE 替换为某个功能包的名字）：

```
$ sudo apt install ros-melodic-PACKAGE
```

（5）设置环境变量

ROS 默认安装在系统的/opt 路径下。在步骤（4）中安装好 ROS 后，假设打开终端输入某个 ROS 命令，如"roscore"命令，终端会提示"Command 'roscore' not found"，这是因为终端需要 shell 程序将终端的输入解释为命令。但现在所用的 shell 中还未添加 ROS 的环境变量，因此无法将输入解释为 ROS 命令。

通常 Ubuntu 系统默认使用 bash shell，在使用 ROS 命令前，先在终端输入以下命令设置 ROS 环境变量：

```
$ source /opt/ros/melodic/setup.bash
```

再输入 ROS 命令，终端就不会提示找不到命令了。

为了避免每次启动新终端都必须输入一次"source/opt/ros/melodic/setup.bash"命令，可以打开终端，输入以下命令将其写入~/.bashrc 文件：

```
$ echo "source /opt/ros/melodic/setup.bash" >> ~/.bashrc
```

再输入以下命令更新环境变量：

```
$ source ~/.bashrc
```

假如使用的是 zsh shell，可使用以下命令设置 ROS 环境变量：

```
$ echo "source /opt/ros/melodic/setup.zsh" >> ~/.zshrc
$ source ~/.zshrc
```

（6）安装构建包的依赖

到目前为止已经安装了运行核心 ROS 包所需的工具和依赖，下面安装 rosinstall 和 rosdep 两个常用的工具。

rosinstall 是一个经常使用的命令行工具，它能够轻松地用一个命令下载许多 ROS 包的源树。要安装此工具和其他用于构建 ROS 包的依赖项，可在终端运行以下命令：

```
$ sudo apt install python-rosdep python-rosinstall python-rosinstall-generator python-wstool build-essential
```

rosdep 工具可以为需要编译的源代码安装系统依赖项，同时也是运行一些 ROS 核心组件需要的依赖。可通过下面命令安装 rosdep：

$ `sudo apt install python-rosdep`

接着在终端依次输入下列命令初始化 rosdep 并更新：

$ `sudo rosdep init`

$ `rosdep update`

到目前为止，已经完成了 ROS 的安装和配置，下面进行简单的测试。

2.2.3 测试 ROS

打开新的终端，在终端输入以下命令：

$ `roscore`

若看到如图 2.2 所示的输出，说明 ROS 已经安装成功并能运行了。

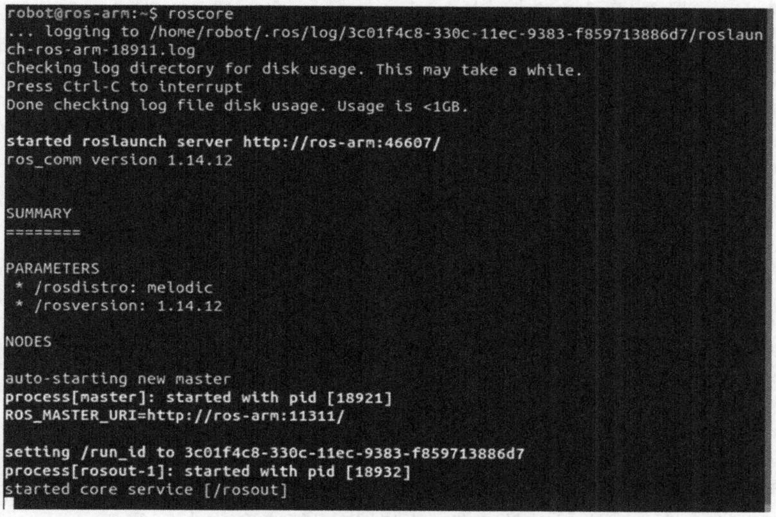

图 2.2　roscore 启动测试界面

2.3　ROS 文件系统

2.3.1　catkin 工作空间和 ROS 功能包

ROS 工作空间（ROS workspace）是开发、维护、编译 ROS 代码的一个基本文件夹。Groovy Galapagos 及其之后的 ROS 版本默认使用 catkin 编译系统。catkin 编译系统是对 CMake 的扩展。本书中，我们也可将 ROS 工作空间称为 catkin 工作空间，里面存放着各种项目工程和代码。

典型的 catkin 工作空间通常包含以下四个文件夹，如图 2.3 所示。

① src（source space）：代码空间，其中包含了一个"顶层（toplevel）"的 CMake 文件——CMakeLists.txt，以及功能包的源码。CMakeLists.txt 文件可通过在 src 目录下运行"catkin_init_workspace"命令自动生成，也可在工作空间内第一次运行"catkin_make"编译命令时自动生成。

② build（build space）：编译空间，存储编译过程中生成的缓存信息或其他中间文件。build 可以放在 catkin 工作空间以外，也可放在 src 目录内，建议放在 catkin 工作空间内，与 src 目录

并列。

③ devel（development space）：开发空间，存储生成的目标文件（包括头文件、动态链接库、静态链接库、可执行文件等）以及环境变量。

④ install（install space）：安装空间，可通过"make install"命令将编译好的目标安装到此空间中。安装空间由 CMAKE_INSTALL_PREFIX 设置，默认为/usr/local。应尽量避免在工作空间内使用 install 空间，所以很多工作空间内没有 install 文件夹。

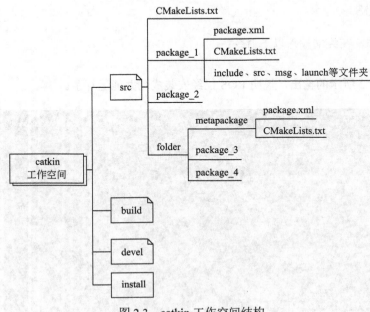

图 2.3　catkin 工作空间结构

功能包（package）是 ROS 代码的组织单元以及 catkin 编译的基本单元，每个功能包都可以包含程序代码、可执行文件、脚本或其他文件，同时标明版本和作者等信息。

一个功能包满足以下条件。

① 必须包含一个 package.xml 文件：该文件定义了有关功能包的属性，例如功能包名称、版本号、作者、维护者以及对其他 catkin 功能包的依赖关系。

② 必须包含一个或多个 CMakeLists.txt 文件：这些文件描述了如何构建代码以及将代码安装到何处。

③ 每个功能包必须有自己独立的文件夹，不能有嵌套的功能包，也不能有共享同一目录的多个功能包。

元功能包（metapackage）用于组织多个具有相关性的功能包，通常只包含一个 package.xml 文件和一个 CMakeLists.txt 文件，不包含代码、脚本等实质性内容。它更像一个目录索引，package.xml 中会以依赖的形式列出其他各个功能包。后续章节学习的 moveit 便是一个元功能包，它依赖 moveit_commander、moveit_core、moveit_ros 等功能包。

ROS 为功能包的创建、编译、查找、修改、启动等提供了一系列命令，表 2.2 对这些命令进行了简单汇总，在后续章节学习中将加深对这些命令的理解。若要查看某个命令的详细用法，可在终端输入"命令 --help"查看。

表 2.2 ROS 功能包常用命令

命令	作用
catkin_create_pkg	创建功能包（元功能包）
rospack	获取功能包位置、依赖等信息
catkin_make	编译功能包
rosdep	自动安装功能包依赖的其他包
roscd <package_name>	自动跳转到某个功能包目录
roscp <package_name> filename target	拷贝功能包内文件到目标位置
rosed <package_name> filename	编辑功能包内的文件
rosrun	运行功能包中可执行文件
roslaunch	运行 launch 启动文件

下面我们将以本书的教学代码包为例，学习工作空间的创建以及功能包的安装编译。

2.3.2 创建工作空间

ROS 是一个非常大的软件包集合，有的软件包我们不需要修改、学习其源码，可以使用"apt-get install ros-版本名-package-name"命令来进行下载和安装。功能包通常会安装到系统的/opt/ros/<ros_版本名>目录下，执行完安装命令后便可以立即使用。

若想修改功能包源码或自己开发功能包，则需要创建 ROS 工作空间，从源码编译运行。本书中将 ROS 工作空间命名为 tutorial_ws，若使用其他名称，在后续的终端命令等操作中，需将工作空间名称替换为自己的工作空间名。

在终端输入以下命令创建 tutorial_ws 目录并在 tutorial_ws 中创建 src 目录。

```
$ mkdir -p ~/tutorial_ws/src
```

接着可以使用系统的 cd 命令进入工作空间，使用 catkin_make 命令编译整个工作空间：

```
$ cd ~/tutorial_ws
$ catkin_make
```

编译过程中，工作空间内会自动生成 build 和 devel 文件夹，第一次编译时会在 src 空间内生成 CMakeLists.txt 文件，此时工作空间的目录结构如下：

```
tutorial_ws
├── build
│   ├── atomic_configure
│   ├── catkin
│   ├── catkin_generated
│   ├── CATKIN_IGNORE
│   ├── catkin_make.cache
│   ├── CMakeCache.txt
│   ├── CMakeFiles
│   ├── cmake_install.cmake
│   ├── CTestConfiguration.ini
│   ├── CTestCustom.cmake
│   ├── CTestTestfile.cmake
│   ├── gtest
│   ├── Makefile
```

```
        |   └── test_results
        ├── devel
        |   ├── cmake.lock
        |   ├── env.sh
        |   ├── lib
        |   ├── local_setup.bash
        |   ├── local_setup.sh
        |   ├── local_setup.zsh
        |   ├── setup.bash
        |   ├── setup.sh
        |   ├── _setup_util.py
        |   └── setup.zsh
        └── src
            └──CMakeLists.txt->/opt/ros/melodic/share/catkin/cmake/toplevel.cmake
```

可以看到在 devel 文件夹下有几个名为 setup.*sh 的环境变量设置脚本，使用 source 命令运行这些脚本，便可使该工作空间下的环境变量生效，例如：

```
$ source ~/tutorial_ws/devel/setup.bash
```

若希望环境变量在所有终端中生效，可运行以下命令将环境变量的设置添加到~/.bashrc 文件中：

```
$ echo "source ~/tutorial_ws/devel/setup.bash">>~/.bashrc
$ source ~/.bashrc
```

在终端输入以下命令检查环境变量设置是否已经生效：

```
$ echo $ROS_PACKAGE_PATH
```

若如图 2.4 所示，在终端打印输出有 tutorial_ws/src 的目录，说明设置成功：

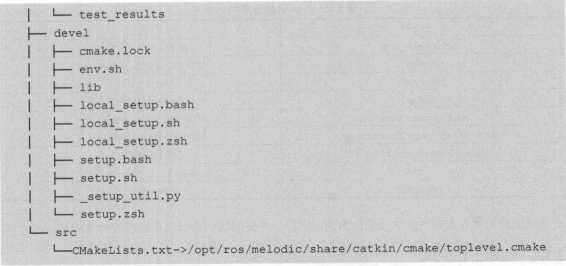

图 2.4　echo $ROS_PACKAGE_PATH 检查环境变量设置

同一工作空间下不允许存在同名功能包，但不同工作空间下允许存在同名功能包。如图 2.4 所示，设置工作空间环境变量且生效后，echo $ROS_PACKAGE_PATH 命令会在终端打印输出所有的工作空间。使用功能包时，ROS 会优先选择打印靠前的工作空间。若该工作空间中不存在此功能包，则依次向后查找。

2.4　教学代码包

2.4.1　下载安装教学代码包

（1）下载源码

ROS 官方、一些技术团队以及机器人爱好者开发维护的功能包通常会托管到 GitHub（https://github.com/）上。GitHub 是基于 Git 的代码托管和研发协作平台，类似平台还有 Gitee 和 GitLab 等。Git 的使用不是本书重点，可参考下列网站自行学习：

https://git-scm.com/

本书的教学代码包同时托管于 GitHub 和 Gitee 上，国内读者若嫌打开 GitHub 较慢，可选择从 Gitee 下载。

GitHub 代码仓库地址：https://github.com/jiuyewxy/ros_arm_tutorials。
Gitee 代码仓库地址：https://gitee.com/xiao_yun_wang/ros_arm_tutorials。
打开终端，输入以下命令进入 2.3.2 节创建的 tutorial_ws/src 目录：

```
$ cd ~/tutorial_ws/src/
```

使用"git clone -b 分支名 仓库地址"命令下载代码。

可以使用下面命令下载 GitHub 上 melodic-devel 分支的代码：

```
$ git clone -b melodic-devel https://github.com/jiuyewxy/ros_arm_tutorials.git
```

或者使用下面命令下载 Gitee 上 melodic-devel 分支的代码：

```
$ git clone -b melodic-devel https://gitee.com/xiao_yun_wang/ros_arm_tutorials.git
```

（2）安装依赖并编译代码

代码下载完成后，在终端依次输入以下命令安装依赖包并编译代码。

```
$ cd ..
$ rosdep install --from-paths src -i -y
$ sudo apt-get install ros-melodic-moveit*
$ sudo apt-get install ros-melodic-ar-track-alvar
$ catkin_make
```

代码编译通过后说明教学代码包已安装成功。

2.4.2 Qt Creator 开发环境

集成开发环境（Integrated Development Environment，IDE）是提供程序开发环境的应用程序，集成了代码编写、编译、调试、版本控制等功能，一般包括代码编辑器、编译器、调试器和图形用户界面工具等部分。Qt Creator、Eclipse、RoboWare Studio、CLion 和 Visual Studio Code 等是 ROS 开发人员常用的 IDE。本书以 Qt Creator 为例介绍开发环境的搭建和使用。

可参考官方教程下载、安装、配置和使用 Qt Creator：

https://ros-qtc-plugin.readthedocs.io/en/latest/index.html

以 Ubuntu18.04 系统为例进行说明。

（1）下载 Qt Creator

点击下面的链接进入官方安装教程：

https://ros-qtc-plugin.readthedocs.io/en/latest/_source/How-to-Install-Users.html

如图 2.5 所示，选择 Ubuntu18.04 系统的下载链接，点击"Save files"按钮下载保存。

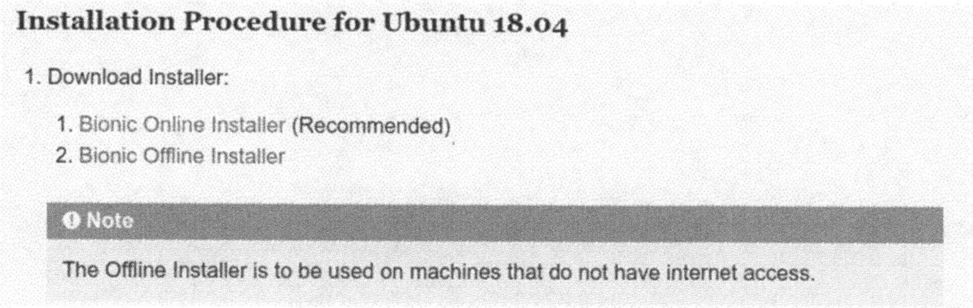

图 2.5　Qt Creator 下载链接网页

下载完成后，.run 文件通常保存在系统的 Downloads 文件下。

（2）安装 Qt Creator

进入.run 文件所在文件夹路径，在终端使用 chmod 命令为文件添加可执行权限：

```
$ chmod +x qtcreator-ros-bionic-latest-online-installer.run
```

使用鼠标左键双击运行.run 文件，进入安装界面，如图 2.6 所示。

图 2.6　Qt Creator 初始安装界面

点击"Next"按钮，进入安装路径选择界面，如图 2.7 所示。可使用默认安装路径，也可点击"Browse"按钮选择其他安装路径。

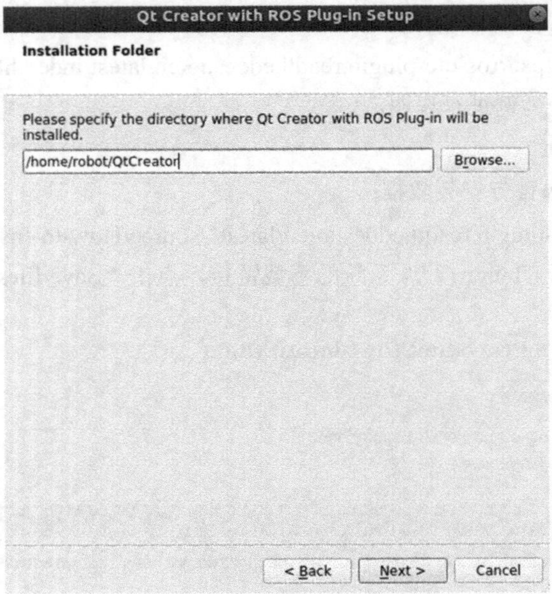

图 2.7　Qt Creator 安装路径选择界面

点击"Next"按钮进入图 2.8 所示界面，勾选"Qt Creator"复选框。

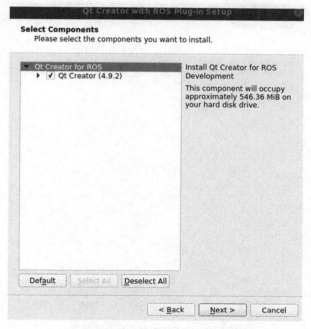

图 2.8 Qt Creator 安装版本选择界面

点击"Next"按钮，阅读协议，在界面下方选择"I accept the licenses"单选按钮，如图 2.9 所示。

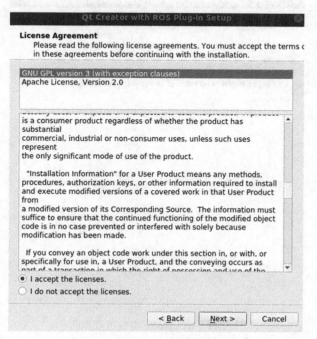

图 2.9 Qt Creator 安装协议界面

点击"Next"按钮，在图 2.10 所示界面点击"Install"按钮进行安装。

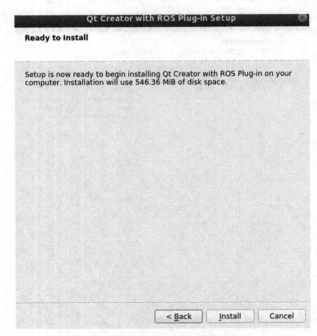

图 2.10　Qt Creator 安装确定界面

安装进度条如图 2.11 所示。

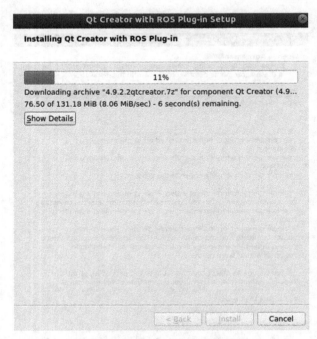

图 2.11　Qt Creator 安装进度界面

安装进度条显示完成 100% 后，在如图 2.12 所示界面点击"Finsh"按钮完成整个安装过程。

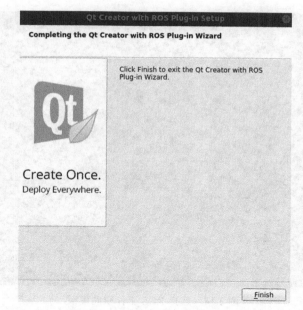

图 2.12　Qt Creator 安装完成界面

（3）导入 ROS 工作空间

Qt Creator 启动后界面如图 2.13 所示。

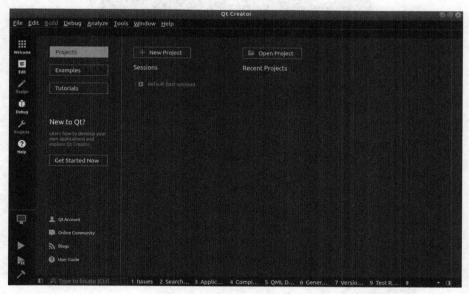

图 2.13　Qt Creator 启动界面

可以点击"New Project"按钮添加新 ROS 项目，也可点击左上角"File"—"New File or Project"选项添加。在新项目界面左侧的"Projects"模板中点击"Other Project"，选择"ROS Workspace"，如图 2.14 所示。

然后点击右下角"Choose"按钮进入如图 2.15 所示的界面。

设置项目的名字"Name"，这里设为"tutorials_ws"；"Build System"选择"CatkinMake"；点击"Browse"按钮选择之前建好的"tutorial_ws"工作空间，如图 2.16 所示。

图 2.14 选择 ROS 工作空间模板

图 2.15 创建新的 ROS 项目

图 2.16 选择 ROS 空间目录

选择好后点击"Open"按钮,返回图 2.15 所示的界面后点击"Next"按钮,进入图 2.17 所示的界面,点击"Finish"按钮完成新的 ROS 项目的创建。

图 2.17　完成 ROS 项目的创建

创建完成后,Qt Creator 界面如图 2.18 所示,在左侧的"Projects"栏中可以看到项目"tutorials_ws"。

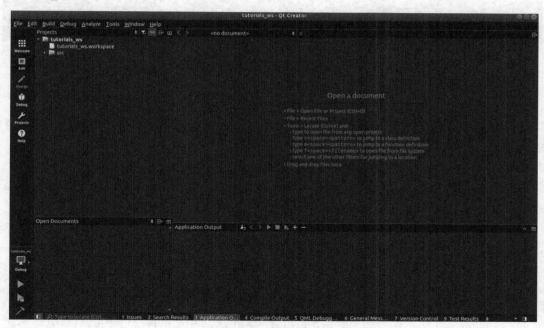

图 2.18　QT Creator 添加项目后页面显示

在项目的"src"下拉列表中可以看到"tutorial_ws/src"目录下的所有功能包和文件。

可以创建、编辑、删改功能包中的文件,也可点击"Build"编译功能包,在下方的"Compile Output"窗口查看编译结果,如图 2.19 所示。

更多 Qt Creator 的使用可参考官方教程。再次启动 Qt Creator 时,可在"Open Project"下看到之前创建好的项目,直接点击项目名称即可将项目加载进来,无需重新创建。

2.4.3　教学代码包简要说明

ros_arm_tutorials 包含本书示例中使用的 ROS 功能包,所有示例均提供 Python 和 C++两种编程实现方式。

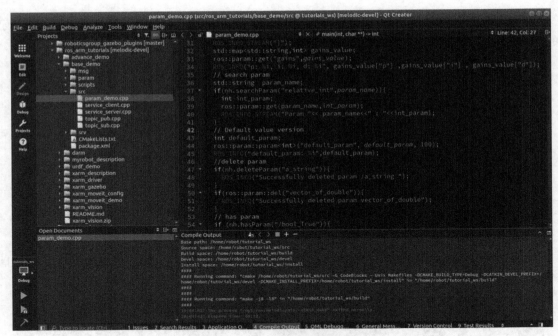

图 2.19　Qt Creator 查看编译代码

各功能包简要说明如下。

① base_demo：对应本书第 3 章内容，包含消息、话题、服务和参数通信示例。

② advance_demo：对应本书第 4 章内容，包含 action 通信、ROS 常用工具、动态参数配置和 TF2 示例。

③ myrobot_description：对应本书第 5 章内容，从零开始创建的机械臂 URDF 模型。

④ darm：对应本书第 5 章内容，使用 Solidworks 导出的 XBot-Arm 机械臂原始 URDF 模型文件包。

⑤ xarm_description：对应本书第 5 章内容，修改后的 XBot-Arm 机械臂 URDF 模型文件包。

⑥ urdf_demo：对应本书第 5 章内容，URDF 模型和 robot_state_publisher 节点的使用。

⑦ xarm_driver：XBot-Arm 真实机械臂驱动包。

⑧ xarm_moveit_config：对应本书第 6 章内容，使用 MoveIt!配置助手生成的 XBot-Arm 机械臂 MoveIt!配置和启动功能包。

⑨ xarm_moveit_demo：对应本书第 7 章内容，使用 MoveIt!的编程接口实现路径规划、避障、规划场景更新维护以及机械臂的抓取和放置。

⑩ xarm_vision：对应本书第 8 章、第 9 章内容，机械臂的视觉系统以及机械抓取应用示例。

除了 ros_arm_tutorials 中包含的功能包，还使用了 find_object_2d、ar_track_alvar 和 easy_handeye 等 ROS 开源功能包。

2.5　ROS 的通信架构

ROS 的分布式通信机制是 ROS 的灵魂，也是整个 ROS 正常运行的核心。ROS 中每个进程称为节点，节点通过 Master 节点管理器统一管理。ROS 在 TCP/IP 或 UDP 网络通信基础上进行封装，实现了 TCPROS 或 UDPROS 传输层用于 ROS 中的数据传输。本节将学习节点的概念以及节点之间的通信方式——话题、服务、动作和参数服务器。

2.5.1 节点与 ROS Master

一个 ROS 功能包里可以有多个可执行文件,可执行文件在运行之后就成了一个进程(process),这个进程在 ROS 中叫作节点(node)。节点是 ROS 中最小的执行单元,节点与节点之间可以通过 ROS 提供的话题、服务等方式进行通信。

由于机器人的功能模块非常复杂,我们往往不会把所有功能都集中到一个节点上,而是采用分布式的方式,不同节点用来实现不同功能,例如一个节点用来驱动机械臂,一个节点用来轨迹规划,一个节点用来处理摄像头数据……这样可以降低程序发生崩溃的可能性,实现系统的模块化设计。

ROS Master 节点管理器为其他节点提供命名和注册服务。节点首先在 Master 处进行注册,之后 ROS Master 会将该节点纳入整个 ROS 程序中,使一些节点相互定位,实现点对点的通信。

roscore 命令可以启动 ROS Master 及其他基本组件。rosrun 命令可以启动功能包中的某个节点(可执行文件)。在运行节点前,必须首先启动 ROS Master。一旦 ROS Master 崩溃,整个正在运行的 ROS 系统将崩溃。

ROS 为节点提供了 rosnode 命令行工具,可用于节点查询等操作,表 2.3 列出了 rosnode 相关命令,在后续章节将通过实践深入学习这些命令的使用。

表 2.3 rosnode 命令及作用

命令	作用
rosnode ping [options] <node>	测试节点之间的网络连通性
rosnode list	列出当前活动的节点
rosnode info [options] node1 [node2...]	输出节点的信息
rosnode machine [machine-name]	列出指定机器上运行的节点
rosnode kill [node]	结束某个正在运行的节点
rosnode cleanup	清除无法访问的节点的注册信息
rosnode <command> -h	查看某个命令的详细用法,例如 rosnode kill -h

2.5.2 消息

ROS 中的消息(message,msg)用来定义和存储 ROS 中传输的数据,有特定的类型和数据结构。ROS 中支持标准的数据类型(整型、浮点型、布尔型、字符串),也支持嵌套数据类型(类似 C++ 中的结构体)。第 3 章中我们将学习 ROS 消息的定义和使用。

2.5.3 话题

节点之间可以通过话题(topic)进行通信。话题通信是一种基于"发布(publish)/订阅(subscribe)"的异步单向通信方式。话题的发布节点启动后会向 ROS Master 注册发布者的信息(话题名称、消息类型),ROS Master 将节点的注册信息加入注册列表。话题的订阅节点启动后同样会向 ROS Master 注册订阅者的信息,由 ROS Master 进行匹配。

话题通信通过在节点之间发布 ROS 消息(message)实现。发布节点和订阅节点若要通过话题进行数据传递,必须保证话题名与话题上的消息类型一致。话题的类型(type)由其消息类型确定。

一个话题可以同时被多个节点发布，也可以同时被多个节点接收。发布节点和订阅节点之间无需知晓对方存在：发布节点向话题发布消息时不关心有没有节点订阅该话题，有没有消息反馈，有没有其他节点向该话题发布消息；同样订阅节点也不关心有没有节点向该话题发布消息以及是否有其他订阅者。一般传感器数据的发布/订阅、控制指令的发布/订阅会采用话题通信的方式。

2.5.4 服务

服务（service）通信是一种基于"请求（request）/应答（response）"的同步双向通信方式。服务的服务端（server）节点启动后会向 ROS Master 注册服务的信息（名字、类型等），客户端（client）节点启动后同样向 ROS Master 注册服务信息，由 ROS Master 进行匹配。若找到该服务的服务端，则尝试与之连接。客户端发送服务的请求数据，服务端接收到请求数据后进行处理并将处理结果作为应答数据发送给客户端，实现同步双向通信。

服务的一个服务端可以对应多个客户端，服务端等待请求过程中处于阻塞状态。这样的通信模型没有频繁的消息传递，没有冲突与高系统资源的占用，只有接受请求才执行服务，简单且高效，类似"清除代价地图"这种需要得到结果反馈信息的任务，会采用服务通信的方式。

2.5.5 动作

类似服务通信机制，动作（action）也是一种基于"请求（request）/应答（response）"机制的双向通信方式。在执行长时间任务时，动作通信弥补了服务通信只反馈最终结果而不能反馈中间过程状态的不足。在动作通信过程中，服务端接收到客户端发送来的目标后开始执行任务，执行过程中可以给客户端发送实时的状态和反馈信息，任务完成后可以反馈执行结果。客户端可以随时查看过程进度，并根据反馈做出判断是否终止正在执行的目标请求。类似"机械臂抓取物体"这种执行时间长且需要了解过程信息的任务，通常采用动作通信。

2.5.6 话题、服务和动作对比

话题、服务和动作是 ROS 中的三种通信方式，适合不同的应用场景。话题通信属于异步通信方式，无反馈。服务和动作通信有反馈机制，动作比服务多了过程的反馈以及执行中断，三种通信方式对比如表 2.4 所示。

表 2.4 三种通信方式对比

比较项目	话题（topic）	服务（service）	动作（action）
模式	发布/订阅	请求/应答	请求/应答
结果反馈	无	有	有
过程反馈	无	无	有
中断请求	无	无	有
节点关系	多对多	一（服务端）对多	一（服务端）对多
应用场景	高频的数据传输	执行某个任务	执行长时间任务

2.5.7 参数服务器

参数服务器（parameter server）是共享的、多变量字典，是使用基于 XML 技术的远程过程调用（Remote Procedure Call，RPC）实现，可以通过网络 API 访问。参数服务器在 ROS Master 中运

行,节点使用此服务器存储和检索参数,可以将参数看作 ROS 中的全局变量。

2.6 ROS 计算图和命名空间

ROS 的计算图(computation graph)包含节点(node)、节点管理器(ROS Master)、参数服务器(parameter server)、消息(message)、话题(topic)、服务(service)和包(bags)等,它们能以不同的方式为 ROS 提供数据,实现端对端的网络链接。在 2.5 小节中已经学习了节点、话题等相关概念。包(bags)是一种用于保存和回放 ROS 消息数据的格式,将在后面的章节学习。

ROS 中的节点、参数、话题和服务等都有名字,统称为图资源(graph resource)。图资源命名采用分层结构,是 ROS 提供封装的重要机制,有利于复杂系统的集成和使用。

图资源的一个有效名称具有以下特征。

① 第一个字符是字母字符([a~z|A~Z])、波浪号(~)或正斜杠(/)。
② 后续字符可以是字母数字([0~9|a~z|A~Z])、下划线(_)或正斜杠(/)。

每个图资源都定义在一个命名空间(namespace)中,该命名空间内还可以包含更多资源。这种命名机制可以有效避免不同命名空间内的命名冲突。

图资源命名可以分为以下四类。

① 基本名称(base):不能包含波浪号(~)或正斜杠(/),如 base_name、topic_name。
② 私有名称(private):首字符是波浪号(~),如~private_param。
③ 相对名称(relative):首字符不包含波浪号(~)或正斜杠(/),后续字符中有正斜杠(/)区分前后两个命名空间,如 relative/name。
④ 全局名称(global):首字符是正斜杠(/),如/global_name,/globa/name1/name2。

全局名称被认为是完全解析的,默认情况下,图资源名称的解析基于节点的命名空间完成。例如节点 A 的基本名称为 node_name,它位于命名空间/global_test 内,那节点 A 的名称完全解析后为 /global_test/node_name。假如有一个话题命名在节点 A 所在的空间内,相对名称为 topic_ns/topic_name,则完全解析后该话题的名字为/global_test/node_name/topic_ns/topic_name。假如节点 A 含有一个私有参数名为~private_param,该私有名称会将节点的名称转化为命名空间,完全解析后名称为/global_test/node_name/private_param。

所有 ROS 节点内的图资源名称在节点启动时都可以进行重映射(remapping),映射到不同的命名空间或映射成不同的名称,这在复杂系统集成、多机系统中起到了重要作用。后续章节将学习重映射的方法和应用。

本章小结

本章介绍了机器人开源操作系统 ROS 的功能、安装、文件系统、通信架构和计算图,学习了 ROS 工作空间的创建和本书教学示例代码包 ros_arm_tutorial 的下载安装,同时学习了 Qt Creator 开发环境的搭建。

① ROS 是一个适用于机器人的开源操作系统。
② ROS 工作空间通常包含 src、build 和 devel 三个目录。
③ 功能包(package)是 ROS 代码的组织单元以及 catkin 编译的基本单元。
④ 节点(node)是 ROS 中最小的执行单元,ROS Master 节点管理器为其他节点提供命名和注册服务。

⑤ 话题（topic）通信是基于"发布（publish）/订阅（subscribe）"的异步单向通信方式，通过在节点之间发布 ROS 消息实现。

⑥ 服务（service）通信是一种基于"请求（request）/应答（response）"的同步双向通信方式。

⑦ 动作（action）通信与服务类似，但比服务多了过程的反馈以及执行中断。

⑧ 参数类似 ROS 中的全局变量，由 ROS Master 统一管理。

⑨ ROS 中每个图资源都定义在一个命名空间（namespace）中，名称分为基本名称、私有名称、相对名称和全局名称四类。图资源名称可进行重映射（remapping）。

熟悉了 ROS 的基本概念和架构，下一章开始将学习 ROS 通信的具体实现方式以及 ROS 中的常用功能。

❓ 习题2

1. Ubuntu18.04 系统对应使用的 ROS 版本为_____。
2. ROS 工作空间默认使用_____编译系统。
3. _____是 ROS 代码的组织单元以及 catkin 编译的基本单元，必须包含_____文件和_____文件。
4. [单选题]如果要下载一个功能包保存到工作空间中，下列哪个路径是合适的存放位置？（　）
   A. catkin_ws　　B. tutorial_ws/build　　C. catkin_ws/src　　D. my_ws/devel
5. 可以使用_____命令来创建一个功能包。
6. 可以使用_____命令来编译工作空间中的功能包。
7. _____是 ROS 中最小的执行单元。
8. 启动 ROS 节点管理器的命令是_____。
9. [多选题]关于 ROS 通信的描述，下列选项正确的有？（　）
   A. 话题通信是一种异步通信机制
   B. 一个话题至少要有一个发布者和一个接收者
   C. 一个服务的服务端节点可以对应多个客户端节点
   D. 除了最终结果，服务通信也可反馈执行的中间过程状态
10. 简要对比 ROS 中话题、服务和动作三种通信方式的异同？
11. ROS 图资源名称可以分为哪四类？并分别举例。

第3章 ROS基础实践

分布式通信机制是 ROS 的核心和基础，节点与节点之间可以通过话题、服务和参数服务器进行通信。本章将介绍消息、话题、服务和参数服务器的原理及使用，并通过具体的示例，学习相关节点的编程实现和通信测试。

3.1 消息的定义和使用

3.1.1 消息的描述和类型

消息（message，msg）用来存储 ROS 中传输的数据。消息的描述文件（定义文件）以.msg 为后缀，通常放在 ROS 功能包的 msg 子文件夹中。消息的类型以"功能包名/.msg 文件名"的形式进行命名，例如 std_msgs 功能包 msg 文件夹里定义的 String.msg 文件，其生成的消息类型为 std_msgs/String。

std_msgs 功能包里定义了 ROS 原始消息类型的封装，如 bool、char、float32、int8、string 等，详细类型说明可参考以下链接：

http://docs.ros.org/en/api/std_msgs/html/index-msg.html

元功能包 common_msgs 中定义了被其他 ROS 功能包广泛使用的消息，包括机器人导航（nav_msgs）、动作（actionlib_msgs）、诊断（diagnostic_msgs）、几何（geometry_msgs）和常见传感器数据消息（sensor_msgs）。详细类型说明可参考以下链接：

https://wiki.ros.org/common_msgs

std_msgs 和 common_msgs 功能包在安装桌面完整版 ROS 时会一起安装，若没有安装，可通过 apt-get install 命令安装：

```
$ sudo apt-get install ros-melodic-std-msgs
$ sudo apt-get install ros-melodic-common-msgs
```

我们以 geometry_msgs/Pose 消息为例，介绍消息的描述（定义）。在终端使用 rosed 命令可以打开 geometry_msgs/msg/Pose.msg 文件查看和编辑：

```
$ rosed geometry_msgs Pose.msg
```

文件内容如下：

```
Point position
Quaternion orientation
```

一共两行，每一行类似 C++里的变量定义，第一行定义了一个 Point 类型的变量（对象），名为 position，第二行定义了一个 Quaternion 类型的变量，名为 orientation。类型名和变量名之间用空格隔开，一个 .msg 文件中可以定义多个变量，用"行"区分。

对 ROS 的初学者来说，可能会有疑问：Point 和 Quaternion 又是什么类型，在哪定义的呢？

我们可以使用 rosmsg 命令行工具提供的命令来查看消息的相关信息。rosmsg 命令和作用如表 3.1 所示。

表 3.1　rosmsg 命令和作用

命令	作用
rosmsg show <message type>	显示消息的描述
rosmsg info <message type>	与 rosmsg show 作用一致
rosmsg list	列出系统上所有的消息类型
rosmsg package <package_name>	列出某功能包内定义的所有消息类型
rosmsg packages	列出所有有定义消息类型的功能包
rosmsg md5 <message type>	显示消息的 MD5 计算结果
rosmsg <command> -h	查看某个命令的详细用法，例如 rosmsg package -h

对前面提到的 geometry_msgs/Pose 消息，可以在终端使用 rosmsg show 或 rosmsg info 命令查看详细信息：

```
$ rosmsg show geometry_msgs/Pose
```

终端显示如图 3.1 所示。

```
robot@ros-arm:~$ rosmsg show geometry_msgs/Pose
geometry_msgs/Point position
  float64 x
  float64 y
  float64 z
geometry_msgs/Quaternion orientation
  float64 x
  float64 y
  float64 z
  float64 w
```

图 3.1　rosmsg show 命令查看 geometry_msgs/Pose 消息

对比 geometry_msgs/msg/Pose.msg 文件里的定义，使用 rosmsg show 命令可以明确看到消息类型的定义以及消息之间的嵌套关系。可以看出 Point 类型全称为 geometry_msgs/Point，Point 类型里又包含三个变量 x、y、z，均为 float64 类型的浮点数，用来表示 x、y、z 坐标；同理 Quaternion 类型为 geometry_msgs/Quaternion，包含四个 float64 类型的变量，用来表示四元数。完整的 geometry_msgs/Pose 类型包含两个变量：描述坐标位置的 position 以及用来描述姿态的四元数 orientation。

由于 geometry_msgs/Pose、geometry_msgs/Point 和 geometry_msgs/Quaternion 定义在同一个功能包 geometry_msgs 内，所以 Pose.msg 文件中使用 geometry_msgs/Point 和 geometry_msgs/Quaternion 消息类型时可以省略"功能包名/"的前缀。但使用不同功能包里定义的消息类型时，需使用"功能包名/.msg 文件名"的形式表示消息类型。

例如 nav_msgs/GridCells 消息的 .msg 文件里的内容如下：

```
#an array of cells in a 2D grid
Header header
```

```
float32 cell_width
float32 cell_height
geometry_msgs/Point[] cells
```

在使用 geometry_msgs/Point 类型时添加了"功能包名/"的前缀，[ ]代表 cells 是一个数组，数组里的每个元素都为 geometry_msgs/Point 类型。rosmsg info 命令查看消息信息如图 3.2 所示。

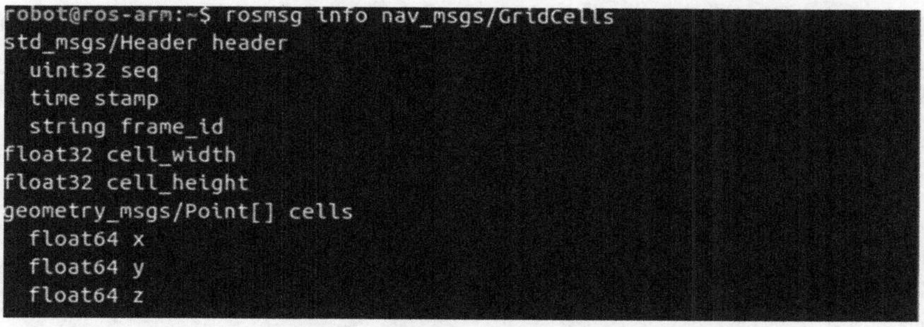

图 3.2　rosmsg info 命令查看 nav_msgs/GridCells 消息

3.1.2　自定义消息类型

可以使用 std_msgs、geometry_msgs 等功能包中提供的标准消息类型，也可自定义消息类型。本节将学习如何在功能包中自定义消息类型。

（1）定义.msg 文件

为方便理解，我们假设有一个多功能机器人，名叫小德，能够自主移动，也能抓取物品。现在自定义一个消息类型 RobotInfo，用来存储小德移动过程中的位姿 pose、运行的状态 state 以及手上是否拿有物体 is_carry。

消息的定义文件保存在教学代码 base_demo 功能包的 msg 文件夹中，RobotInfo.msg 文件内容如下：

```
Header header
string state
bool is_carry
geometry_msgs/Pose pose
```

文件第一行定义了消息头 header，类型为 std_msgs/Header 消息类型，是 ROS 中标准的元数据，通常用于传送带时间戳和参考坐标系的数据，std_msgs/Header 消息的具体定义如下：

```
uint32 seq              # 序列 ID，连续递增的无符号整数
time stamp              # 时间戳
string frame_id         # 数据关联的坐标系
```

RobotInfo.msg 文件中，state 的类型为 string 字符串，is_carry 的类型为 bool 型，pose 的类型为 3.1.1 节介绍过的 geometry_msgs/Pose。

为了使功能包中定义的.msg 文件能被转换为 C++、Python 和其他语言使用的源代码，还需修改 package.xml 文件和 CMakeLists.txt 文件。

（2）修改 package.xml 文件

功能包编译过程中依赖 message_generation 功能包，运行时需要用到 message_runtime 功能包，

所以 package.xml 文件中需包含这两个功能包的依赖：

```
<build_depend>message_generation</build_depend>
<exec_depend>message_runtime</exec_depend>
```

如果 base_demo 功能包的 package.xml 文件中没有这两项，则需要添加进去。

（3）修改 CMakeLists.txt 文件

① 在 CMakeLists.txt 文件中，需要通过 "find_package" 添加 message_generation 依赖项。

```
find_package(catkin REQUIRED COMPONENTS
  roscpp
  rospy
  std_msgs
  geometry_msgs
  message_generation
)
```

由于在定义 RobotInfo 消息时使用了定义在 std_msgs 和 geometry_msgs 功能包里的消息类型，所以上面也添加了对 std_msgs 和 geometry_msgs 功能包的依赖，同理也可添加其他依赖项。

② 通过 "catkin_package" 添加 message_runtime，确保导出消息的运行时依赖关系。

```
catkin_package(
  CATKIN_DEPENDS geometry_msgs roscpp rospy std_msgs message_runtime
)
```

③ 通过 "add_message_files" 添加自定义在 msg 文件夹里的消息。

```
add_message_files(
  FILES
  RobotInfo.msg
)
```

④ 使用 "generate_messages" 生成自定义的消息，并添加依赖项。

```
generate_messages(
  DEPENDENCIES
  geometry_msgs
  std_msgs
)
```

（4）编译功能包

修改好相关文件后，进入 ROS 工作空间，使用 catkin_make 命令编译 base_demo 功能包：

```
$ cd ~/tutorial_ws/
$ catkin_make
```

编译完成后，可以在终端使用 rosmsg show 命令查看 base_demo/RobotInfo 消息类型的完整描述信息：

```
$ rosmsg show base_demo/RobotInfo
```

若如图 3.3 所示，能显示消息类型，则说明自定义消息类型成功。

```
robot@ros-arm:~$ rosmsg show base_demo/RobotInfo
std_msgs/Header header
  uint32 seq
  time stamp
  string frame_id
string state
bool is_carry
geometry_msgs/Pose pose
  geometry_msgs/Point position
    float64 x
    float64 y
    float64 z
  geometry_msgs/Quaternion orientation
    float64 x
    float64 y
    float64 z
    float64 w
```

图 3.3 rosmsg show 命令查看 base_demo/RobotInfo 消息

3.1.3 消息的使用

ROS 中定义好的消息类型可供 ROS 编程调用，以 Python 和 C++中的使用为例进行说明。

（1）Python 中调用

Python 中需要使用 from 从“功能包名.msg”模块导入消息类型，再创建该消息类型的对象：

```
from geometry_msgs.msg import Pose
msg=Pose( )
```

（2）C++中调用

ROS 的消息编译后会生成.h 头文件，C++编程时需引用头文件，并定义消息的对象。以 geometry_msgs/Pose 为例，geometry_msgs/Pose.h 头文件中定义了 geometry_msgs::Pose 类型的数据，编程时可按照下列方式创建该类型的对象：

```
#include <geometry_msgs/Pose.h>
geometry_msgs::Pose msg;
```

（3）功能包中添加依赖

若要使用其他功能包中定义的消息类型，需先在功能包的 package.xml 中添加对消息类型所在功能包的依赖：

```
<build_depend>name_of_package_containing_msg</build_depend>
<exec_depend>name_of_package_containing_msg</exec_depend>
```

并在 CMakeLists.txt 文件中通过“add_dependencies”对使用该消息类型的可执行目标添加依赖：

```
add_dependencies(your_program ${catkin_EXPORTED_TARGETS})
```

完整的消息编程使用示例将在后续章节进行学习。

3.2 rospy 和 roscpp 客户端

ROS 节点使用 ROS 客户端库（Client Libraries）进行编写，包含节点、消息、话题、服务、参数、时间、日志、异常等相关的 ROS 操作。主要客户端库如下。

① roscpp：ROS 的 C++客户端库，用于使用 C++语言编写节点，是目前使用最广泛的客户端库，常用来实现大型算法和复杂的数据处理节点，更关注运行时的性能。

② rospy：ROS 的 Python 客户端库，用于使用 Python 语言编写节点，常用来编写面向对象的脚本。许多 ROS 工具使用 rospy 开发，所以 Python 是 ROS 的核心依赖库。

③ roslisp：ROS 的 LISP 客户端库，用于使用 LISP（List Processing）语言编写节点。

ROS 还提供了 rosjava、rosgo、roscs、rosnodejs、rosruby 等客户端库，详细内容可参考官方 wiki 教程：

http://wiki.ros.org/Client%20Libraries

目前使用最多的客户端库是 roscpp 和 rospy，本书中节点编写示例均提供 C++和 Pyhton 两种实现方式。

rospy 提供的完整操作和说明可参考官方 wiki 教程：

http://wiki.ros.org/rospy/Overview

roscpp 提供的完整操作和说明可参考官方 wiki 教程：

http://wiki.ros.org/roscpp/Overview

在后续章节中我们将通过具体示例学习 roscpp 和 rospy 的使用。由于篇幅限制，本书没有将 rospy 和 roscpp 的所有操作一一展开说明，只对示例中用到的关键部分进行了讲解。

3.3 话题通信和编程实现

话题是一种单向异步通信方式，发布端节点（publisher）发布消息到话题，订阅端节点（subscriber）从话题订阅消息并处理，适合连续高频的数据传输。

假设机器人小德在两个点之间来回移动，我们将编写 topic_pub 节点将小德移动过程中的位置等信息实时发布出来，并编写 topic_sub 节点用来订阅这些信息并进行处理。两个节点之间采用话题通信方式，话题名为/robot_info，话题的消息类型为 base_demo/RobotInfo。完整代码位于 base_demo 功能包中，下面将学习 ROS 节点的编写和测试。

3.3.1 话题的发布节点（Python）

（1）源码

本节将使用 Python 编写 topic_pub 节点向/robot_info 话题发布 base_demo/RobotInfo 消息。源码位于 base_demo/scripts/topic_pub.py，完整内容如下：

```python
#!/usr/bin/env python
# -*-coding: utf-8 -*-
import rospy
from base_demo.msg import RobotInfo
def talker():
    # 初始化节点
    rospy.init_node('topic_pub', anonymous=False)
    # 打印输出日志消息
    rospy.loginfo('topic_pub node is Ready!')
    # 创建发布 RobotInfo 消息到话题/robot_info 的句柄(发布端)pub
```

```python
    pub=rospy.Publisher('/robot_info', RobotInfo, queue_size=10)
    # 创建了 RobotInfo 消息的对象 msg,并赋值
    msg=RobotInfo()
    msg.is_carry=False
    msg.header.frame_id='map'
    msg.pose.position.x=0
    msg.pose.position.y=0
    msg.pose.position.z=0
    msg.pose.orientation.w=1
    # 创建 rate 对象,设置频率为 5Hz,用于循环发布
    rate=rospy.Rate(5)
    # 节点关闭前一直循环发布消息
    while not rospy.is_shutdown():
        # 设置 state 并改变 msg 中机器人在 X 方向上的位置
        msg.state='Robot is moving...'
        if msg.pose.position.x == 0:
            go_flag=True
        if msg.pose.position.x == 20:
            go_flag=False
        if go_flag:
            msg.pose.position.x += 0.5
        else:
            msg.pose.position.x -= 0.5
        # header 的时间戳为当前时间
        msg.header.stamp=rospy.Time.now()
        # 打印输出机器人 X 方向的位置
        rospy.loginfo('Robot pose x : %.1fm', msg.pose.position.x)
        # 发布消息
        pub.publish(msg)
        # 按照循环频率延时

if __name__ == '__main__':
    talker()
```

(2) 解析

下面对 topic_pub.py 源码进行解析:

```
#!/usr/bin/env python
# -*-coding: utf-8 -*-
import rospy
from base_demo.msg import RobotInfo
```

文件开头第一行是每个 ROS Python 节点都有的声明,确保脚本可作为 Python 脚本执行。第二行是 Python2 中用来转换字符编码的语句,将编码格式变为 utf-8,以允许程序中出现中文。第

三行导入了编写 ROS 节点需要的 rospy 模块。第四行从 base_demo.msg 模块导入了 RobotInfo，即 3.1 节自定义的 base_demo/RobotInfo 消息类型。

```
rospy.init_node('topic_pub', anonymous=False)
```

通过 rospy.init_node()函数初始化节点，该方法（函数）的完整参数如下：

```
rospy.init_node(name, anonymous=False, log_level=rospy.INFO, disable_signals=False)
```

参数 name 为节点的名字，节点命名不能带"/"以及"~"字符。节点在运行的 ROS 系统中具有独一无二性，如果在 ROS 运行中检测到两个具有相同名称的节点，则旧节点将关闭。如果我们允许一些节点同时运行，并且不关心它们的名字，则可将 anonymous 设置为 True，系统会为该节点名称后面添加一个随机数以确保其唯一性。log_level 关键字可设置 ROS 默认日志消息级别。默认情况下，rospy 会注册信号处理程序让节点进程能在"Ctrl+C"快捷键上退出。若想禁用此功能，可设置 disable_signals 为 True。

一个进程只能对应一个节点，因此 rospy.init_node()函数在程序中只调用一次。

```
pub=rospy.Publisher('/robot_info', RobotInfo, queue_size=10)
```

使用 rospy.Publisher()函数创建一个发布消息到话题的句柄（handle）对象 pub。第一个参数为话题的名字，这里设为/robot_info；第二个参数为话题的消息类型，base_demo/RobotInfo；第三个参数 queue_size 指发布消息队列的大小，用于在订阅者接收消息的速度不够快的情况下，限制排队的消息数量，通常设为 10。

```
msg=RobotInfo()
msg.is_carry=False
msg.header.frame_id='map'
msg.pose.position.x=0
msg.pose.position.y=0
msg.pose.position.z=0
msg.pose.orientation.w=1
```

base_demo/RobotInfo 是 3.1 节定义的一个相对复杂的消息类型，已经通过 import 导入，使用时可以将其当作一个类（class）或结构体。上述代码第一句我们创建了 RobotInfo 类的对象 msg。msg 的成员变量为消息中定义的 header、state、is_carrry 和 pose，可以通过"."操作符访问。

示例中我们将 is_carry、header 的 frame_id 以及 pose 进行了赋值，msg.pose.orientation.x、msg.pose.orientation.y、msg.pose.orientation.z 没有赋值，则默认为 0。在后面的代码中，还为 state 进行了赋值，并修改了 msg.pose.position.x 的值。

```
rate=rospy.Rate(5)
```

使用 rospy.Rate 方法创建了一个 rate 对象，设置频率为 5Hz。后面循环中可以使用 rate.sleep() 函数设置延时时间，用来实现以 5Hz 的频率发布消息。

循环部分代码如下：

```
while not rospy.is_shutdown():
    msg.state='Robot is moving...'
    if msg.pose.position.x == 0:
        go_flag=True
```

```
        if msg.pose.position.x == 20:
            go_flag=False
        if go_flag:
            msg.pose.position.x += 0.5
        else:
            msg.pose.position.x -= 0.5
        msg.header.stamp=rospy.Time.now()
        rospy.loginfo('Robot pose x : %.1fm', msg.pose.position.x)
        pub.publish(msg)
        rate.sleep()
```

通过 rospy.is_shutdown()函数检查节点是否关闭，若没有关闭，则进入循环。循环体部分的逻辑较为简单，假设机器人沿着 X 轴，从 x=0 位置开始向前（go_flag 为 True）移动，到达 x=20 目标点后，向后移动（go_flag 为 False），到达 0 位置再向前……移动过程中通过 pub.publish(msg)向话题发布消息，发布频率为 5Hz。

publish()方法的三种调用方式如下。

① 创建消息的对象并将其传递给 publish()函数进行发布。如 topic_pub.py 中，创建了 msg，并通过 pub.publish(msg)进行了发布。同样也可通过下面的形式发布：

```
pub.publish(RobotInfo(Header(),"moving",False,Pose()))
```

从上面的代码可以看到，当消息类型较为复杂时，用直接在 publish()参数里实例化消息对象并赋值的方式编写起来较为复杂，所以通常不采用这种方式，而采用示例代码中所示方式。

② 通过按照顺序传入 publish()的参数创建消息实例并发布，参数顺序必须与消息中的变量顺序相同且必须为所有变量赋值。这种调用方式适合消息类型较为简单的话题，例如定义话题 /string_info，消息类型为 std_msgs/String，可通过下面的方式创建发布句柄并发布消息：

```
from std_msgs.msg import String
topic_pub=rospy.Publisher('string_info', String, queue_size=10)
topic_pub.publish("hello world")
```

③ 使用带有关键字的参数，只初始化需要赋值的变量，其余变量采用默认值，不用像第二种方式一样为所有变量赋值。例如 topic_pub.py 中的/robot_info 话题，可用下面方式发布：

```
pub.publish(state="moving", is_carry =True)
```

除了 state 和 is_carry，其余变量都为默认值。

最后看一下本示例中用到的 rospy 的其他方法：

```
        msg.header.stamp=rospy.Time.now()
```

使用 rospy.Time.now()函数获取当前时间，并作为消息发布的时间戳赋值给 RobotInfo 消息头 header 的时间戳 stamp。

```
        rospy.loginfo('Robot pose x : %.1fm', msg.pose.position.x)
```

打印输出日志消息。ROS 基于话题通信机制，提供了一套日志消息的记录系统 rosout。rosout 是一个节点，该节点随 roscore 命令自动启动，且会将日志消息发布到/rosout 话题上，话题的消息类型为 rosgraph_msgs/Log。

ROS 为日志消息定义了五个级别：DEBUG（调试）、INFO（信息）、WARN（警告）、ERROR（错误）、FATAL（致命）。在 rospy 中为五个级别提供了对应的日志写入方法：

```
rospy.logdebug(msg, *args, **kwargs)
rospy.loginfo(msg, *args, **kwargs)
rospy.logwarn(msg, *args, **kwargs)
rospy.logerr(msg, *args, **kwargs)
rospy.logfatal(msg, *args, **kwargs)
```

示例中使用 rospy.loginfo() 方法记录日志信息，类似 Python 中的 print，可为格式化字符串单独传入参数。除了将日志消息发布到 /rosout 话题，日志还会被记录到 ROS 的日志文件中，方便开发者进行开发调试。日志文件通常位于系统的 ~/.ros/log/ 文件夹下。

```
if __name__ == '__main__':
    talker()
```

程序最后使用标准的 if __name__ == '__main__': 标志告诉程序的入口，即脚本运行时从冒号后面的内容开始执行代码，执行 talker() 函数。

（3）编译安装

为确保程序可以执行，需确保 Python 脚本具有可执行权限。若没有，可通过下列命令添加：

```
$ roscd base_demo/scripts/
$ chmod +x topic_pub.py
```

为确保能够正确安装 Python 脚本，需在 base_demo/CMakeLists.txt 文件中设置脚本的安装：

```
catkin_install_python(PROGRAMS
  scripts/topic_pub.py scripts/topic_sub.py scripts/service_server.py
scripts/service_client.py
  DESTINATION ${CATKIN_PACKAGE_BIN_DESTINATION}
)
```

修改好后进入工作空间，运行 catkin_make 进行编译：

```
$ cd ~/tutorial_ws/
$ catkin_make
```

3.3.2 话题的订阅节点（Python）

（1）源码

本节将使用 Python 编写 topic_sub 节点，用来订阅 /robot_info 话题的消息并进行简单处理。源码 base_demo/scripts/topic_sub.py 详细内容如下：

```python
#!/usr/bin/env python
# -*-coding: utf-8 -*-
import rospy
from base_demo.msg import RobotInfo
# 接收到消息后,进入该回调函数
def callback(data):
    if data.pose.position.x == 20:
        rospy.loginfo('The robot has reached the target pose.')
```

```
        if data.is_carry:
            rospy.loginfo('The robot is carrying objects')
        else:
            rospy.loginfo('The robot is not carrying objects')
    else:
        rospy.loginfo(data.state)
        rospy.loginfo('Robot pose x : %.2fm; y : %.2fm; z : %.2fm', data.pose.
position.x, data.pose.position.y, data.pose.position.z)

def listener():
    # 初始化节点
    rospy.init_node('topic_sub', anonymous=True)
    # 打印输出日志消息
    rospy.loginfo('topic_sub node is Ready!')
    # 创建/robot_info 话题的订阅端,话题的回调处理函数为 callback
    rospy.Subscriber('/robot_info', RobotInfo, callback)
    # 循环等待回调函数
    rospy.spin()

if __name__ == '__main__':
    listener()
```

（2）解析

下面对代码进行详细解析，与 topic_pub.py 相似的代码将不再展开说明。

```
if __name__ == '__main__':
    listener()
```

用标准的 if __name__ == '__main__':标志告诉程序的入口，即程序启动后会运行自定义的 listener()函数。

listener()函数的具体内容如下：

```
def listener():
    rospy.init_node('topic_sub', anonymous=True)
    rospy.loginfo('topic_sub node is Ready!')
    rospy.Subscriber('/robot_info', RobotInfo, callback)
    rospy.spin()
```

函数中第一句初始化了名为 topic_sub 的节点，将 anonymous 设为 True，让 ROS 为同名节点分配随机数字以区分。

第二句使用 rospy.loginfo 记录了日志消息。

第三句使用 rospy 模块的 Subscriber()方法声明了话题的订阅端。第一个参数为话题名，这里为/robot_info；第二个参数为话题的消息类型，这里为 RobotInfo；第三个参数为自定义的话题回调函数 callback。

第四句使用 rospy.spin()函数进行休眠直到 rospy.is_shutdown()标志为 True，防止 Python 主线程序退出。同时相当于打开了话题的回调接口，每当话题上接收到新的消息时，callback()函数都会被调用。rospy.spin()函数调用后不会返回，程序进行到这里后将不再执行后面的程序。

话题消息回调函数 callback()的具体内容如下：

```python
def callback(data):
    if data.pose.position.x == 20:
        rospy.loginfo('The robot has reached the target pose.')
        if data.is_carry:
            rospy.loginfo('The robot is carrying objects')
        else:
            rospy.loginfo('The robot is not carrying objects')
    else:
        rospy.loginfo(data.state)
        rospy.loginfo('Robot pose x : %.2fm; y : %.2fm; z : %.2fm', data.pose.position.x, data.pose.position.y, data.pose.position.z)
```

callback()函数的参数为话题的消息，本示例中 data 为 base_demo/RobotInfo 类型的消息，话题的回调函数会对接收到的消息进行处理。

上述回调函数代码是一个简单的处理过程：若机器人运动到 x=20 的位置（data.pose.position.x == 20），使用 rospy.loginfo()方法记录已到达目标的日志消息，并判断机器人是否携带物品（data.is_carry 是否为 True）。若携带物体，则输出"The robot is carrying objects"。若没有，则输出"The robot is not carrying objects"。若机器人不在目标点（data.pose.position.x != 20），则输出机器人当前的状态（data.state）以及机器人的位置信息。

（3）编译安装

为确保程序可以执行，需确保 Python 脚本具有可执行权限。若没有，可通过下列命令添加：

```
$ roscd base_demo/scripts/
$ chmod +x topic_sub.py
```

为确保能够正确安装 Python 脚本，需在 base_demo/CMakeLists.txt 文件中使用设置脚本的安装：

```
catkin_install_python(PROGRAMS
  scripts/topic_pub.py
  DESTINATION ${CATKIN_PACKAGE_BIN_DESTINATION}
)
```

修改好后，进入工作空间，运行 catkin_make 进行编译：

```
$ cd ~/tutorial_ws/
$ catkin_make
```

3.3.3 话题的发布节点（C++）

（1）源码

本节将使用 C++编程实现向/robot_info 话题发布 RobotInfo 消息。话题发布程序 topic_pub.cpp 的逻辑与 topic_pub.py 的逻辑完全一致，源码 base_demo/src/topic_pub.cpp 完整内容如下：

```cpp
#include "ros/ros.h"
#include "base_demo/RobotInfo.h"

int main(int argc, char **argv){
  // 初始化 ROS 节点
  ros::init(argc, argv, "topic_pub");
  // 创建一个节点句柄 (NodeHandle) 对象 nh
  ros::NodeHandle nh;
  // 打印输出日志消息
  ROS_INFO("topic_pub node is Ready!");
  // 创建 Publisher 对象 pub,用于向话题/robot_info 发布 RobotInfo 消息
  ros::Publisher pub=nh.advertise<base_demo::RobotInfo>("/robot_info", 10);
  // 创建了 RobotInfo 的对象 msg，并对 msg 里面的部分成员进行赋值
  base_demo::RobotInfo msg;
  msg.is_carry=false;
  msg.header.frame_id="map";
  msg.pose.position.x=0;
  msg.pose.orientation.w =1;
  // 创建 rate 对象,设置频率为 5Hz,用于循环发布
  ros::Rate rate(5);
  bool go_flag=true;
  // 循环发布消息
  while(ros::ok()){
    // 设置 state 并改变 msg 中机器人在 X 方向上的位置
    msg.state="Robot is moving...";
    if(msg.pose.position.x == 0.0){
      go_flag=true;
    }
    if(msg.pose.position.x == 20.0){
      go_flag=false;
    }
    if(go_flag){
      msg.pose.position.x += 0.5;
    }else{
      msg.pose.position.x -= 0.5;
    }
    // header 的时间戳为当前时间
    msg.header.stamp=ros::Time::now();
    // 打印输出机器人 X 方向的位置
    ROS_INFO("Robot pose x : %.1fm", msg.pose.position.x);
    // 发布消息
    pub.publish(msg);
    // 按照循环频率延时
```

```
    rate.sleep();
  }

  return 0;
}
```

（2）解析

下面对代码进行详细解析：

```
#include "ros/ros.h"
```

ros/ros.h 头文件中包含了 ROS 最常用的通用头文件，如 ros/init.h、ros/topic.h、ros/node_handle.h、ros/time.h 等。

```
#include "base_demo/RobotInfo.h"
```

base_demo/RobotInfo 是 3.1 节自定义的消息类型，编译后会生成 base_demo/RobotInfo.h 头文件。

下面看 main 函数的内容：

```
ros::init(argc, argv, "topic_pub");
```

初始化 ROS 节点。这里我们介绍两种最常用的初始化节点方式：

```
ros::init(argc, argv, "my_node_name");
ros::init(argc, argv, "my_node_name", ros::init_options::AnonymousName);
```

第一个参数 argc 和第二个参数 argv 是用来解析命令行中的重映射参数。第三个参数是节点的名称。第四个参数是可选项，可通过 ros::init_options 中的选项来设置一些特殊规则。如 AnonymousName 表示在节点的名称后添加随机数，用于在 ROS 中保证节点的唯一性；NoSigintHandler 可禁用默认信号处理程序，此时用户需要设置自己的信号处理程序，以确保节点在退出时能正确关闭；NoRosout 表示不要将日志消息发布到/rosout 话题。

```
ros::NodeHandle nh;
```

创建一个节点句柄（NodeHandle）的对象 nh，这是 roscpp 启动节点最常见的方式。当第一个 ros::NodeHandle 对象被创建时，会调用 ros::start()函数，当最后一个 ros::NodeHandle 对象被销毁时，会调用 ros::shutdown()函数。使用 ros::NodeHandle 可方便对节点进行管理和使用。

```
ros::Publisher pub=nh.advertise<base_demo::RobotInfo>("/robot_info", 10);
```

使用 advertise()函数创建 ros::Publisher 对象 pub，用于向话题发布消息。第一个参数为话题的名字，这里为/robot_info，消息类型为 base_demo::RobotInfo，第二个参数 10 代表发布的消息队列（queue_size）的大小。ros::Publisher 会将发布的消息缓存到一定空间中，本示例中 10 表示最多缓存 10 条消息，超过队列大小将自动删除队列中最早入队的消息。

```
base_demo::RobotInfo msg;
msg.is_carry=false;
msg.header.frame_id="map"
msg.pose.position.x=0;
msg.pose.orientation.w =1;
```

定义了 base_demo::RobotInfo 类型的对象 msg，并对 msg 里面的部分成员进行了初始化。base_demo::RobotInfo 是一个结构体，里面的成员可以用"."操作符进行访问。

```
ros::Rate rate(5);
```

创建 ros::Rate 对象 rate,设置循环频率为 5Hz。在循环体中使用 rate.sleep()函数进行延时,会将循环体内完成工作所需时间考虑在内,以保证循环发布频率维持在 5Hz。

下面看一下循环部分的代码:

```
bool go_flag=true;
while(ros::ok()){
  msg.state="Robot is moving...";
  if(msg.pose.position.x == 0.0){
    go_flag=true;
  }
  if(msg.pose.position.x == 20.0){
    go_flag=false;
  }
  if(go_flag){
    msg.pose.position.x += 0.5;
  }else{
    msg.pose.position.x -= 0.5;
  }
  msg.header.stamp=ros::Time::now();
  ROS_INFO("Robot pose x : %.1fm", msg.pose.position.x);
  pub.publish(msg);
  rate.sleep();
}
```

在 ros::ok()函数返回 true 时会一直进行循环。ros::ok()函数在以下情况会返回 false。

① 收到 SIGINT 信号(按"Ctrl+C"快捷键退出程序)。
② 被另一个同名的节点踢出 ROS。
③ 程序的其他部分调用了 ros::shutdown()函数。
④ 所有的 ros::NodeHandle 都已被销毁。

循环内的处理过程与 topic_pub.py 一致:假设机器人沿着 X 轴,从 $x=0$ 位置开始向前移动,到达 $x=20$ 目标点后,向后移动,到达 0 位置再向前……移动过程中通过 pub.publish(msg)向话题发布消息,发布频率为 5Hz。

下面看一下用到的其他 roscpp 接口:

```
ROS_INFO("topic_pub node is Ready!");
ROS_INFO("Robot pose x : %.1fm", msg.pose.position.x);
```

与 rospy 类似,roscpp 也提供了与 ROS 日志消息级别对应的函数:DEBUG(调试)、INFO(信息)、WARN(警告)、ERROR(错误)、FATAL(致命)。

```
msg.header.stamp=ros::Time::now();
```

使用 ros::Time::now()函数获取当前时间,并作为消息发布的时间戳。

(3)编译安装

为使 C++编写的话题发布节点编译成可执行文件,需在 base_demo/CMakeLists.txt 文件中添加以下语句：

```
add_executable(topic_pub src/topic_pub.cpp)
target_link_libraries(topic_pub ${catkin_LIBRARIES})
add_dependencies(topic_pub ${PROJECT_NAME}_generate_messages_cpp ${${PROJECT_NAME}_EXPORTED_TARGETS} ${catkin_EXPORTED_TARGETS})
```

① add_executable 用于设置需要编译的代码和生成的可执行文件。第一个参数为期望生成的可执行文件的名称；第二个参数为参与编译的源码文件，若含有多个.cpp 文件，可在后面依次列出，中间用空格分开。

② target_link_libraries 用于设置可执行文件的链接库。

③ add_dependencies 用于设置可执行文件的依赖项。

更多 CMakeLists.txt 设置可参考官方 wiki 教程：

http://wiki.ros.org/catkin/CMakeLists.txt

修改好 CMakeLists.txt 后进入工作空间，运行 catkin_make 进行编译：

$ `cd ~/tutorial_ws/`

$ `catkin_make`

编译完成后会生成 topic_pub 可执行文件，通常位于~/tutorial_ws/devel/lib/base_demo 文件夹下。

3.3.4 话题的订阅节点（C++）

（1）源码

本小节将使用 C++编写 topic_sub 节点，用来订阅/robot_info 话题的消息并进行简单处理，源码 base_demo/src/topic_sub.cpp 完整内容如下：

```cpp
#include "ros/ros.h"
#include "base_demo/RobotInfo.h"
// 接收到消息后，进入该回调函数
void callBack(const boost::shared_ptr<base_demo::RobotInfo const> &msg){
  if(msg->pose.position.x == 20.0){
    ROS_INFO("The robot has reached the target pose.");
    if(msg->is_carry){
      ROS_INFO("The robot is carrying objects");
    }
    else{
      ROS_INFO("The robot is not carrying objects");
    }
  }else{
    ROS_INFO_STREAM(msg->state);
    ROS_INFO("Robot pose x : %.2fm; y : %.2fm; z : %.2fm", msg->pose.position.x, msg->pose.position.y, msg->pose.position.z);
  }
}

int main(int argc, char **argv){
```

```cpp
// 初始化节点
ros::init(argc, argv, "topic_sub", ros::init_options::AnonymousName);
// 创建一个节点句柄 (NodeHandle) 对象 nh
ros::NodeHandle nh;
// 打印输出日志消息
ROS_INFO("topic_sub node is Ready!");
// 创建/robot_info 话题的 Subscriber 对象,话题的回调处理函数为 callBack
ros::Subscriber sub=nh.subscribe("robot_info", 10, callBack);
// 循环等待回调函数
ros::spin();
return 0;
}
```

(2) 解析

下面对代码关键部分进行解析,与 topic_pub.cpp 中相似的内容将不再详细说明:

```cpp
ros::init(argc, argv, "topic_sub", ros::init_options::AnonymousName);
```

初始化 topic_sub 节点并设置 ros::init_options::AnonymousName,为节点名后面添加随机数字以保证节点的唯一性。

```cpp
ros::NodeHandle nh;
```

创建 ros::NodeHandle 类型的对象 nh。

```cpp
ros::Subscriber sub=nh.subscribe("robot_info", 10, callBack);
```

使用 subscribe()创建 ros::Subscriber 对象 sub。函数的第一个参数为话题名,第二个参数为消息队列的大小,第三个参数是自定义的接收到话题消息后的回调处理函数。

```cpp
ros::spin();
```

同 rospy.spin()函数相似,节点将进入循环,接收到话题消息后进入回调函数进行处理。

下面看一下具体的回调函数:

```cpp
void callBack(const boost::shared_ptr<base_demo::RobotInfo const> &msg)
{
  if(msg->pose.position.x == 20.0){
    ROS_INFO("The robot has reached the target pose.");
    if(msg->is_carry){
      ROS_INFO("The robot is carrying objects");
    }else{
      ROS_INFO("The robot is not carrying objects");
    }
  }else{
    ROS_INFO_STREAM(msg->state);
    ROS_INFO("Robot pose x : %.2fm; y : %.2fm; z : %.2fm", msg->pose.position.x, msg->pose.position.y, msg->pose.position.z);
  }
}
```

回调函数的参数为话题对应消息的共享指针。由于每个消息生成时都提供了共享指针类型的模板，所以除了示例中的形式，回调函数的参数也可使用下面的形式：

```
void callBack(const base_demo::RobotInfo::ConstPtr &msg)
```

或：

```
void callBack(const base_demo::RobotInfoConstPtr &msg)
```

除了上面三种方式，ROS1.1 之后还支持使用以下几种类型的变体：

```
void callBack(boost::shared_ptr<base_demo::RobotInfo const> msg)
void callBack(base_demo::RobotInfoConstPtr msg)
void callBack(base_demo::RobotInfo::ConstPtr msg)
void callBack(const base_demo::RobotInfo &msg)
void callBack(base_demo::RobotInfo msg)
void callBack(const ros::MessageEvent<base_demo::RobotInfo const> &msg)
```

或者是使用非常量消息：

```
void callBack(const boost::shared_ptr<base_demo::RobotInfo> &msg)
void callBack(boost::shared_ptr<base_demo::RobotInfo> msg)
void callBack(const base_demo::RobotInfo::Ptr &msg)
void callBack(const base_demo::RobotInfoPtr &msg)
void callBack(base_demo::RobotInfoPtr msg)
void callBack(base_demo::RobotInfo::Ptr msg)
void callBack(const ros::MessageEvent<base_demo::RobotInfo> &msg)
```

回调函数的处理过程同 topic_sub.py 一致：若机器人运动到 $x=20$ 的位置，判断机器人是否携带物品（msg->is_carry 是否为 true）。若携带物体，则输出 "The robot is carrying objects"。若没有，则输出 "The robot is not carrying objects"。若机器人不在目标点（msg->pose.position.x != 20.0），则输出机器人当前的状态（msg->state）以及机器人的位置信息。

（3）编译安装

在 base_demo/CMakeLists.txt 文件中添加以下语句用来将 C++代码编译生成可执行文件：

```
add_executable(topic_sub src/topic_sub.cpp)
target_link_libraries(topic_sub ${catkin_LIBRARIES})
add_dependencies(topic_sub ${PROJECT_NAME}_generate_messages_cpp
${${PROJECT_NAME
}_EXPORTED_TARGETS} ${catkin_EXPORTED_TARGETS})
```

修改好 CMakeLists.txt 后进入工作空间，运行 catkin_make 进行编译：

```
$ cd ~/tutorial_ws/
$ catkin_make
```

编译完成后会生成 topic_sub 可执行文件，通常位于~/tutorial_ws/devel/lib/base_demo 文件夹下。

ROS 中所有的 C++节点都需经过此步骤生成可执行文件。若对节点中的代码进行了修改，在运行节点前需重新编译。

由于篇幅限制，在本书后面的部分章节中，将省略节点编译安装步骤的说明。

3.3.5 话题通信测试

ROS 为话题通信提供了 rostopic 命令行工具，可以查看话题的信息、类型、发布频率等，如表 3.2 所示。

表 3.2 rostopic 命令及作用

命令	作用
rostopic list	列出当前活跃的话题
rostopic echo /topic	显示话题上的消息
rostopic hz /topic	显示话题的发布频率，单位为赫兹（Hz）
rostopic bw /topic	显示话题所使用的带宽
rostopic delay /topic	显示从话题的时间戳中计算的延时时间
rostopic find msg-type	查找使用某消息类型的话题
rostopic info /topic	显示话题的类型、发布节点和订阅节点信息
rostopic pub /topic type [args...]	向话题发布消息
rostopic type /topic	显示话题的消息类型
rostopic <command> -h	查看某个命令的详细用法，例如 rostopic echo -h

下面对编写的话题发布/订阅节点（可执行文件）进行测试。

（1）测试话题发布节点 topic_pub

打开终端，输入下面命令启动 roscore：

`$ roscore`

新开终端，输入以下命令启动 topic_pub 的 Python 节点：

`$ rosrun base_demo topic_pub.py`

或者输入以下命令启动 C++节点：

`$ rosrun base_demo topic_pub`

程序运行成功后会在终端输出图 3.4 所示信息（以 Python 节点为例）

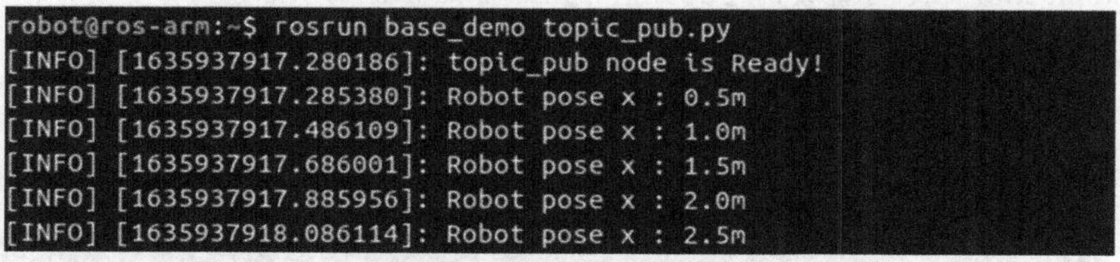

```
robot@ros-arm:~$ rosrun base_demo topic_pub.py
[INFO] [1635937917.280186]: topic_pub node is Ready!
[INFO] [1635937917.285380]: Robot pose x : 0.5m
[INFO] [1635937917.486109]: Robot pose x : 1.0m
[INFO] [1635937917.686001]: Robot pose x : 1.5m
[INFO] [1635937917.885956]: Robot pose x : 2.0m
[INFO] [1635937918.086114]: Robot pose x : 2.5m
```

图 3.4 topic_pub 节点（Python）运行成功显示

此时使用 rosnode list 命令可看到除了 roscore 启动的 rosout 节点，还有刚启动的 topic_pub 节点，如图 3.5 所示。

```
robot@ros-arm:~$ rosnode list
/rosout
/topic_pub
```

图 3.5 rosnode list 命令显示节点列表

使用 rostopic list 命令可查看当前话题列表，如图 3.6 所示，可在话题列表中看到 topic_pub 节点注册的话题/robot_info 以及 rosout 节点注册的话题/rosout、/rosout_agg。

```
robot@ros-arm:~$ rostopic list
/robot_info
/rosout
/rosout_agg
```

图 3.6　rostopic list 命令显示话题列表

使用 rostopic echo 命令可查看发布到 robot_info 话题上的消息：

```
$ rostopic echo /robot_info
```

如图 3.7 所示，可看到话题上的消息的值与节点中设置的值一致。

```
robot@ros-arm:~$ rostopic echo /robot_info
header:
  seq: 1631
  stamp:
    secs: 1635938339
    nsecs: 439297019
  frame_id: "map"
state: "Robot is moving..."
is_carry: False
pose:
  position:
    x: 16.0
    y: 0.0
    z: 0.0
  orientation:
    x: 0.0
    y: 0.0
    z: 0.0
    w: 1.0
---
header:
  seq: 1632
```

图 3.7　rostopic echo 命令查看/robot_info 话题消息

使用 rostopic info 命令可查看话题的类型、发布节点和订阅节点：

```
$ rostopic info /robot_info
```

如图 3.8 所示，可以看到话题的消息类型为 base_demo/RobotInfo，话题的发布节点为 topic_pub，目前没有订阅该话题的节点。

```
robot@ros-arm:~$ rostopic info /robot_info
Type: base_demo/RobotInfo

Publishers:
 * /topic_pub (http://ros-arm:38411/)

Subscribers: None
```

图 3.8　rostopic info 命令查看话题详细信息

使用 rostopic hz 命令可查看话题的频率：

```
$ rostopic hz /robot_info
```

如图 3.9 所示，话题的平均频率是代码中设置的频率 5Hz。

```
robot@ros-arm:~$ rostopic hz /robot_info
subscribed to [/robot_info]
average rate: 4.999
        min: 0.200s max: 0.200s std dev: 0.00009s window: 5
average rate: 5.000
        min: 0.200s max: 0.200s std dev: 0.00010s window: 10
```

图 3.9 rostopic hz 命令查看话题的发布频率

假设在第一个 topic_pub 节点没有关闭的情况下，新开一个终端，通过 rosrun 命令启动新的 topic_pub 节点，会发现第一个节点自动关闭，且在关闭前打印了以下信息：

`shutdown request: [/topic_pub] Reason: new node registered with same name`

此时只有第二次启动的节点在运行，因为 ROS 系统中不允许存在同名节点。

（2）测试话题订阅节点 topic_sub

下面我们启动话题订阅节点进行测试，可以启动 Python 节点：

`$ rosrun base_demo topic_sub.py`

或 C++节点：

`$ rosrun base_demo topic_sub`

节点启动成功后输出信息如图 3.10 所示。

```
[INFO] [1635752662.274435]: Robot is moving...
[INFO] [1635752662.277659]: Robot pose x : 19.00m; y : 0.00m; z : 0.00m
[INFO] [1635752662.474703]: Robot is moving...
[INFO] [1635752662.477851]: Robot pose x : 19.50m; y : 0.00m; z : 0.00m
[INFO] [1635752662.674096]: The robot has reached the target pose.
[INFO] [1635752662.677405]: The robot is not carrying objects
[INFO] [1635752662.874292]: Robot is moving...
[INFO] [1635752662.877543]: Robot pose x : 19.50m; y : 0.00m; z : 0.00m
[INFO] [1635752663.073999]: Robot is moving...
[INFO] [1635752663.077377]: Robot pose x : 19.00m; y : 0.00m; z : 0.00m
[INFO] [1635752663.274148]: Robot is moving...
```

图 3.10 topic_sub 节点运行成功输出

topic_sub.py 初始化节点语句的 anonymous 设为 True，topic_sub.cpp 初始化节点的语句使用 ros::init_options::AnonymousName 参数，因此节点启动时，ROS 会在 "topic_sub" 后面自动添加随机数，以确保节点可启动多次并同时运行。不同于 topic_pub 节点，可同时启动多个 topic_sub 节点。此时使用 rosnode list 命令查看当前节点，可看到 topic_sub 节点名因为加了随机数而互相区分开来，如图 3.11 所示。

```
robot@ros-arm:~$ rosnode list
/rosout
/topic_pub
/topic_sub_1635939635818481039
/topic_sub_8075_1635939645946
```

图 3.11 节点名加随机数

可以使用 rostopic pub 命令向话题/robot_info 发布消息，参数-1 表示只发布一次，如图 3.12 所示。

```
robot@ros-arm:~$ rostopic pub -1 /robot_info base_demo/RobotInfo "head
er:
  seq: 0
  stamp:
    secs: 0
    nsecs: 0
  frame_id: 'map'
state: 'Moveing'
is_carry: false
pose:
  position:
    x: 10.0
    y: 20.0
    z: 0.0
  orientation:
    x: 0.0
    y: 0.0
    z: 0.0
    w: 1.0"
```

图 3.12　rostopic pub 命令发布消息

话题发布节点和订阅节点的启动没有先后顺序，不会相互影响，可以只启动发布节点，也可以只启动订阅节点。

在终端使用"Ctrl+C"快捷键可关闭节点。

rostopic 命令行工具可以方便快捷地测试话题通信，但一些复杂话题的发布和订阅，通常会使用节点编程的方式进行处理。更多 rostopic 相关命令的使用可参考表 3.2，或者在终端输入以下命令查看命令完整说明：

```
$ rostopic -h
```

3.4　服务通信和编程实现

服务是一种双向同步通信方式，客户端（client）节点发送请求（request），服务端（server）节点接收到请求后进行处理并反馈处理结果（response）给客户端。

我们将自定义一个服务用来模拟小德的目标检测功能，请求为目标物体的类别，反馈是否检测到目标以及目标的位置姿态。完整代码位于 base_demo 功能包中。

3.4.1　服务的定义

与话题的消息类似，每个服务对应着一个服务类型。服务的描述文件通常位于功能包的 srv 文件夹下，以.srv 为文件后缀。服务的类型以"功能包名/.srv 文件名"的方式命名。下面以 std_srvs 功能包里定义的标准服务为例，介绍服务的定义。

Empty.srv 文件内容如下：

```
---
```

SetBool.srv 文件内容如下：

```
bool data
---
bool success
string message
```

Trigger.srv 文件内容如下：

```
---
bool success
string message
```

通过上面三个例子可以看到，服务由请求和应答数据两部分组成，中间以"---"分开，上面为请求数据，下面为应答数据。std_srvs/Empty.srv 的请求和应答部分均为空；std_srvs/SetBool.srv 的请求为一个 bool 型的变量 data，应答为 bool 型变量 success 和 string 型的变量 message；std_srvs/Trigger.srv 的请求为空。

ROS 为服务类型的查看、测试提供了 rossrv 命令行工具，表 3.3 对命令进行了汇总。

表 3.3 rossrv 命令及作用

命令	作用
rossrv show [options] <service type>	显示服务的描述
rossrv info [options] <service type>	rossrv show 命令的别名
rossrv list	列出系统上所有的服务类型
rossrv md5 <service type>	显示服务的 MD5 计算结果
rossrv package <package>	显示定义在某个功能包内所有服务类型
rossrv packages	列出所有有定义服务类型的功能包
rossrv <command> -h	查看某个命令的详细用法，例如 rossrv package -h

std_srvs/SetBool 服务类型的定义可使用 rossrv show 命令查看，显示结果如图 3.13 所示。

```
$ rossrv show std_srvs/SetBool
```

```
robot@ros-arm:~$ rossrv show std_srvs/SetBool
bool data
---
bool success
string message
```

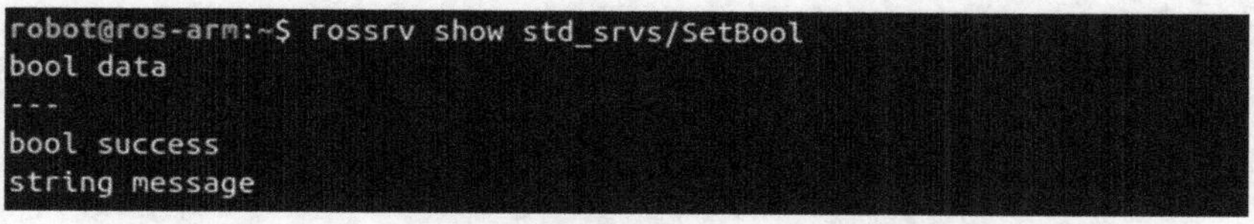

图 3.13 rossrv show 命令查看 std_srvs/SetBool 服务的详细定义

在后面的学习中，我们将通过实践加深对这些命令的理解。

3.4.2 自定义服务类型

除了 ROS 提供的功能包里已经定义好的服务类型，也可以像自定义消息一样自定义服务。假设将机器人小德的目标检测功能抽象成一个服务，这个服务的请求为目标的名称（类别）name，服务的应答为是否检测到该目标 success 以及该目标的位姿 pose。

（1）定义.srv 服务文件

服务文件 SetTargetDetec.srv 位于 base_demo/srv 文件夹，文件内容如下：

```
string name
---
bool success
geometry_msgs/Pose pose
```

为了使.srv 文件能被转换为 C++、Python 和其他语言使用的源代码，还需修改 CMakeLists.txt

和 package.xml 文件。

（2）修改 package.xml 文件

与自定义消息类型一致，package.xml 文件中需包含对 message_generation 和 message_runtime 两个功能包的依赖：

```xml
<build_depend>message_generation</build_depend>
<exec_depend>message_runtime</exec_depend>
```

如果 package.xml 文件中没有这两项，则需要添加进去。

（3）修改 CMakeLists.txt 文件

与自定义消息类似，在 CMakeLists.txt 文件中，需要通过"find_package"调用添加 message_generation 依赖项：

```cmake
find_package(catkin REQUIRED COMPONENTS
   roscpp
   Rospy
   std_msgs
   geometry_msgs
   message_generation
)
```

还需通过"catkin_package"添加 message_runtime，确保导出消息的运行时依赖关系：

```cmake
catkin_package(
 CATKIN_DEPENDS geometry_msgs roscpp rospy std_msgs message_runtime)
```

通过"add_service_files"添加自定义在功能包 srv 文件夹里的服务：

```cmake
add_service_files(
 FILES
 SetTargetDetec.srv
)
```

确保 generate_messages()函数被调用：

```cmake
generate_messages(
 DEPENDENCIES
 geometry_msgs
 std_msgs
)
```

（4）编译功能包

CMakeLists.txt 和 package.xml 文件修改好并保存后，进入工作空间，使用 catkin_make 命令编译功能包：

```
$ cd ~/tutorial_ws/
$ catkin_make
```

编译完成后，使用 rossrv show 命令可以查看 base_demo/SetTargetDetec 服务的详细信息，如图 3.14 所示。

```
$ rossrv show base_demo/SetTargetDetec
```

```
robot@ros-arm:~$ rossrv show base_demo/SetTargetDetec
string name
---
bool success
geometry_msgs/Pose pose
  geometry_msgs/Point position
    float64 x
    float64 y
    float64 z
  geometry_msgs/Quaternion orientation
    float64 x
    float64 y
    float64 z
    float64 w
```

图 3.14　rossrv show 查看 base_demo/SetTargetDetec 服务的详细信息

使用 rossrv package 命令可查看定义在 base_demo 功能包里的服务：

$ `rossrv package base_demo`

如图 3.15 所示，可以看到 base_demo 功能包里目前只定义了一个服务 SetTargetDetec：

```
robot@ros-arm:~$ rossrv package base_demo
base_demo/SetTargetDetec
```

图 3.15　rossrv package 查看功能包内的服务

更多 rossrv 命令可参考表 3.3，或在终端输入 rossrv -h 查看完整命令列表。

3.4.3　服务的服务端节点（Python）

（1）源码

我们为机器人小德创建一个名为 target_detection 的服务，该服务的服务类型为 3.4.2 节创建的 base_demo/SetTargetDetec.srv，请求数据为被检测的物体类别 name，应答数据为是否检测到该目标 success 以及该目标的位姿 pose。

在本节中使用 Python 为该服务编写一个服务端节点 service_server。源码位于 base_demo/scripts/service_server.py，完整内容如下：

```python
#!/usr/bin/env python
# -*-coding: utf-8 -*-
import rospy
from base_demo.srv import SetTargetDetec, SetTargetDetecResponse
# 服务的回调处理函数，req 为服务的请求
def target_detection_handle(req):
    # 打印输出 req.name
    rospy.loginfo('Target object is ' + req.name)
    rospy.loginfo('Find ' + req.name + ' and response.')
    # 定义应答 SetTargetDetecResponse 的对象 res
    res=SetTargetDetecResponse()
    # 对 res 的成员进行赋值
    res.success=True
    res.pose.position.x=0.35
```

```
        res.pose.position.y=-0.35
        res.pose.position.z=0.1
        res.pose.orientation.w=1
        # return 语句返回应答
        return res

def server():
    # 初始化节点
    rospy.init_node('service_server')
    # 创建 target_detection 服务的服务端 server,服务类型 SetTargetDetec,服务回调函数
target_detection_handle
    server=rospy.Service('target_detection', SetTargetDetec, target_detection_
handle)
    rospy.loginfo('Service server is Ready!')
    rospy.spin()

if __name__ == '__main__':
    server()
```

（2）解析

下面对程序进行解析。

```
#!/usr/bin/env python
# -*-coding: utf-8 -*-
import rospy
from base_demo.srv import SetTargetDetec, SetTargetDetecResponse
```

第一行是每个 ROS Python 节点都会有的声明。第二行允许程序中出现中文。第三行导入了 rospy 模块。

base_demo/SetTargetDetec 服务编译后会在 base_demo.srv 模块中生成三个类（方法）：SetTargetDetec（服务）、SetTargetDetecResponse（服务应答）和 SetTargetDetecRequest（服务请求）。上述代码第四行导入了 SetTargetDetec 和 SetTargetDetecResponse。

```
if __name__ == '__main__':
    server()
```

程序启动时的入口函数 server()，下面看 server()的具体内容：

```
def server():
    rospy.init_node('service_server')
    server=rospy.Service('target_detection', SetTargetDetec, target_detection_
handle)
    rospy.loginfo('Service server is Ready!')
    rospy.spin()
```

我们使用 rospy.Service()函数声明了服务的服务端：第一个参数为服务的名字 target_detection，第二个参数为服务的类型 SetTargetDetec，第三个参数为自定义的服务回调处理函数 target_detection_handle。

与话题的订阅节点类似，这里同样使用了 rospy.spin()函数进行休眠，防止 Python 主线程退出。每当服务被调用时（收到客户端发来的服务请求），服务的回调处理函数会对服务的请求进行处理并应答。下面为回调函数具体内容：

```python
def target_detection_handle(req):
    rospy.loginfo('Target object is ' + req.name)
    rospy.loginfo('Find ' + req.name + ' and response.')
    res=SetTargetDetecResponse()
    res.success=True
    res.pose.position.x=0.35
    res.pose.position.y=-0.35
    res.pose.position.z=0.1
    res.pose.orientation.w=1
    return res
```

回调处理函数的参数为服务的请求 SetTargetDetecRequest，返回服务的应答 SetTargetDetecResponse。SetTargetDetecRequest 部分包含一个 string 类型的 name 成员，本示例只对其进行了打印处理。服务的应答包含 success 和 pose 两个成员，首先定义了应答 SetTargetDetecResponse 的对象 res，对 res 的成员进行了赋值，最后通过 return 语句返回应答并退出服务处理函数。

（3）编译安装

与 3.3 节的 Python 节点一致，需要确保脚本有可执行权限并编译安装，这里不再赘述。

3.4.4　服务的客户端节点（Python）

（1）源码

本节将使用 Python 为 target_detection 服务编写一个客户端节点 service_client。源码位于 base_demo/scripts/service_client.py，完整内容如下：

```python
#!/usr/bin/env python
# -*-coding: utf-8 -*-
import rospy
from base_demo.srv import *

def client():
    # 初始化节点
    rospy.init_node('service_client')
    rospy.loginfo('service_client node is Ready!')
    # 在 target_detection 服务的服务端启动前,服务的调用一直处于阻塞状态
    rospy.wait_for_service("target_detection")
    # 创建对象 client 用来调用 target_detection 服务
    client=rospy.ServiceProxy('target_detection', SetTargetDetec)
    try:
        # 服务调用的其他形式
        #req=SetTargetDetecRequest()
        #req.name='box'
```

```
        #res=client(req)
        #res=client(name='box')

    # 进行服务调用，res 保存服务端返回的应答数据
    res=client('box')
    if res.success:
        rospy.loginfo('Target detection succeeded!')
        rospy.loginfo(res.pose)
    else:
        rospy.loginfo('Can not find the target!')
except rospy.ServiceException as e:
    rospy.logerr("Service call failed: %s"%e)

if __name__ == '__main__':
    client()
```

（2）解析

下面对代码中关键部分进行解析，与服务端节点中一致的内容将不再赘述。

```
rospy.wait_for_service("target_detection")
client=rospy.ServiceProxy('target_detection', SetTargetDetec)
```

通过 rospy.ServiceProxy()函数创建一个对象 client 用来调用服务，第一个参数为服务的名字，第二个参数为服务的类型。

使用 rospy.wait_for_service()函数可以确保在 target_detection 服务的服务端启动前，服务的调用一直处于阻塞状态。如果不使用 rospy.wait_for_service()函数，在服务端不可用时，客户端调用服务将直接报错，并输出错误信息：Service call failed: service [/target_detection] unavailable。

```
try:
    res=client('box')
    if res.success:
        rospy.loginfo('Target detection succeeded!')
        rospy.loginfo(res.pose)
    else:
        rospy.loginfo('Can not find the target!')
except rospy.ServiceException as e:
    rospy.logerr("Service call failed: %s"%e)
```

通过 try/except 语句获取服务调用的异常。rospy.ServiceException 是 rospy 中为服务通信定义的相关异常。若服务调用异常，将通过 rospy.logerr()函数记录输出 ROS 的错误日志。

通过 res=client()进行服务调用时，传递给服务调用对象 client 的参数为服务的请求，有以下三种方式。

① 显式地创建服务请求数据的对象，并传给 client，示例服务调用中可改写为以下代码形式：

```
req=SetTargetDetecRequest()
req.name='box'
res=client(req)
```

② 通过按照顺序传入 client() 参数，参数顺序必须与服务请求里的成员顺序相同且必须为所有成员赋值：

```
res=client('box')
```

③ 使用关键字样式，只需为想要赋值的服务请求的成员提供初始值，其余使用默认值：

```
res=client(name='box')
```

res 为服务调用成功后，由服务端节点返回的应答数据。示例中只对 res 进行了简单的打印输出处理。在后面的服务通信测试小节，我们将看到输出的 pose 值与服务端节点中设置的应答值一致。

（3）编译安装

与 3.3 节的 Python 节点一致，需要确保脚本有可执行权限并编译安装，这里不再赘述。

3.4.5 服务的服务端节点（C++）

（1）源码

target_detection 服务的服务类型为 base_demo/SetTargetDetec，本小节使用 C++ 为该服务编写一个服务端节点 service_server。源码位于 base_demo/src/service_server.cpp，完整内容如下：

```cpp
#include "ros/ros.h"
#include "base_demo/SetTargetDetec.h"
// 服务回调函数，req 为服务的请求，res 为服务的应答
bool targetDetectionHandle(base_demo::SetTargetDetec::Request &req, base_demo::SetTargetDetec::Response &res){
  // 打印输出 req.name
  ROS_INFO_STREAM("Target object is " << req.name);
  ROS_INFO_STREAM("Find " << req.name << " and response.");
  // 对 res 的成员进行赋值并返回应答
  res.success=true;
  res.pose.position.x=0.35;
  res.pose.position.y=-0.35;
  res.pose.position.z=0.1;
  res.pose.orientation.w=1;
  return true;
}

int main(int argc, char **argv){
  // 初始化 ROS 节点
  ros::init(argc, argv, "service_server");
  // 创建一个节点句柄 (NodeHandle) 对象 nh
  ros::NodeHandle nh;
  // 创建 target_detection 服务的服务端对象 service,服务回调函数 targetDetectionHandle
  ros::ServiceServer service=nh.advertiseService("target_detection", targetDetectionHandle);
  ROS_INFO("Service server is Ready!");
```

```
  ros::spin();
  return 0;
}
```

(2）解析

```
#include "ros/ros.h"
#include "base_demo/SetTargetDetec.h"
```

3.4.2 节自定义的 base_demo/SetTargetDetec 服务在编译后会生成 base_demo/SetTargetDetec.h 头文件，在 C++中编程使用时需包含此头文件。

下面看 main 函数的主要内容：

```
ros::init(argc, argv, "service_server");
```

初始化 ROS 节点 service_server。

```
ros::NodeHandle nh;
```

创建一个节点句柄（NodeHandle）对象 nh，与话题、服务通信相关的内容都在 ros::NodeHandle 中。

```
ros::ServiceServer service=nh.advertiseService("target_detection", targetDetectionHandle);
```

创建服务的服务端 ros::ServiceServer 对象。nh.advertiseService()函数的第一个参数为服务名 target_detection，第二个参数为自定义的服务的回调处理函数 targetDetectionHandle()。

服务回调处理函数 targetDetectionHandle()如下：

```
bool targetDetectionHandle(base_demo::SetTargetDetec::Request &req, base_demo::SetTargetDetec::Response &res){
  ROS_INFO_STREAM("Target object is " << req.name);
  ROS_INFO_STREAM("Find " << req.name << " and response.");
  res.success=true;
  res.pose.position.x=0.35;
  res.pose.position.y=-0.35;
  res.pose.position.z=0.1;
  res.pose.orientation.w=1;
  return true;
}
```

函数的返回值为 bool 型，参数为 base_demo/SetTargetDetec 服务类型中定义的请求 req 和应答 res。与 Python 服务端代码逻辑一致，先通过 ROS_INFO_STREAM()记录和输出请求的日志信息，然后为服务的应答数据赋值，通过 return true 结束回调处理函数并将结果反馈给服务的客户端。

(3）编译安装

为使编写的服务端节点编译成可执行文件，需在 base_demo/CMakeLists.txt 文件中添加以下语句：

```
add_executable(service_server src/service_server.cpp)
target_link_libraries(service_server ${catkin_LIBRARIES})
add_dependencies(service_server ${PROJECT_NAME}_generate_messages_cpp ${${PROJECT_NAME}_EXPORTED_TARGETS} ${catkin_EXPORTED_TARGETS})
```

修改好 CMakeLists.txt 后进入工作空间，运行 catkin_make 进行编译：

```
$ cd ~/tutorial_ws/
$ catkin_make
```

编译完成后会生成 service_server 可执行文件，通常位于 ~/tutorial_ws/devel/lib/base_demo 文件夹下。

3.4.6 服务的客户端节点（C++）

（1）源码

下面使用 C++ 为 target_detection 服务编写一个客户端节点 service_client。源码位于 base_demo/src/service_client.cpp，完整内容如下：

```cpp
#include "ros/ros.h"
#include "base_demo/SetTargetDetec.h"
int main(int argc, char **argv){
  // 初始化 ROS 节点
  ros::init(argc, argv, "service_client");
  ROS_INFO("service_client node is Ready!");
  // 创建一个节点句柄 (NodeHandle) 对象 nh
  ros::NodeHandle nh;
  // target_detection 服务的服务端启动前，服务的调用一直处于阻塞状态
  ros::service::waitForService("target_detection");
  // 创建 target_detection 服务的客户端对象 client
  ros::ServiceClient client=nh.serviceClient<base_demo::SetTargetDetec>("target_detection");
  // 定义服务类型的对象 srv,为 srv 的请求数据成员赋值
  base_demo::SetTargetDetec srv;
  srv.request.name="box";
  // 调用服务,若服务调用成功,call()函数返回 true,服务的应答数据将保存到 srv 的 response 中
  if(client.call(srv)){
    if(srv.response.success){
      ROS_INFO("Target detection succeeded!");
      ROS_INFO_STREAM(srv.response.pose);
    }else{
      ROS_INFO("Can not find the target!");
    }
  }else{
    ROS_ERROR("Failed to call service target_detection");
  }
  return 0;
}
```

（2）解析

与 service_server.cpp 中一致的内容将不再赘述，我们主要看下面几行代码：

```
ros::service::waitForService("target_detection");
```

确保在 target_detection 服务的服务端启动前，服务的调用一直处于阻塞状态。

```
ros::ServiceClient client=nh.serviceClient<base_demo::SetTargetDetec>("target_detection");
```

创建 target_detection 服务的客户端 ros::ServiceClient 对象 client。

```
base_demo::SetTargetDetec srv;
srv.request.name="box";
if(client.call(srv)){
  if(srv.response.success){
    ROS_INFO("Target detection succeeded!");
    ROS_INFO_STREAM(srv.response.pose);
  }else{
    ROS_INFO("Can not find the target!");
  }
}else{
  ROS_ERROR("Failed to call service target_detection");
}
```

定义 base_demo::SetTargetDetec 服务类型的对象 srv，为 srv 的请求数据成员赋值，并通过 client.call() 函数调用服务。

若服务调用成功，call() 函数返回 true，服务的应答数据将保存到 srv 的 response 数据中，可对 srv.response 进行访问，示例中只进行了打印输出处理。

（3）编译安装

为使编写的客户端节点编译成可执行文件，需在 base_demo/CMakeLists.txt 文件中添加以下语句：

```
add_executable(service_client src/service_client.cpp)
target_link_libraries(service_client ${catkin_LIBRARIES})
add_dependencies(service_client ${PROJECT_NAME}_generate_messages_cpp ${${PROJECT_NAME}_EXPORTED_TARGETS} ${catkin_EXPORTED_TARGETS})
```

修改好 CMakeLists.txt 后进入工作空间，运行 catkin_make 进行编译：

```
$ cd ~/tutorial_ws/
$ catkin_make
```

编译完成后会生成 service_client 可执行文件，通常位于 ~/tutorial_ws/devel/lib/base_demo 文件夹下。

3.4.7 服务通信测试

ROS 为服务通信提供了 rosservice 命令行工具，可以查看服务的信息、调用服务等，命令汇总如表 3.4 所示。

表 3.4 rosservice 命令及作用

命令	作用
rosservice list	列出当前活跃的服务
rosservice args /service_name	显示服务的请求数据
rosservice call /service_name [args...]	调用服务
rosservice find srv-type	查找使用某服务类型的服务
rosservice info /service_name	显示服务的服务类型、节点等信息
rosservice type /service_name	显示服务的服务类型
rosservice uri /service_name	显示服务的 ROSRPC URI
rosservice <command> -h	查看某个命令的详细用法，例如 rosservice find -h

通过 rospy 和 roscpp 已经完成了服务端和客户端节点的编写和编译，下面对生成的节点进行测试。

打开终端，输入下面命令启动 roscore：

$ `roscore`

新开终端，通过 rosrun 命令启动 service_server 服务端节点。

可以选择启动 Python 节点：

$ `rosrun base_demo service_server.py`

或者启动 C++ 节点：

$ `rosrun base_demo service_server`

程序运行成功后会在终端输出"Service server is Ready!"信息。

新开终端，通过 rosrun 命令启动 service_client 客户端节点。可以选择启动 Python 节点：

$ `rosrun base_demo service_client.py`

或者启动 C++ 节点：

$ `rosrun base_demo service_client`

启动成功后，可以在客户端节点看到如图 3.16 所示信息。

```
robot@ros-arm:~$ rosrun base_demo service_client
[ INFO] [1636531822.112729989]: service_client node is Ready!
[ INFO] [1636531822.116657280]: Target detection succeeded!
[ INFO] [1636531822.117436898]: position:
  x: 0.35
  y: -0.35
  z: 0.1
orientation:
  x: 0
  y: 0
  z: 0
  w: 1
```

图 3.16 客户端节点运行结果

此时启动服务端节点的终端显示信息如图 3.17 所示。

```
robot@ros-arm:~$ rosrun base_demo service_server
[ INFO] [1636531818.498935425]: Service server is Ready!
[ INFO] [1636531822.116461070]: Target object is box
[ INFO] [1636531822.116502427]: Find box and response.
```

图 3.17 服务端节点运行结果

可以看到，启动客户端节点 service_client 后，客户端发送请求（box）到服务端，服务端节点进行处理后，将物体的 pose 反馈给了客户端，客户端接收到反馈的应答后打印输出的 pose 值与服务端代码中设置的值一致。

一个服务必须有一个服务端节点，可通过客户端节点调用，也可使用 rosservice call 命令调用。在终端输入以下命令调用 target_detection 服务，服务的请求参数 name 可以设置为其他值：

```
$ rosservice call /target_detection "name: 'black_box'"
```

调用成功后，会在启动服务端节点的终端看到输出 Target object is black_box，而服务调用的终端会收到反馈的应答信息，如图 3.18 所示。

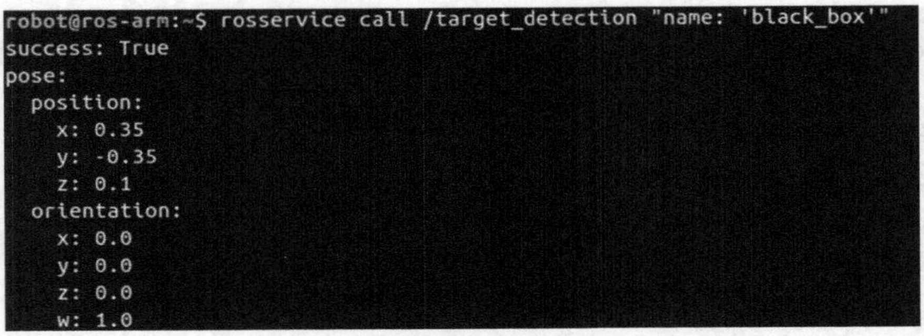

```
robot@ros-arm:~$ rosservice call /target_detection "name: 'black_box'"
success: True
pose:
  position:
    x: 0.35
    y: -0.35
    z: 0.1
  orientation:
    x: 0.0
    y: 0.0
    z: 0.0
    w: 1.0
```

图 3.18 rosservice call 命令调用 target_detection 服务

可使用 rosservice info 命令查看 target_detection 服务的详细信息：

```
$ rosservice info /target_detection
```

如图 3.19 所示，可看到提供服务的节点、URI、类型以及请求参数信息：

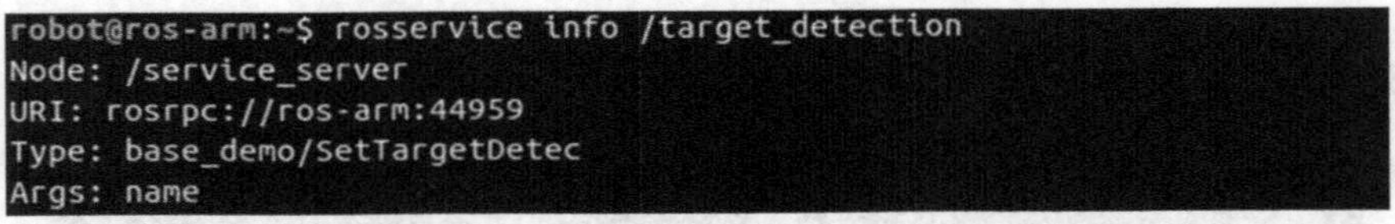

```
robot@ros-arm:~$ rosservice info /target_detection
Node: /service_server
URI: rosrpc://ros-arm:44959
Type: base_demo/SetTargetDetec
Args: name
```

图 3.19 rosservice info 命令查看 target_detection 服务的详细信息

更多 rosservice 相关命令的使用可参考表 3.4，或者在终端输入以下命令查看完整信息：

```
$ rosservice -h
```

3.5 ROS 中的参数

3.5.1 rosparam 命令行工具

参数可以看作 ROS 中的全局变量，通过参数服务器(parameter server)进行维护。参数服务器能够存储整型、浮点、布尔、字典和列表等数据类型，参数的命名遵循 ROS 命名空间规则。ROS 提供了 rosparam 命令行工具来对参数进行设置、获取、删除等操作，命令汇总具体如表 3.5 所示。

表 3.5 rosparam 命令及作用

命令	作用
rosparam set param_name param_value	设置参数值
rosparam get param_name	获取参数的值
rosparam load file	从文件中获取参数
rosparam dump file	将参数保存到文件
rosparam delete param_name	删除参数
rosparam list	列出当前的参数名
rosparam <command> -h	查看某个命令的详细用法，例如 rosparam delete -h

下面先对几个命令进行简单测试。

节点管理器和参数服务器随 roscore 启动，首先需要启动 roscore：

$ `roscore`

新开一个终端，输入以下命令设置参数 param_test，参数的值为字符串"hello world"：

$ `rosparam set /param_test "hello world"`

此时使用下面命令查看当前参数列表，可看到/param_test 参数：

$ `rosparam list`

使用 rosparam get 命令可以获取参数的值：

$ `rosparam get /param_test`

```
robot@ros-arm:~$ rosparam get /param_test
hello world
```

图 3.20 rosparam get 命令获取参数的值

如图 3.20 所示，可看到/param_test 参数的值是之前设好的"hello world"。

使用下面命令可以删除设置的参数：

$ `rosparam delete /param_test`

base_demo/param 文件夹中有一个事先定义好的参数文件 param_test.yaml，文件内容如下：

```yaml
shutdown_costmaps: false
controller_frequency: 5.0
controller_patience: 3.0
planner_frequency: 2.0
planner_patience: 5.0
global_costmap:
  global_frame: /map
  robot_base_frame: /base_footprint
  update_frequency: 5.0
  publish_frequency: 5.0
  static_map: true
  transform_tolerance: 0.5
  plugins:
   -{name: static_layer,         type: "costmap_2d::StaticLayer"}
   -{name: obstacle_layer,       type: "costmap_2d::VoxelLayer"}
   -{name: inflation_layer,      type: "costmap_2d::InflationLayer"}
```

文件中定义了 shutdown_costmaps、controller_frequency、controller_patience 等全局参数，定义了在 global_costmap 命名空间下的 global_frame、robot_base_frame、plugins 等参数。

可以使用下列命令加载参数文件中定义的参数：

```
$ roscd base_demo/param/
$ rosparam load param_test.yaml
```

此时使用 rosparam list 命令查看当前所有参数名，可以看到文件中的参数已被成功加载，如图 3.21 所示。

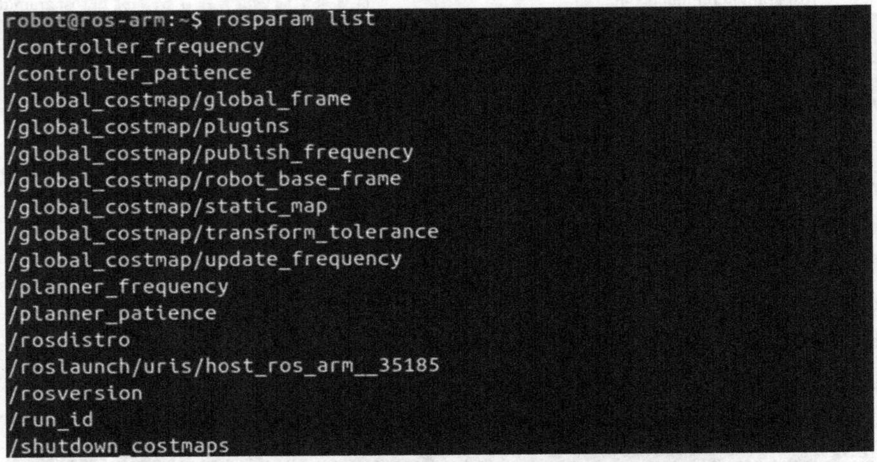

图 3.21　rosparam list 查看加载的所有参数

也可使用下列命令查看 global_costmap 命名空间下的参数，如图 3.22 所示。

```
$ rosparam list /global_costmap
```

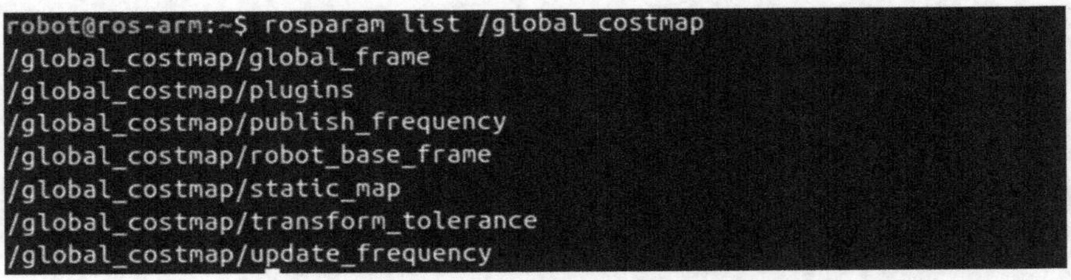

图 3.22　查看 global_costmap 命名空间下的参数

可以使用 rosparam dump 命令将参数存储到文件中：

```
$ rosparam dump dump_param1.yaml
```

加上可选参数命名空间，可选择将某个命名空间下的参数存储到文件中。如使用下列命令将 global_costmap 空间下的参数保存到 dump_param2.yaml 文件中：

```
$ rosparam dump dump_param2.yaml /global_costmap
```

3.5.2　参数服务器（Python）

rospy 中为参数的设置、查找、获取和删除等操作提供了一系列方法，某些操作也可用 rosparam 中的同名方法代替，官方 wiki 教程链接如下：

http://wiki.ros.org/rospy/Overview/Parameter%20Server

常用的 rospy 参数相关 API 汇总如表 3.6 所示。

表 3.6　常用的 rospy 参数相关 API 汇总

方法	作用
rospy.set_param()/rosparam.set_param()	设置参数的值
rospy.get_param()/rosparam.get_param()	获取参数的值
rospy.delete_param()/rosparam.delete_param()	删除参数
rospy.get_param_names()	获取当前所有参数的名字
rospy.has_param()	判断某个参数是否存在
rospy.search_param()	从最近的命名空间查找参数并返回参数的完整名字

关于这些方法的使用可参考 base_demo/scripts/param_demo.py，完整代码如下：

```python
#!/usr/bin/env python
# -*-coding: utf-8 -*-
import os
import rospy
import rosparam

def param_demo():
    # 初始化节点
    rospy.init_node('param_demo')
    # 设置参数
    rospy.set_param('/a_string', 'hello word')
    rospy.set_param('list_of_floats', [1., 2.1, 3.2, 4.3])
    rospy.set_param('~private_int', 2)
    rosparam.set_param('bool_True', "true")
    rosparam.set_param('gains', "{'p': 1, 'i': 2, 'd': 3}")
    # 获取当前所有参数的名字
    try:
        names=rospy.get_param_names()
        rospy.loginfo('Param names: %s',names)
    except ROSException:
        rospy.logerr('could not get param name')
    # 获取参数的值
    string_param=rospy.get_param('/a_string')
    rospy.loginfo('Param /a_string : %s', string_param)
    list_param=rospy.get_param('list_of_floats')
    rospy.loginfo('Param list_of_floats :[%.1f, %.1f, %.1f, %.1f]', list_param[0],
list_param[1],list_param[2],list_param[3])
    gains=rosparam.get_param('gains')
    p, i, d=gains['p'], gains['i'], gains['d']
    rospy.loginfo('p: %i, i: %i, d: %i', p, i, d)
```

```
    # 从最近的命名空间查找参数并返回参数的完整名字
    param_name=rospy.search_param('private_int')
    int_param=rosparam.get_param(param_name)
    rospy.loginfo('Param %s : %i', param_name, int_param)
    # 获取参数的值,若参数服务器中没有该参数，则使用默认值
    default_param=rospy.get_param('default_param', 100)
    rospy.loginfo('default_param: %i',default_param)
    # 删除参数
    try:
        # rosparam.delete_param('/a_string')
        rospy.delete_param('/a_string')
    except KeyError:
        rospy.logerr('/a_string value not set')
    # 判断参数是否存在
    if rospy.has_param('/a_string'):
        rospy.logerr('Failed to delete param /a_string ')
    else:
        rospy.loginfo('Successfully deleted param /a_string ')


if __name__ == '__main__':
    param_demo()
```

测试前，需先启动 roscore：

```
$ roscore
```

新开终端，启动 param_demo.py：

```
$ rosrun base_demo param_demo.py
```

程序运行成功可看到如图 3.23 所示结果。

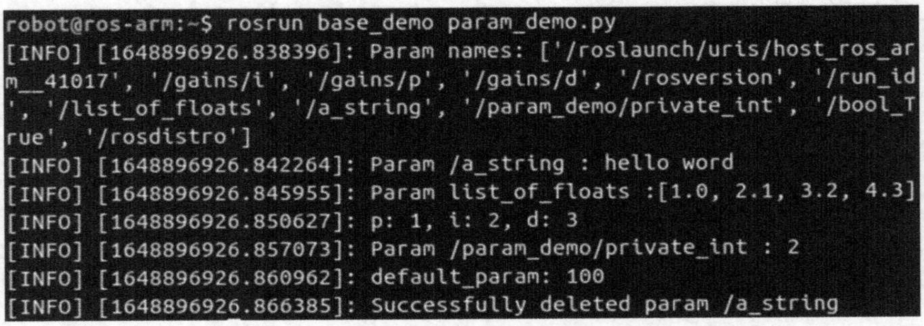

```
robot@ros-arm:~$ rosrun base_demo param_demo.py
[INFO] [1648896926.838396]: Param names: ['/roslaunch/uris/host_ros_arm__41017', '/gains/i', '/gains/p', '/gains/d', '/rosversion', '/run_id', '/list_of_floats', '/a_string', '/param_demo/private_int', '/bool_True', '/rosdistro']
[INFO] [1648896926.842264]: Param /a_string : hello word
[INFO] [1648896926.845955]: Param list_of_floats :[1.0, 2.1, 3.2, 4.3]
[INFO] [1648896926.850627]: p: 1, i: 2, d: 3
[INFO] [1648896926.857073]: Param /param_demo/private_int : 2
[INFO] [1648896926.860962]: default_param: 100
[INFO] [1648896926.866385]: Successfully deleted param /a_string
```

图 3.23　param_demo.py 运行结果

3.5.3　参数服务器（C++）

roscpp 提供了两套与参数有关的 API：一套放在 ros::param namespace 下；另一套放在 ros::NodeHandle 下。详细说明可参考官方 wiki 教程：

http://wiki.ros.org/roscpp/Overview/Parameter%20Server

常用的 roscpp 参数相关 API 汇总如表 3.7 所示。

表 3.7 常用的 roscpp 参数相关 API 汇总

方法	作用
ros::NodeHandle::setParam()/ros::param::set()	设置参数的值
ros::NodeHandle::getParam()/ros::param::get()	获取参数的值
ros::NodeHandle::deleteParam()/ros::param::del()	删除参数
ros::NodeHandle::hasParam()/ros::param::has()	判断某个参数是否存在
ros::NodeHandle::searchParam() /ros::param::search()	从最近的命名空间查找参数并返回参数的完整名字
ros::NodeHandle::getParamNames() /ros::param::getParamNames()	获取当前所有参数的名字

关于这些方法的使用可参考 base_demo/src/param_demo.cpp，完整代码如下：

```cpp
#include "ros/ros.h"

int main(int argc, char **argv){
  // 初始化 ROS 节点
  ros::init(argc, argv, "param_demo");
  // 创建一个节点句柄 (NodeHandle) 对象 nh
  ros::NodeHandle nh("~");
  // 设置参数
  nh.setParam("/a_string", "hello word");
  std::vector<double> vector_param={1.0, 2.1, 3.2, 4.3};
  nh.setParam("/vector_of_double", vector_param);
  nh.setParam("relative_int", 2);
  ros::param::set("bool_True", true);
  std::map<std::string,int> gains={{"p", 1}, {"i", 2},{ "d", 3}};
  ros::param::set("gains", gains);
  // 获取当前所有参数的名字
  std::vector<std::string> param_names;
  nh.getParamNames(param_names);
  ros::param::getParamNames(param_names);
  ROS_INFO_STREAM("Param names: ");
  for(auto it : param_names){
    ROS_INFO_STREAM(it);}
  // 获取参数的值
  std::string string_param;
  nh.getParam("/a_string",string_param);
  ROS_INFO_STREAM("Param /a_string : "<<string_param);
  std::vector<double> vector_param_value;
  nh.getParam("/vector_of_double",vector_param_value);
  ROS_INFO_STREAM("Param /vector_of_double : [ ");
  for(auto it : vector_param_value){
```

```cpp
    ROS_INFO_STREAM(it);}
  ROS_INFO_STREAM("]");
  std::map<std::string,int> gains_value;
  ros::param::get("gains",gains_value);
  ROS_INFO("p: %i, i: %i, d: %i", gains_value["p"] ,gains_value["i"] , gains_value["d"]);
  // 从最近的命名空间查找参数并返回参数的完整名字
  std::string  param_name;
  if(nh.searchParam("relative_int",param_name)){
    int int_param;
    ros::param::get(param_name,int_param);
    ROS_INFO_STREAM("Param "<< param_name<<" : "<<int_param);
  }
  // 获取参数的值,若参数服务器中没有该参数，则使用默认值
  int default_param;
  ros::param::param<int>("default_param", default_param, 100);
  ROS_INFO("default_param: %i",default_param);
  // 删除参数
  if(nh.deleteParam("a_string")){
    ROS_INFO("Successfully deleted param /a_string ");
  }
  if(ros::param::del("vector_of_double")){
    ROS_INFO("Successfully deleted param vector_of_double");
  }
  // 判断参数是否存在
  if (nh.hasParam("/bool_True")){
    ROS_INFO("/bool_True exits.");
  }else{
    ROS_ERROR("/bool_True does not exit.");
  }
  if (ros::param::has("default_param")){
    ROS_INFO("default_param exits.");
  }else{
    ROS_ERROR("default_param does not exit.");
  }
  return 0;
}
```

测试前，需先启动 roscore：

```
$ roscore
```

新开终端，启动 param_demo：

```
$ rosrun base_demo param_demo
```

程序运行成功可看到如图 3.24 所示结果。

```
robot@ros-arm:~$ rosrun base_demo param_demo
[ INFO] [1636628484.883411240]: Param names:
[ INFO] [1636628484.884077224]: /roslaunch/uris/host_ros_arm__37655
[ INFO] [1636628484.884114976]: /gains/i
[ INFO] [1636628484.884148992]: /gains/p
[ INFO] [1636628484.884160848]: /gains/d
[ INFO] [1636628484.884174065]: /rosversion
[ INFO] [1636628484.884187405]: /run_id
[ INFO] [1636628484.884213092]: /a_string
[ INFO] [1636628484.884226075]: /param_demo/relative_int
[ INFO] [1636628484.884255840]: /bool_True
[ INFO] [1636628484.884268418]: /rosdistro
[ INFO] [1636628484.884282472]: /vector_of_double
[ INFO] [1636628484.884494512]: Param /a_string : hello word
[ INFO] [1636628484.884741659]: Param /vector_of_double : [
[ INFO] [1636628484.884780667]: 1
[ INFO] [1636628484.884795367]: 2.1
[ INFO] [1636628484.884809141]: 3.2
[ INFO] [1636628484.884822703]: 4.3
[ INFO] [1636628484.884836301]: ]
[ INFO] [1636628484.885070219]: p: 1, i: 2, d: 3
[ INFO] [1636628484.885712751]: Param /param_demo/relative_int : 2
[ INFO] [1636628484.886062576]: default_param: 100
[ INFO] [1636628484.886657687]: Successfully deleted param vector_of_double
[ INFO] [1636628484.886969214]: /bool_True exits.
```

图 3.24　param_demo.cpp 运行

示例中，ros::NodeHandle nh("~")构建句柄时使用了"~"参数，会将命名空间设置为节点的名字/param_demo。在使用 nh.setParam()设置参数时，若参数名没有用"/"标明是全局空间，则参数默认属于/param_demo 空间，所以 relative_int 参数的名字解析为/param_demo/relative_int。

```
int default_param;
ros::param::param<int>("default_param", default_param, 100);
```

上述语句的作用是获取参数 default_param 的值并保存到 int 型变量 default_param 中。若参数服务器中没有该参数，则将默认值 100 赋值给 default_param 变量。需要注意的是，该语句不会向参数服务器中注册参数，所以程序最后 ros::param::has("default_param")返回 false。

本章小结

本章学习了 ROS 中最基本的三种通信方式以及相关实践。
① ROS 消息（msg）的定义和使用。
② 话题通信（topic）的测试以及发布端、订阅端节点的编程实现。
③ ROS 服务（srv）的定义和使用。
④ 服务通信（service）的测试以及服务端、客户端节点编程实现。
⑤ ROS 中的参数服务器以及通过命令行、编程操作参数的方法。
本章是 ROS 学习的基础，在后续章节中，我们将频繁使用 ROS 的这些通信机制。

习题 3

1. 消息的描述文件以.msg 为后缀，通常放在 ROS 功能包的_____子文件夹中。

2. 若想查看 geometry_msgs/Point 消息的完整定义，可在终端输入_____命令。
3. 使用_____命令可查看话题的发布频率。
4. 使用_____命令可列出当前活跃的话题。
5. std_srvs/SetBool 服务类型的详细定义可使用_____命令查看。
6. 服务可以在终端使用_____命令调用。
7. 使用_____命令可列出当前的参数名。
8. 综合实践

① 在 ros 工作空间中创建名为 exercise_three 的功能包。

② 在 exercise_three 功能包中定义名为 addend.msg 的消息，消息包含三个 float 类型的成员 x、y、z。

③ 编写话题发布节点 pub_test，该节点向话题/addend 发布自定义的 addend.msg 消息。

④ 编写话题订阅节点 sub_test 订阅话题/addend 的消息并计算三个加数的和，打印输出。

⑤ 在 exercise_three 功能包中定义名为 CallAdd.srv 的服务，服务的请求为 exercise_three/addend.msg 类型的成员 addend，服务的应答为 float 类型的成员 sum。

⑥ 编写服务/call_add 的服务端节点，能够将请求的数据相加后返回加数的和。

⑦ 编写服务/call_add 的客户端节点，能够发送请求并获取服务的应答数据打印输出。

⑧ 在习题⑦服务客户端节点的基础上添加获取参数代码，能够通过参数为请求数据中的加数赋值。

第4章 ROS进阶实践

除了话题、服务和参数服务器，ROS 还提供了许多功能和机制，能够方便开发和调试。本章将对 ROS 的 Action 通信、常用组件工具、动态参数配置和 TF2 进行详细介绍，并通过具体的实践示例加深理解。

4.1 动作通信和编程实现

动作（Action）通信基于请求/应答的通信机制，类似于服务通信，除了结果反馈，还能反馈任务执行过程中的状态信息，适合长时间的复杂任务场景。Action 的底层实现机制位于 actionlib 功能包。

actionlib 官方 wiki 链接：

　　　　http://wiki.ros.org/actionlib

Action 的服务端和客户端之间通过 actionlib 定义的动作协议进行通信，此协议依赖于 ROS 中的话题通信，通信机制如图 4.1 所示。

客户端可以发送目标（goal）给服务端，服务端接收到 goal 后进行处理，将当前的状态（status）、任务执行过程中的反馈（feedback）发送给客户端，并在任务结束后向客户端发送结果（result）。客户端可在任务执行过程中取消（cancel）正在执行的 goal。

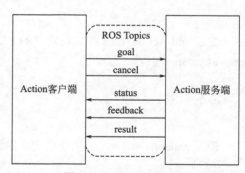

图 4.1 Action 通信机制

本节将学习 Action 的定义、服务端和客户端代码的编写。Action 通信示例位于 advance_demo 功能包。

4.1.1　Action 的定义

假设将机器人小德的"物体抓取和放置"功能抽象成一个 Action 通信，Action 的目标为物体的名称和物体所在的位置，结果为是否成功抓取并放置物体，过程反馈为任务完成的进度百分比。

（1）定义.action 文件

Action 使用.action 文件定义，放置在功能包的 action 文件夹下，包含 goal、result 和 feedback 三部分，中间用"---"符号分隔。我们以 advance_demo/action/PickupPlace.action 为例进行说明，PickupPlace.action 文件内容如下：

```
string target_name
geometry_msgs/Pose target_pose
---
bool success
---
uint8 percent_complete
```

与 .srv 文件类似,Action 用 "---" 区分不同的部分。.action 文件中第一部分为 goal 的定义,示例中 goal 包含两个成员:target_name(物体的名字)和 target_pose(物体的位姿)。第二部分为 result,示例中的 result 包含一个成员 success(任务执行是否成功)。第三部分为 feedback,示例中的 feedback 包含一个成员 percent_complete(任务完成进度百分比)。

(2) 修改 CMakeLists.txt 文件

定义好 .action 文件后,需在 advance_demo/CMakeLists.txt 文件中进行设置。

通过 find_package 添加对 actionlib_msgs 和 actionlib 的依赖:

```
find_package(catkin REQUIRED COMPONENTS
  geometry_msgs
  roscpp
  rospy
  actionlib_msgs
  actionlib
)
```

通过 add_action_files 添加自定义的 PickupPlace.action 文件:

```
add_action_files(
  FILES
  PickupPlace.action
)
```

使用 generate_messages 生成自定义的消息,并添加依赖项:

```
generate_messages(
  DEPENDENCIES
  geometry_msgs
  actionlib_msgs
)
```

(3) 修改 package.xml 文件

包含 Action 定义的功能包的 package.xml 还必须包含以下依赖:

```
<build_depend>actionlib</build_depend>
<build_depend>actionlib_msgs</build_depend>
<exec_depend>actionlib</exec_depend>
<exec_depend>actionlib_msgs</exec_depend>
```

(4) 编译功能包

修改好 CMakeLists.txt 和 package.xml 文件后,可对功能包进行编译:

```
$ cd ~/tutorial_ws/
$ catkin_make
```

(5) Action 通信中的消息类型

编译完成后,PickupPlace.action 通过 actionlib_msgs/genaction.py 脚本自动生成了以下 7 种消息(msg)类型:

```
advance_demo/PickupPlaceAction
advance_demo/PickupPlaceActionFeedback
advance_demo/PickupPlaceActionGoal
advance_demo/PickupPlaceActionResult
advance_demo/PickupPlaceFeedback
advance_demo/PickupPlaceGoal
advance_demo/PickupPlaceResult
```

这些消息随后由 actionlib 内部使用,以在 ActionClient 和 ActionServer 之间进行通信。

除了上述消息,actionlib_msgs 功能包还定义了 actionlib_msgs/GoalID、actionlib_msgs/GoalStatus 和 actionlib_msgs/GoalStatusArray 消息用于 Action 的通信。

actionlib_msgs/GoalID 定义如下:

```
time stamp
string id
```

stamp 记录 goal 被请求的时间;id 提供了一种将反馈和结果消息与特定目标请求相关联的方法。指定的 id 必须唯一。

actionlib_msgs/GoalStatus 定义如下:

```
uint8 PENDING=0
uint8 ACTIVE=1
uint8 PREEMPTED=2
uint8 SUCCEEDED=3
uint8 ABORTED=4
uint8 REJECTED=5
uint8 PREEMPTING=6
uint8 RECALLING=7
uint8 RECALLED=8
uint8 LOST=9
actionlib_msgs/GoalID goal_id
  time stamp
  string id
uint8 status
string text
```

该消息记录了一个特定目标 goal_id 的状态信息,status 用不同的数字表示不同的状态,例如 1(ACTIVE)表示目标正被 Action 的服务端处理,3(SUCCEEDED)表示目标任务执行成功,2(PREEMPTED)表示目标开始执行后收到了取消目标的请求并完成该请求。状态完整说明可参考如下链接:

http://docs.ros.org/en/api/actionlib_msgs/html/msg/GoalStatus.html

actionlib_msgs/GoalStatusArray 定义如下：

```
std_msgs/Header header
actionlib_msgs/GoalStatus[] status_list
```

它包含一个 actionlib_msgs/GoalStatus 类型的数组成员 status_list，用来存储 Action 服务端当前追踪的所有目标的状态。

如果使用 rosmsg show 命名查看 PickupPlace.action 自动生成的消息类型，会发现包含"Action"字样的消息中通常会包含 actionlib_msgs 中定义的消息类型。例如 advance_demo/PickupPlaceActionFeedback 消息包含 actionlib_msgs/GoalStatus 类型的成员 status 以及 actionlib_msgs/GoalID 类型的成员 goal_id，如图 4.2 所示。

```
robot@ros-arm:~$ rosmsg show advance_demo/PickupPlaceActionFeedback
std_msgs/Header header
  uint32 seq
  time stamp
  string frame_id
actionlib_msgs/GoalStatus status
  uint8 PENDING=0
  uint8 ACTIVE=1
  uint8 PREEMPTED=2
  uint8 SUCCEEDED=3
  uint8 ABORTED=4
  uint8 REJECTED=5
  uint8 PREEMPTING=6
  uint8 RECALLING=7
  uint8 RECALLED=8
  uint8 LOST=9
  actionlib_msgs/GoalID goal_id
    time stamp
    string id
  uint8 status
  string text
advance_demo/PickupPlaceFeedback feedback
  uint8 percent_complete
```

图 4.2　生成的 PickupPlaceActionFeedback 消息类型

4.1.2　Action 的服务端节点（Python）

（1）源码

本小节使用 Python 编写一个简单的 Action 服务端节点，用来接收 goal，执行任务，反馈 feedback 和 result。示例中主要用到 actionlib.SimpleActionServer 类，完整 API 可参考链接：

https://docs.ros.org/en/api/actionlib/html/classactionlib_1_1simple__action__server_1_1SimpleActionServer.html

源码 advance_demo/scripts/action_server.py 的完整内容如下：

```python
#!/usr/bin/env python
# -*-coding: utf-8 -*-
import rospy
import actionlib
from advance_demo.msg import PickupPlaceAction, PickupPlaceFeedback,
```

```python
PickupPlaceResult
class PickupPlaceServer():
    def __init__(self):
        # 创建Action服务端对象
        self.server = actionlib.SimpleActionServer('pickup_place',
PickupPlaceAction, self.executeCB, auto_start=False)
        # 启动Action的服务端
        self.server.start()
        rospy.loginfo('action_server is Ready!')

    # 服务端接收到Action的goal时的回调执行函数
    def executeCB(self, goal):
        # 打印输出goal中的target_name和target_pose
        rospy.loginfo('The target object is ' + goal.target_name)
        rospy.loginfo(goal.target_pose)
        rospy.loginfo('Start to pickup and place...')
        # 创建feedback用来记录执行过程中的反馈信息
        feedback=PickupPlaceFeedback()
        # 创建result用来记录执行完的结果
        result=PickupPlaceResult()
        # 通过循环,模拟任务完成的进度百分比
        success=True
        r = rospy.Rate(1)
        for i in range(10):
            # 若有抢占请求（目标被取消、收到新的目标）,当前目标的状态设置为抢占（PREEMPTED）
            if self.server.is_preempt_requested():
                rospy.loginfo('/pickup_place: Preempted')
                self.server.set_preempted()
                success=False
                break
            feedback.percent_complete += 10
            # 发布目标的执行过程反馈feedback
            self.server.publish_feedback(feedback)
            r.sleep()
        # 若目标任务执行成功,发送目标执行结果
        if success:
            rospy.loginfo('/pickup_place: Succeeded')
            result.success=True
            self.server.set_succeeded(result)
if __name__ == '__main__':
    rospy.init_node('action_server')
    action_server=PickupPlaceServer()
    rospy.spin()
```

（2）解析

```
import actionlib
from advance_demo.msg import PickupPlaceAction, PickupPlaceFeedback,
PickupPlaceResult
```

导入 actionlib 模块，后续将使用该模块提供的 API 实现 Action 通信。从 advance_demo.msg 导入 PickupPlaceAction、PickupPlaceFeedback 和 PickupPlaceResult 消息。

```
    self.server = actionlib.SimpleActionServer('pickup_place',
PickupPlaceAction, self.executeCB, auto_start=False)
    self.server.start()
```

创建 SimpleActionServer 服务端对象。第一个参数为命名空间的名字，客户端和服务端通过一组话题进行通信，这些话题便定义在 pickup_place 命名空间内；第二个参数为 Action 的类型；第三个参数为回调执行函数；第四个参数应始终设置为 False 以避免冲突，并在构建服务端后调用 start()函数启动 Action 的服务端。

当服务端接收到新的 goal 时，会进入回调执行函数进行处理。executeCB()回调函数的参数为 advance_demo/PickupPlaceGoal 消息类型的对象，下面看一下函数内的关键内容：

```
    rospy.loginfo('The target object is ' + goal.target_name)
    rospy.loginfo(goal.target_pose)
```

接收到 goal 后，对 goal 中的两个成员 target_name 和 target_pose 打印输出。

```
    feedback=PickupPlaceFeedback()
    result=PickupPlaceResult()
```

创建 feedback 对象用来记录执行过程中的反馈信息；创建 result 对象用来记录执行完的结果。

本示例只对抓取放置过程进行简单抽象处理，通过循环模拟任务完成的进度百分比。在实际的机器人中，处理过程、过程反馈要复杂得多。目标任务执行部分代码如下：

```
    success=True
    r=rospy.Rate(1)
    for i in range(10):
        if self.server.is_preempt_requested():
            rospy.loginfo('/pickup_place: Preempted')
            self.server.set_preempted()
            success=False
            break
        feedback.percent_complete += 10
        self.server.publish_feedback(feedback)
        r.sleep()
```

Action 的目标可以被取消和抢占，所以执行任务过程中通过 is_preempt_requested()方法循环检查是否有抢占请求（目标被取消、收到新的目标等）。若有，is_preempt_requested()函数返回 True，服务端通过 set_preempted()函数将当前目标的状态设置为抢占（PREEMPTED），并不再执行当前的目标任务。若目标正常执行，feedback 的 percent_complete 每次增加 10（10%），并通过 publish_feedback()函数发布该目标的执行过程反馈 feedback。

```
        if success:
            rospy.loginfo('/pickup_place: Succeeded')
            result.success=True
            self.server.set_succeeded(result)
```

若任务执行成功，result.success 设为 True，并通过 set_succeeded()函数发送目标执行结果 result，同时将目标的状态设为成功(SUCCEEDED)。

节点的安装编译过程与其他 Python 节点一致，这里不再赘述。

4.1.3 Action 的客户端节点（Python）

（1）源码

本小节使用 Python 编写一个简单的 Action 客户端节点，用来发送 goal，监测反馈 feedback 和结果 result。示例中主要用到 actionlib.SimpleActionClient 类，完整 API 可参考链接：

https://docs.ros.org/en/api/actionlib/html/classactionlib_1_1simple__action__client_1_1Simple
ActionClient.html

源码 advance_demo/scripts/action_client.py 的完整内容如下：

```python
#!/usr/bin/env python
# -*-coding: utf-8 -*-
import rospy
from advance_demo.msg import *
import actionlib

# done_cb 在目标执行完时被调用一次
def done_cb(status, result):
    if status == 2:
        rospy.logerr("Program interrupted before completion")
    if result.success:
        rospy.loginfo('Pickup and place the object successfully!')

# active_cb 在目标状态转换为 ACTIVE 时被调用一次
def active_cb():
    rospy.loginfo("Goal just went active")

# feedback_cb 在每次接收到服务端发送的 feedback 时被调用
def feedback_cb(feedback):
    rospy.loginfo('Task completed %i%%', feedback.percent_complete)
def action_client():
    rospy.init_node('action_client')
    # 创建 Action 客户端对象并与 Action 的服务端连接
    client=actionlib.SimpleActionClient('pickup_place', PickupPlaceAction)
    rospy.loginfo("Waiting for action server to start.")
    # 等待 Action 的服务端开启，若服务端没有开启，将一直等待
```

```
    client.wait_for_server()
    rospy.loginfo("Action server started, sending goal.")
    # 创建一个 PickupPlaceGoal 的对象，并对 goal 的成员进行赋值
    goal=PickupPlaceGoal()
    goal.target_name="box"
    goal.target_pose.position.x=0.35
    goal.target_pose.position.y=-0.35
    goal.target_pose.position.z=0.1
    goal.target_pose.orientation.w=1
    # 向 Action 的服务端发送目标 goal，并设置回调函数
    client.send_goal(goal, done_cb, active_cb, feedback_cb)
    # 阻塞，直到这个目标完成
    client.wait_for_result()

if __name__=="__main__":
    action_client()
```

（2）解析

```
from advance_demo.msg import *
import actionlib
```

导入 advance_demo.msg 中的所有消息类型并导入 actionlib 模块。

```
client=actionlib.SimpleActionClient('pickup_place', PickupPlaceAction)
```

创建 SimpleActionClient 客户端对象并与 Action 的服务端连接。第一个参数为命名空间，与服务端中设置的命名空间一致。第二个参数为 Action 的类型。

```
client.wait_for_server()
```

等待 Action 的服务端开启，若服务端没有开启，将一直等待。

```
goal=PickupPlaceGoal()
goal.target_name="box"
goal.target_pose.position.x=0.35
goal.target_pose.position.y=-0.35
goal.target_pose.position.z=0.1
goal.target_pose.orientation.w=1
```

创建一个 PickupPlaceGoal 的对象，并对 goal 的成员进行赋值。

```
client.send_goal(goal, done_cb, active_cb, feedback_cb)
```

向 Action 的服务端发送目标 goal，并设置回调函数。

done_cb()函数在目标执行完时被调用一次，参数有两个：actionlib_msgs/GoalStatus 中定义的 int 型变量 status 以及 Action 的 result（PickupPlaceResult）。

active_cb()函数在目标状态转换为 ACTIVE（被服务端接收并开始处理）时被调用一次，函数无参数。

feedback_cb()函数在每次接收到服务端发送的 feedback 时被调用，参数为 feedback（Pickup-

PlaceFeedback）。

节点的安装编译过程与其他 Python 节点一致。

4.1.4 Action 的服务端节点（C++）

（1）源码

本小节使用 C++编写 Action 的服务端节点，用来接收 goal，执行任务，反馈 feedback 和 result。示例中主要用到 actionlib::SimpleActionServer 类，完整 API 说明可参考链接：

https://docs.ros.org/en/api/actionlib/html/classactionlib_1_1SimpleActionServer.html

源码 advance_demo/src/action_server.cpp 完整内容如下：

```cpp
#include "ros/ros.h"
#include "actionlib/server/simple_action_server.h"
#include "advance_demo/PickupPlaceAction.h"

class PickupPlaceServer{
public:
  PickupPlaceServer():
    // 初始化 Action 服务端 as_
    as_(nh_, "pickup_place", boost::bind(&PickupPlaceServer::goalCB, this, _1), false)
  {
    // 启动 Action 的服务端
    as_.start();
    ROS_INFO("action_server is Ready!");
  }
  ~PickupPlaceServer(){}
  // 服务端接收到 Action 的 goal 时的回调执行函数
  void goalCB(const advance_demo::PickupPlaceGoalConstPtr goal){
    // 创建 feedback 用来记录执行过程中的反馈信息
    advance_demo::PickupPlaceFeedback feedback;
    // 创建 result 用来记录执行完的结果
    advance_demo::PickupPlaceResult result;
    // 打印输出 goal 中的 target_name 和 target_pose
    ROS_INFO_STREAM("The target object is " << goal->target_name);
    ROS_INFO_STREAM(goal->target_pose);
    ROS_INFO("Start to pickup and place...");
    // 通过循环，模拟任务完成的进度百分比
    bool success=true;
    ros::Rate r(1);
    for(int i=0; i<10; i++){
      // 若有抢占请求（目标被取消、收到新的目标），当前目标的状态设置为抢占（PREEMPTED）
      if(as_.isPreemptRequested() || !ros::ok()){
        ROS_INFO("/pickup_place: Preempted");
```

```cpp
        as_.setPreempted();
        success=false;
        break;
      }
      feedback.percent_complete += 10;
      // 发布目标的执行过程反馈 feedback
      as_.publishFeedback(feedback);
      r.sleep();
    }
    // 若目标任务执行成功,发送目标执行结果
    if (success){
      ROS_INFO("/pickup_place: Succeeded");
      result.success=true;
      as_.setSucceeded(result);
    }
  }
private:
  ros::NodeHandle nh_;
  // 声明服务端 SimpleActionServer 的对象 as_
  actionlib::SimpleActionServer<advance_demo::PickupPlaceAction> as_;
};

int main(int argc, char **argv){
  ros::init(argc, argv, "action_server");
  PickupPlaceServer action_server;
  ros::spin();
  return 0;
}
```

整个代码的实现逻辑与 Python 节点 action_server.py 一致。

（2）解析

```
#include "actionlib/server/simple_action_server.h"
```

引用 simple_action_server.h 头文件。

```
#include "advance_demo/PickupPlaceAction.h"
```

引用 PickupPlaceAction.h 头文件。

4.1.1 节定义的 PickupPlace.action 编译后生成的七个头文件与七种消息类型对应：

- PickupPlaceAction.h——advance_demo/PickupPlaceAction
- PickupPlaceActionFeedback.h——advance_demo/PickupPlaceActionFeedback
- PickupPlaceActionGoal.h——advance_demo/PickupPlaceActionGoal
- PickupPlaceActionResult.h——advance_demo/PickupPlaceActionResult
- PickupPlaceFeedback.h——advance_demo/PickupPlaceFeedback
- PickupPlaceGoal.h——advance_demo/PickupPlaceGoal
- PickupPlaceResult.h——advance_demo/PickupPlaceResult

```cpp
actionlib::SimpleActionServer<advance_demo::PickupPlaceAction> as_;
```

声明了 actionlib::SimpleActionServer 的对象 as_，并通过以下语句进行了初始化：

```cpp
as_(nh_, "pickup_place", boost::bind(&PickupPlaceServer::goalCB, this, _1), false)
```

第一个参数为 ros::NodeHandle 句柄。第二个参数为命名空间，客户端和服务端通过一组话题进行通信，这些话题定义在 pickup_place 命名空间内。第三个参数为回调执行函数，当服务端节点接收到新的 goal 时，会进入回调执行函数进行处理。第四个参数应始终设置为 false 以避免冲突，并在构建服务端后调用 start() 函数启动 Action 的服务端。

```cpp
void goalCB(const advance_demo::PickupPlaceGoalConstPtr goal)
```

goalCB() 回调执行函数的参数为 advance_demo/PickupPlaceGoal 消息类型对象的指针，下面看一下 goalCB() 函数中的关键内容：

```cpp
ROS_INFO_STREAM("The target object is " << goal->target_name);
ROS_INFO_STREAM(goal->target_pose);
```

接收到 goal 后，将 goal 中的两个成员 target_name 和 target_pose 打印输出。

```cpp
advance_demo::PickupPlaceFeedback feedback;
advance_demo::PickupPlaceResult result;
```

创建 feedback 用来记录执行过程中的反馈信息；创建 result 用来记录执行完的结果。

```cpp
bool success=true;
ros::Rate r(1);
for(int i=0; i<10; i++){
  if(as_.isPreemptRequested() || !ros::ok()){
    ROS_INFO("/pickup_place: Preempted");
    as_.setPreempted();
    success=false;
    break;
  }
  feedback.percent_complete += 10;
  as_.publishFeedback(feedback);
  r.sleep();
}
```

执行任务过程中通过 isPreemptRequested() 函数循环检查是否有抢占请求，同时通过 ros::ok() 函数检测 ROS 节点是否被中断。若有抢占和中断，服务端通过 setPreempted() 函数将当前目标的状态设置为抢占（PREEMPTED），并不再执行当前的目标任务。

若目标正常执行，feedback.percent_complete 每次增加 10%，并通过 publishFeedback() 函数发布该目标的执行过程反馈 feedback。

```cpp
if (success){
  ROS_INFO("/pickup_place: Succeeded");
  result.success=true;
  as_.setSucceeded(result);
}
```

若任务执行成功，result.success=true；通过 setSucceeded()函数发送目标执行结果 result，同时将目标的状态设为成功(SUCCEEDED)。

节点的编译安装过程与其他 C++节点类似，这里不再赘述。

4.1.5 Action 的客户端节点（C++）

（1）源码

本小节使用 C++编写 Action 的客户端节点，用来发送目标，监测反馈 feedback 并接收 result。示例中主要用到 actionlib::SimpleActionClient 类，完整 API 说明可参考链接：

https://docs.ros.org/en/api/actionlib/html/classactionlib_1_1SimpleActionClient.html

源码 advance_demo/src/action_client.cpp 内容如下：

```cpp
#include <ros/ros.h>
#include <actionlib/client/simple_action_client.h>
#include "advance_demo/PickupPlaceAction.h"
// doneCB 在目标执行完时被调用一次
void doneCB(const actionlib::SimpleClientGoalState& state,
        const advance_demo::PickupPlaceResultConstPtr& result){
  if(state.toString() == "PREEMPTED"){
    ROS_INFO("Program interrupted before completion");
  }
  if(result->success){
    ROS_INFO("Pickup and place the object successfully!");
  }
}
// activeCB 在目标状态转换为 ACTIVE 时被调用
void activeCB(){
  ROS_INFO("Goal just went active");
}
// feedbackCB 在每次接收到服务端发送的 feedback 时被调用
void feedbackCB(const advance_demo::PickupPlaceFeedbackConstPtr& feedback){
  ROS_INFO("Task completed %i%%", feedback->percent_complete);
}
int main(int argc, char **argv){
  ros::init(argc, argv, "action_client");
  actionlib::SimpleActionClient<advance_demo::PickupPlaceAction> ac("pickup_place", true);
  ROS_INFO("Waiting for action server to start.");
  ac.waitForServer();
  ROS_INFO("Action server started, sending goal.");
  // 创建一个 PickupPlaceGoal 的对象，并对 goal 的成员进行赋值
  advance_demo::PickupPlaceGoal goal;
  goal.target_name="box";
  goal.target_pose.position.x=0.35;
```

```cpp
    goal.target_pose.position.y=-0.35;
    goal.target_pose.position.z=0.1;
    goal.target_pose.orientation.w=1;
    // 向 Action 的服务端发送目标 goal,并设置回调函数
    ac.sendGoal(goal, &doneCB, &activeCB, &feedbackCB);
    // 阻塞,直到这个目标完成
    ac.waitForResult();
    return 0;
}
```

（2）解析

```cpp
#include <actionlib/client/simple_action_client.h>
```

引用 simple_action_client.h 头文件。

```cpp
actionlib::SimpleActionClient<advance_demo::PickupPlaceAction> ac("pickup_place", true);
```

创建一个 actionlib::SimpleActionClient 客户端对象。第一个参数为 Action 通信所用话题所在的命名空间；第二个参数 spin_thread 默认为 true，会自动启动一个线程来处理此操作的订阅，若设为 false，用户需在程序中调用 ros::spin()函数。

```cpp
ac.waitForServer();
```

等待 Action 的服务端连接到此客户端。

```cpp
advance_demo::PickupPlaceGoal goal;
goal.target_name="box";
goal.target_pose.position.x=0.35;
goal.target_pose.position.y=-0.35;
goal.target_pose.position.z=0.1;
goal.target_pose.orientation.w=1;
```

创建 Action 的目标 goal 并赋值。

```cpp
ac.sendGoal(goal, &doneCB, &activeCB, &feedbackCB);
```

向 Action 的服务端发送目标请求，并注册相关回调函数。doneCB()函数在目标执行完成时被调用一次。activeCB()函数在目标状态转换为 ACTIVE（被服务端接收并开始处理）时被调用一次。feedbackCB()函数在每次接收到服务端发送的 feedback 时被调用。

节点的编译安装过程与其他 C++节点一致。

4.1.6　Action 通信测试

（1）启动服务端节点

在启动节点前，首先启动 roscore：

```
$ roscore
```

启动服务端节点。可运行以下命令启动 Python 节点：

```
$ rosrun advance_demo action_server.py
```

或运行以下命令启动 C++节点：

```
$ rosrun advance_demo action_server
```
节点运行成功后会看到终端输出"action_server is Ready!"的提示。

Action 通信的实现依赖于话题通信。在创建 Action 的服务端和客户端时,命名空间设置成"/pickup_place",因此查看该命名空间内话题时,可看到如图 4.3 所示的话题列表:

```
$ rostopic list /pickup_place
```

```
robot@ros-arm:~$ rostopic list /pickup_place
/pickup_place/cancel
/pickup_place/feedback
/pickup_place/goal
/pickup_place/result
/pickup_place/status
```

图 4.3 /pickup_place 命名空间内的话题

(2)启动客户端节点

新开终端,可运行以下命令启动 Python 节点:

```
$ rosrun advance_demo action_client.py
```

或运行以下命令启动 C++节点:

```
$ rosrun advance_demo action_client
```

启动后,客户端会发送 goal 给服务端。服务端接收目标,开始执行任务,发布进度反馈 feedback 以及任务完成后的 result,如图 4.4 所示。

```
[ INFO] [1636958107.472347740]: The target object is box
[ INFO] [1636958107.472457249]: position:
  x: 0.35
  y: -0.35
  z: 0.1
orientation:
  x: 0
  y: 0
  z: 0
  w: 1
[ INFO] [1636958107.472539765]: Start to pickup and place...
[ INFO] [1636958117.472870260]: /pickup_place: Succeeded
```

图 4.4 服务端节点输出显示

客户端会接收到服务端发布的消息并处理,如图 4.5 所示。

```
robot@ros-arm:~$ rosrun advance_demo action_client
[ INFO] [1636958107.172590485]: Waiting for action server to start.
[ INFO] [1636958107.471578864]: Action server started, sending goal.
[ INFO] [1636958107.472694109]: Goal just went active
[ INFO] [1636958107.472979715]: Task completed 10%
[ INFO] [1636958108.473477499]: Task completed 20%
[ INFO] [1636958109.473532828]: Task completed 30%
[ INFO] [1636958110.472978224]: Task completed 40%
[ INFO] [1636958111.473546767]: Task completed 50%
[ INFO] [1636958112.473523277]: Task completed 60%
[ INFO] [1636958113.473499156]: Task completed 70%
[ INFO] [1636958114.473516944]: Task completed 80%
[ INFO] [1636958115.473475764]: Task completed 90%
[ INFO] [1636958116.473511139]: Task completed 100%
[ INFO] [1636958117.473657826]: Pickup and place the object successfully!
```

图 4.5 客户端节点输出显示

通过话题/pickup_place/feedback 也能查看任务执行的中间过程反馈,如图 4.6 所示。

通过话题/pickup_place/result 也能查看结果,如图 4.7 所示。

```
robot@ros-arm:~$ rostopic echo /pickup_place/feedback
header:
  seq: 0
  stamp:
    secs: 1636958081
    nsecs: 924930664
  frame_id: ''
status:
  goal_id:
    stamp:
      secs: 1636958081
      nsecs: 923736095
    id: "/action_client-1-1636958081.924"
  status: 1
  text: "This goal has been accepted by the simple action server"
feedback:
  percent_complete: 10
---
header:
  seq: 1
  stamp:
    secs: 1636958082
    nsecs: 925310881
  frame_id: ''
status:
  goal_id:
    stamp:
      secs: 1636958081
      nsecs: 923736095
    id: "/action_client-1-1636958081.924"
  status: 1
  text: "This goal has been accepted by the simple action server"
feedback:
  percent_complete: 20
---
```

图 4.6 话题/pickup_place/feedback 查看反馈

```
robot@ros-arm:~$ rostopic echo /pickup_place/result
header:
  seq: 0
  stamp:
    secs: 1636958091
    nsecs: 925431054
  frame_id: ''
status:
  goal_id:
    stamp:
      secs: 1636958081
      nsecs: 923736095
    id: "/action_client-1-1636958081.924"
  status: 3
  text: ''
result:
  success: True
```

图 4.7 话题/pickup_place/result 查看结果

（3）使用其他方式发送目标请求

除了编写 Action 客户端节点发送目标，还可通过向/pickup_place/goal 话题发消息的方式直接发送目标，如图 4.8 所示，或者运行以下命令，使用 actionlib 提供的图形化工具发送目标：

```
$ rosrun actionlib axclient.py /pickup_place
```

axclient.py 脚本后面跟的参数为定义的 Action 命名空间，本示例中为/pickup_place。

```
robot@ros-arm:~$ rostopic pub -1 /pickup_place/goal advance_demo/PickupPlaceActionGoal
"header:
  seq: 0
  stamp:
    secs: 0
    nsecs: 0
  frame_id: ''
goal_id:
  stamp:
    secs: 0
    nsecs: 0
  id: ''
goal:
  target_name: 'black_box'
  target_pose:
    position:
      x: 0.5
      y: 0.0
      z: 0.0
    orientation:
      x: 0.0
      y: 0.0
      z: 0.0
      w: 1.0"
```

图 4.8　rostopic pub 命令向 /pickup_place/goal 发送目标

如图 4.9 所示，启动的 GUI 界面包含"Goal""Feedback"和"Result"三个区域，可以修改"Goal"区域中的成员的值，点击下方"SEND GOAL"按钮发送目标，在"Feedback"和"Result"区域查看反馈和结果。

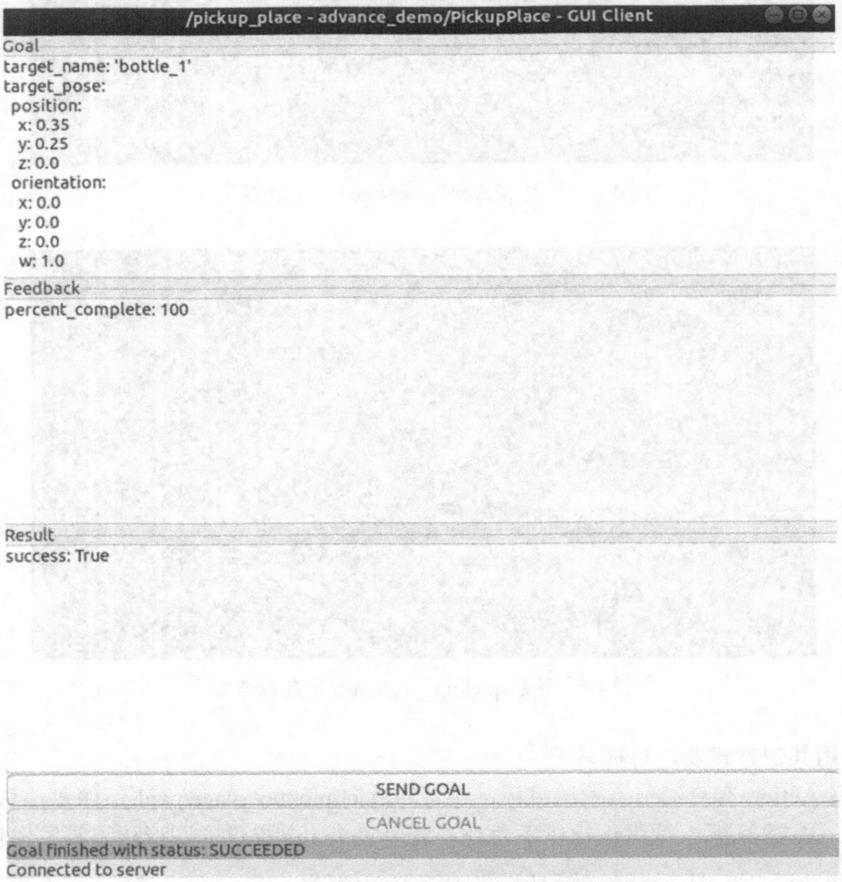

```
/pickup_place - advance_demo/PickupPlace - GUI Client
Goal
target_name: 'bottle_1'
target_pose:
 position:
  x: 0.35
  y: 0.25
  z: 0.0
 orientation:
  x: 0.0
  y: 0.0
  z: 0.0
  w: 1.0
Feedback
percent_complete: 100




Result
success: True




                    SEND GOAL
                    CANCEL GOAL
Goal finished with status: SUCCEEDED
Connected to server
```

图 4.9　GUI 工具发送目标并查看反馈和结果

在后续使用 MoveIt!开发机械臂软件的学习中，我们将频繁使用 Action 通信。

4.2 ROS 常用组件和工具

ROS 提供了大量实用组件和工具，方便了机器人的研发、调试、可视化，提高了研发效率。本节将学习常用 ROS 工具 launch 启动文件、Rviz 可视化平台、rqt 工具箱和 rosbag 的使用。

4.2.1 XML 语法规范

ROS 功能包中的 package.xml、接下来需要学习的 launch 启动文件以及第 5 章的 URDF 模型文件都是基于 XML（Extensible Markup Language，可扩展标记语言）规范，所以本小节将先简单介绍 XML 的语法，作为后续学习的基础。

我们通过 course_description.xml 示例来对 XML 的语法进行简要说明。XML 文件内容如下，主要用来存储本书的部分章节纲要：

```xml
<?xml version="1.0" encoding="utf-8"?>
<!--根标签(根元素)course -->
<course name="ROS 机械臂开发与实践">
    <!--第一节课标签 class1，属性 name 的值为"机械臂基础"，属性 academic_hour 的值为"3h" -->
    <class1 name="机械臂基础" academic_hour="3h" >
        <description>介绍机械臂的基本概念</description>
    </class1>
    <!--第二节课标签 class2 -->
    <class2 name="认识 ROS" academic_hour="2h" >
        <description>学习 ROS 的安装、测试和通信架构等基础知识</description>
    </class2>
    <!--第三节课标签 class3 -->
    <class3 name="ROS 基础实践" academic_hour="4h" >
        <description>学习 ROS 的编程</description>
    </class3>
</course>
```

XML 具体语法说明如下。

① 声明语句放在文档开头：

```xml
<?xml version="1.0" encoding="utf-8"?>
```

② 文件内容区分大小写。

③ XML 由 XML 元素（标签、标记）组成，每个 XML 元素包括一个开始标记<title>、一个结束标记</title>以及两个标记之间的内容。

④ 每个 XML 文档有且只有一个根元素（根标签、根标记），一般放在声明语句后面，采用从"根部"扩展到"枝叶"的树状结构。示例中根元素为<course>，包含<class1>、<class2>和<class3>三个子元素。

⑤ 所有的元素必须有相应的结束元素，不能以数字开头，不能交叉嵌套。

⑥ 所有属性值必须加引号（可以是单引号，也可以是双引号，建议使用双引号），例如示例中 class1 元素有两个属性，第一个属性名称为 name，值为"机械臂基础"，第二个属性名称为 academic_hour，值为"3h"。

⑦ 注释格式：<!--注释 -->

符合语法规范的 XML 文件可在浏览器中打开。通过示例可以看出，用 XML 文件描述的数据，具有很强的逻辑性，直观明了，并能通过通用的格式规范让程序做解析，让计算机"看得懂"。package.xml 文件、launch 文件和 URDF 文件都通过定义特殊的元素（标签），以实现其特定的功能。

4.2.2 launch 启动文件

在之前的学习中，启动节点前需先通过 roscore 命名启动 ROS Master。每次启动一个节点，都需要新开一个终端，使用 rosrun 命令启动。对一个需要启动多个节点的复杂机器人来说，依次启动节点十分烦琐，于是 ROS 提供了 launch 启动文件和 roslaunch 命令行工具，能一次性启动 ROS Master 和多个节点，并对节点的参数等进行设置。

launch 文件通常存放于功能包的 launch 文件夹下，必须包含一个根元素<launch>。<launch>根元素内可包含以下基本元素：<node>（启动一个节点）、<param>（加载参数到参数服务器上）、<remap>（命名重映射）、<machine>（启动机器）、<rosparam>（加载 YAML 格式文件中的参数）、<include>（包含其他 launch 文件）、<env>（指定环境变量）、<test>（启动测试节点）、<arg>（仅限 launch 文件内部使用的局部参数）、<group>（对共享命名空间或重新映射的元素进行分组）。

每个元素都支持 if 和 unless 属性，该属性会评估后面的值，1 或 true 为"真"，0 或 false 为"假"，参考示例如下：

```
<group if="$(arg foo)">
 <!--stuff that will only be evaluated if foo is true -->
</group>
<param name="foo" value="bar" unless="$(arg foo)" />
<!--This param won't be set if foo is true -->
```

下面以 advance_demo/launch/pub_marker.launch 文件为例，对常用的<arg>、<param>、<rosparam>、<node>、<include>、<remap>等元素进行详细介绍，更多语法规范可参考官方 wiki 链接：

http://wiki.ros.org/roslaunch/XML

pub_marker.launch 文件内容如下：

```
<launch>
   <!--Set args -->
   <arg name="use_python" default="true" />
   <arg name="user_name" value="Xiaode" />
   <arg name="marker_frame" value="world" doc="Marker's reference frame"/>
   <arg name="marker_size" default="0.2" />
   <arg name="marker_color_r" default="1" />
   <arg name="marker_color_g" default="0" />
```

```xml
    <arg name="marker_color_b" default="0" />
    <arg name="marker_color_a" default="1" />
    <!--Start pub_marker node -->
    <node pkg="advance_demo" name="pub_marker" type="pub_marker.py" clear_params="true" output="screen" if="$(arg use_python)">
        <param name="user_name" value="$(arg user_name)" />
        <param name="marker_frame" value="$(arg marker_frame)" />
        <param name="marker_size" type="str" value="$(arg marker_size)" />
        <param name="marker_color_r" type="double" value="$(arg marker_color_r)" />
        <param name="marker_color_g" value="$(arg marker_color_g)" />
        <param name="marker_color_b" value="$(arg marker_color_b)" />
        <param name="marker_color_a" value="$(arg marker_color_a)" />
        <param name="speed" value="1.5" />
    </node>
    <node pkg="advance_demo" name="pub_marker" type="pub_marker" clear_params="true" output="screen" unless="$(arg use_python)">
        <rosparam file="$(find advance_demo)/cfg/pub_marker_params.yaml" command="load"/>
    </node>
    <!--Publish TF from world to a_fixed_link -->
    <node pkg="tf2_ros" type="static_transform_publisher" name="world_to_link" args="-0.2 -0.2 0.1 3.1415926 0 0 /world /a_fixed_link" />
    <!--Start rqt_reconfigure GUI -->
    <node name="rqt_reconfigure" pkg="rqt_reconfigure" type="rqt_reconfigure" output="screen"/>
    <!--Start RViz -->
    <include file="$(find advance_demo)/launch/view_rviz.launch"/>
</launch>
```

(1) \<arg\>元素

\<arg\>元素用于声明特定于单个 launch 文件内使用的参数（argument），类似于局部变量，与 ROS 参数服务器中的参数不是一个概念。\<arg\>元素允许通过 roslaunch 命令的命令行传递、使用\<include\>元素显式地传递参数给包含的文件等方式进行传递。

\<arg\>元素包含以下四个属性：

- name：参数的名字。
- value（可选）：参数的值。
- default（可选）：参数的默认值。value 和 default 属性只能包含一个。
- doc（可选）：对该参数的描述说明。

示例用法如下：

```xml
<arg name="use_python" default="true" />
<arg name="marker_frame" value="world" doc="Marker's reference frame"/>
<arg name="marker_size" default="0.2" />
<include file="included.launch">
    <!--all vars that included.launch requires must be set -->
    <arg name="hoge" value="fuga" />
</include>
```

（2）<param>元素

<param>元素定义了在 ROS 参数服务器上设置的参数，可放在<node>标签内，标明参数为该节点的私有参数。

<param>元素包含以下属性。

① name：参数的名字。命名空间也可包含在参数名称中。

② value（可选）：参数的值。如果省略此属性，则必须包含 binfile、textfile 或 command 属性。除了直接赋值，也可使用$(arg arg_name)的方式将定义的 arg 参数的值传递给 param。

③ type="str|int|double|bool|yaml"（可选）：指定参数的类型。若不使用此属性，roslaunch 将自动指定类型。

④ textfile="$(find pkg-name)/path/file.txt"（可选）：file.txt 文件中的内容将被读取并存储为字符串后赋值给参数。建议使用$(find pkg-name)指定 file.txt 文件所在的功能包路径。

⑤ binfile="$(find pkg-name)/path/file"（可选）：文件中的内容将被读取并存储为 base64 编码的 XML-RPC 二进制对象。

⑥ command="$(find pkg-name)/exe '$(find pkg-name)/arg.txt'"（可选）：命令的输出将被读取并存储为字符串。

示例用法如下：

```xml
<param name="user_name" value="$(arg user_name)" />
<param name="marker_size" type="str" value="$(arg marker_size)" />
<param name="speed" value="1.5" />
```

（3）<rosparam>元素

<rosparam>元素可使用 YAML 文件从 ROS 参数服务器加载和存储参数，还可用于删除参数。<rosparam>元素可定义在<node>元素内用来标明参数为该节点的私有参数。

<rosparam>元素包含以下属性。

① command="load|dump|delete"（可选）：rosparam 的命令，默认为 load，即 rosparam load 命令。

② file="$(find pkg-name)/path/foo.yaml"：需要加载或转存的文件名。

③ param="param-name"（可选）：参数名。

④ ns="namespace"（可选）：将参数设置在指定的命名空间内。

⑤ subst_value=true|false（可选）：允许使用类似$(find pkg)、$(arg foo)等替换参数。

示例用法如下：

```xml
<rosparam file="$(find advance_demo)/cfg/pub_marker_params.yaml" command="load" />
<rosparam param="a_list">[1, 2, 3, 4]</rosparam>
<rosparam command="delete" param="my/param" />
```

（4）<node>元素

<node>元素可指定希望启动的 ROS 节点。roslaunch 不能保证节点启动的先后顺序，因此启动的节点需支持以任何顺序启动。

<node>元素包含以下属性。

① pkg="package_name"：指定节点所在的功能包。

② type="node_type"：节点类型，即节点编译生成的可执行文件。

③ name="node_name"：节点的名字，不能包含命名空间，节点所在命名空间应使用后面的 ns 属性进行设置。

④ ns="foo"（可选）：设置节点的命名空间。

⑤ args="arg1 arg2 arg3"（可选）：启动节点时需传入的参数。

⑥ output="log|screen"（可选）：默认值为 log。若值为 log，则将节点内的 stdout（标准输出）和 stderr（错误）信息发送到$ROS_HOME/log 中的日志文件，并将 stderr 输出到终端屏幕进行显示。若为 screen，则 stdout 和 stderr 都将打印输出到终端屏幕进行显示。通常情况下，ROS_HOME 设为~/.ros 目录。

⑦ machine="machine-name"（可选）：在指定的机器<machine>上启动节点。

⑧ respawn="true|false"（可选）：节点关闭后，是否自动重启节点，默认为 false。

⑨ respawn_delay="30"（可选）：若 respawn 设置为 true，则检测到节点关闭后等待 respawn_delay 秒，再尝试重启节点，默认为 0。

⑩ required="true"（可选）：若节点关闭（失败、故障等），则杀死整个 roslaunch 进程。

⑪ clear_params="true|false"（可选）：在启动前清除节点私有空间内的所有参数。

⑫ cwd="ROS_HOME|node"（可选）：若为 ROS_HOME，则工作目录设为 ROS_HOME 设置的目录；若为 node，则节点的工作目录将与节点的可执行文件所在目录相同。

⑬ launch-prefix="prefix arguments"（可选）：附加到节点启动的前缀参数，可启动 gdb、valgrind、xterm、nice 或其他工具，方便调试开发。

下述示例中，通过 unless 条件属性设置了是否启动节点，在 arg 参数 use_python 为 false 时，启动 advance_demo 功能包里的 pub_marker 节点（C++实现），并通过<rosparam>元素加载了 pub_marker_params.yaml 参数文件中的参数。该节点的实现将在 4.3 节进行学习。

```
<node pkg="advance_demo" name="pub_marker" type="pub_marker" clear_params="true"
output="screen" unless="$(arg use_python)">
    <rosparam file="$(find advance_demo)/cfg/pub_marker_params.yaml" command=
"load"/>
</node>
```

下述示例中，启动了 tf2_ros 功能包里的 static_transform_publisher 可执行文件，通过设置 args 属性传递两个 link 之间的 TF 变换关系。TF 将会在 4.4 节进行学习。

```
<node pkg="tf2_ros" type="static_transform_publisher" name="world_to_link"
args="-0.2 -0.2 0.1 3.1415926 0 0 /world /a_fixed_link" />
```

（5）<include>元素

<include>元素用于导入其他 launch 文件，可包含用于设置环境变量的<env>元素和用于在 launch 文件间传递参数的<arg>元素。

<include>元素包含以下四个属性。

① file="$(find pkg-name)/path/filename.xml"：要包含的 launch 文件的路径和名字。

② ns="foo"（可选）：设置导入文件所在的命名空间。设置后除了<master>标记，被包含文件内的参数、节点等都将属于该命名空间。

③ clear_params="true|false"（可选）：启动前清除被包含文件所在命名空间内的所有参数，默认 false。

④ pass_all_args="true|false"（可选）：默认 false。若设为 true，则设置的所有<arg>都将添加到为处理被包含的 launch 文件而创建的上下文中，无需明确列出要传递的每个<arg>。

用法示例如下：

```
<include file="$(find advance_demo)/launch/view_rviz.launch"/>
```

（6）<remap>元素

<remap>元素通过重映射，让节点在订阅/发布某个话题时，实际上订阅/发布的是另一个话题，类似于为话题取了个别名。映射前后的两个话题必须有相同的消息类型，通常用在订阅节点上，可以为 ROS 代码复用提供支持。

例如 advance_demo 功能包中，pub_marker 节点发布了话题/marker_pose，消息类型为 geometry_msgs/PoseStamped。tf_pub 节点（4.4 节）会订阅/tf_pub/marker_pose 话题，消息类型也为 geometry_msgs/PoseStamped。启动 tf_pub 节点时，如果我们想订阅 pub_marker 节点发布到/marker_pose 话题上的消息，则可在启动 tf_pub 节点的 launch 文件中进行如下设置：

```
<node pkg="advance_demo" name="tf_pub" type="tf_pub.py" clear_params="true" output="screen">
    <remap from="/tf_pub/marker_pose" to="/marker_pose"/>
</node>
```

使用<remap>元素将 tf_pub 节点中的订阅话题/tf_pub/marker_pose 映射为话题/marker_pose，即可收到/marker_pose 话题上的消息了。

除了 launch 文件中使用<remap>元素，也可以在命令行启动 tf_pub 节点时使用"name:=new_name"语法进行重映射：

```
$ rosrun advance_demo tf_pub.py /tf_pub/marker_pose:=marker_pose
```

除了话题，节点中的任何名称在启动时都可进行重映射，更多内容可参考官方 wiki 教程：

http://wiki.ros.org/Remapping%20Arguments

编辑好的 launch 文件可通过 roslaunch 命令启动。roslaunch 工具的完整用法可在终端输入 roslaunch -h 查看，或参考 wiki 教程：

http://wiki.ros.org/roslaunch/Commandline%20Tools

这里使用 roslaunch package_name launch_file 命令启动 pub_marker.launch 进行测试：

```
$ roslaunch advance_demo pub_marker.launch
```

启动成功后，终端显示如图 4.10 所示。

在 pub_marker.launch 中启动了 static_transform_publisher、rqt_reconfigure 和 rviz（RViz），还可看到弹出的动态参数配置 GUI 界面和 RViz 可视化界面。RViz 中可看到红色小球在运动，如图 4.11 所示。RViz、动态参数配置和 TF 等内容将在后面的章节进行学习。

第4章 ROS进阶实践

```
robot@ros-arm:~$ roslaunch advance_demo pub_marker.launch
... logging to /home/robot/.ros/log/6ce4941c-4b83-11ec-af4f-f859713886d7/roslaunch
-ros-arm-1746.log
Checking log directory for disk usage. This may take a while.
Press Ctrl-C to interrupt
Done checking log file disk usage. Usage is <1GB.

started roslaunch server http://ros-arm:38775/

SUMMARY
========

CLEAR PARAMETERS
 * /pub_marker/

PARAMETERS
 * /pub_marker/marker_color_a: 1
 * /pub_marker/marker_color_b: 0
 * /pub_marker/marker_color_g: 0
 * /pub_marker/marker_color_r: 1.0
 * /pub_marker/marker_frame: world
 * /pub_marker/marker_size: 0.2
 * /pub_marker/speed: 1.5
 * /pub_marker/user_name: Xiaode
 * /rosdistro: melodic
 * /rosversion: 1.14.12

NODES
  /
    pub_marker (advance_demo/pub_marker.py)
    rqt_reconfigure (rqt_reconfigure/rqt_reconfigure)
    rviz (rviz/rviz)
    world_to_link (tf/static_transform_publisher)

auto-starting new master
process[master]: started with pid [1810]
ROS_MASTER_URI=http://localhost:11311

setting /run_id to 6ce4941c-4b83-11ec-af4f-f859713886d7
process[rosout-1]: started with pid [1826]
started core service [/rosout]
process[pub_marker-2]: started with pid [1830]
process[world_to_link-3]: started with pid [1835]
process[rqt_reconfigure-4]: started with pid [1836]
process[rviz-5]: started with pid [1841]
[INFO] [1637578839.673068]: pub_marker Python node is Ready!
[INFO] [1637578839.686762]: Reconfigure Request: Xiaode, world, 0.3, 1.0,0,
                           0, 1, 1.5
```

图 4.10 pub_marker.launch 启动输出信息

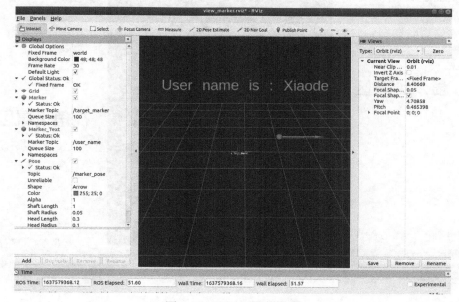

图 4.11 RViz 可视化界面

pub_marker.launch 文件中用<node>元素设置 pub_marker 节点的启动时，使用了"if/unless"属性。参数 use_python 默认为 true，因此 launch 文件默认启动 Python 节点。若想使用 C++编写的 pub_marker 节点，可在命令行启动 launch 文件时设置 use_python 的值为 false：

```
$ roslaunch advance_demo pub_marker.launch use_python:=false
```

4.2.3 RViz 可视化平台

（1）RViz 简介

RViz 是一款可显示多种数据的三维可视化平台，提供了很多控件，可以显示机器人模型、TF、传感器、周围环境变化等信息，也可对机器人进行控制操作。除此以外，我们还可编写自己的插件，用于其他数据的显示或者机器人控制。

在安装 ROS 桌面完整版时已对 RViz 进行了安装。若没有安装，可使用下面命令安装：

```
$ sudo apt-get install ros-melodic-rviz
```

可以通过下列命令启动 RViz：

```
$ roscore
```

```
$ rosrun rviz rviz
```

启动成功的 RViz 主界面和分区如图 4.12 所示。点击显示列表区左下方的"Add"按钮，会弹出如图 4.13 所示界面，界面中罗列了 RViz 默认支持的所有数据类型的显示插件，完整描述可参考 wiki 链接：

http://wiki.ros.org/rviz/DisplayTypes

可根据需要选择插件，在"Display Name"处设置不同的名字以区分同类型的插件，然后点击"OK"按钮进行添加。

图 4.12　RViz 主界面和分区

添加后的插件将会显示在显示列表区，可以点击插件前的箭头打开属性列表，设置Topic（订阅的话题）等属性，用以正确设置数据的来源以及显示效果。若插件的Status属性不为OK，需要根据错误信息，查看插件设置、数据发布等是否正常。

工具栏选择"Interact"后，在3D视图区滑动鼠标滚轮可放大或缩小显示，按下鼠标左键移动可改变视角，按住鼠标滚轮可移动模型。

除了提供的默认插件，RViz支持插件扩展机制，可通过编写插件的形式进行添加，用于显示自定义的消息类型以及机器人的特定控制。

（2）RViz使用示例

以RViz中默认提供的Marker工具（插件）为例，学习RViz的设置和使用。

Marker工具可订阅visualization_msgs/Marker消息类型的话题，在RViz的3D视图区显示箭头（ARROW）、立方体（CUBE）、球体（SPHERE）、圆柱（CYLINDER）、线段（LINE_STRIP）、点阵（POINTS）、文本（TEXT_VIEW_FACING）、

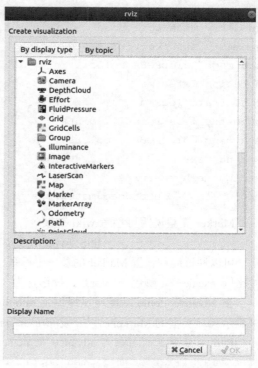

图4.13 RViz添加界面显示

自定义3D模型（MESH_RESOURCE）等消息。visualization_msgs/Marker消息类型定义如下：

```
uint8 ARROW=0
uint8 CUBE=1
uint8 SPHERE=2
uint8 CYLINDER=3
uint8 LINE_STRIP=4
uint8 LINE_LIST=5
uint8 CUBE_LIST=6
uint8 SPHERE_LIST=7
uint8 POINTS=8
uint8 TEXT_VIEW_FACING=9
uint8 MESH_RESOURCE=10
uint8 TRIANGLE_LIST=11
uint8 ADD=0
uint8 MODIFY=0
uint8 DELETE=2
uint8 DELETEALL=3
std_msgs/Header header
string ns
int32 id
int32 type
```

```
int32 action
geometry_msgs/Pose pose
geometry_msgs/Vector3 scale
std_msgs/ColorRGBA color
duration lifetime
bool frame_locked
geometry_msgs/Point[] points
std_msgs/ColorRGBA[] colors
string text
string mesh_resource
bool mesh_use_embedded_materials
```

Marker 完整说明可参考 wiki 链接：

http://wiki.ros.org/rviz/DisplayTypes/Marker

可以通过编程设置 Marker 的参考坐标系（header.frame_id）、类型（type）、位姿（pose）、尺寸比例（scale）、颜色（color）、操作行为（action）等对象，发布到话题上在 RViz 中进行展示。

在 advance_demo 功能包里提供了 pub_marker 节点，该节点对外发布/target_marker 话题，用来显示圆球类型的 Marker，以及发布/user_name 话题，用来显示文本类型的 Marker。

Python 示例源码可参考 advance_demo/scripts/pub_marker.py，部分代码概括如下：

```python
from visualization_msgs.msg import Marker
name_pub=rospy.Publisher('user_name', Marker, queue_size=10)
text_marker=Marker()
text_marker.header.frame_id="world"
text_marker.type=Marker.TEXT_VIEW_FACING
text_marker.id=1
text_marker.action=Marker.MODIFY
text_marker.pose.position.z=2
text_marker.pose.orientation.w=1.0
text_marker.scale.x=0.5
text_marker.scale.y=0.5
text_marker.scale.z=0.5
text_marker.color.b=1.0
text_marker.color.a=1.0

text_marker.header.stamp=now
text_marker.text="User name is : " + self.user_name
name_pub.publish(text_marker)
```

C++示例源码可参考 advance_demo/src/pub_marker.cpp，部分代码概括如下：

```cpp
#include <visualization_msgs/Marker.h>
ros::Publisher marker_pub_;
marker_pub_=nh_.advertise<visualization_msgs::Marker>("/target_marker", 10);
visualization_msgs::Marker target_marker;
target_marker.type=visualization_msgs::Marker::SPHERE;
```

```
target_marker.action=visualization_msgs::Marker::ADD;
ros::Time now=ros::Time::now();
target_pose.header.stamp=now;
target_marker.header.stamp=now;
target_marker.header.frame_id=marker_frame_;
target_marker.pose.position=target_pose.pose.position;
target_marker.pose.orientation.w=1;
target_marker.scale.x=marker_size_;
target_marker.scale.y=marker_size_;
target_marker.scale.z=marker_size_;
target_marker.color.r=color_r_;
target_marker.color.g=color_g_;
target_marker.color.b=color_b_;
target_marker.color.a=color_a_;
marker_pub_.publish(target_marker);
```

advance_demo 功能包里已经提供了配置好的 RViz 文件 view_marker.rviz。本节我们练习从头开始配置，可先注释掉 advance_demo/launch/pub_marker.launch 里最后通过<include>元素包含的 view_rviz.launch：

```
<!--include file="$(find advance_demo)/launch/view_rviz.launch"/ -->
```

然后启动 pub_marker.launch：

```
$ roslaunch advance_demo pub_marker.launch
```

新开终端，启动 RViz 默认界面：

```
$ rosrun rviz rviz
```

RViz 启动后，将左侧显示列表区（Displays）的 Global Options—Fixed Frame 设为 world。

点击"Add"按钮，在弹出的默认工具中选择 Marker 进行添加。由于本示例中需要添加两个 Marker，可在 Display Name 里设置名字以区分，例如将显示文本信息的 Marker 命名为 Marker_Text，如图 4.14 所示。

选择好后点击右下角"OK"按钮，该工具将被添加到左侧显示列表区。设置"Marker_Text"的"Marker Topic"为"/user_name"，即可在 RViz 的 3D 视图区看到蓝色的文本字样，如图 4.15 所示。

同样的方式可添加显示/target_marker 话题消息的 Marker，添加后可看到移动的圆球。

pub_marker 节点里还向/marker_pose 话题发布了 geometry_msgs/PoseStamped 的消息。可通过"Add"按钮添加 Pose 工具用于此消息类型数据的显示，订阅的话题为"/marker_pose"。

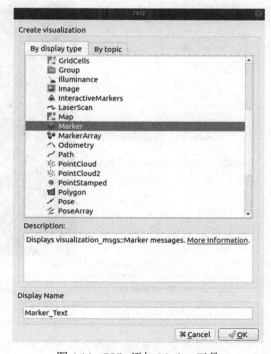

图 4.14　RViz 添加 Marker 工具

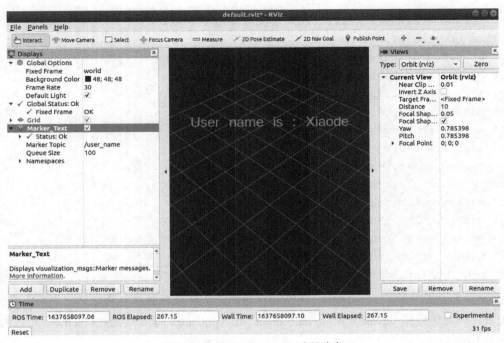

图 4.15 显示/user_name 话题消息

添加后可看到红色箭头指示的 Pose 变化，如图 4.16 所示。

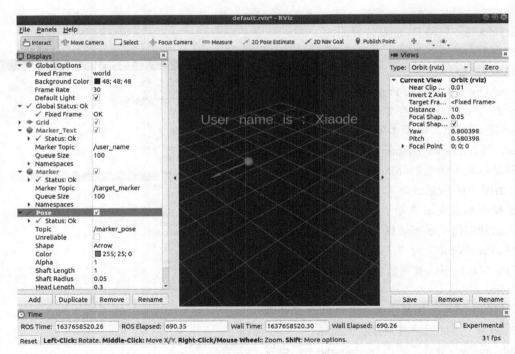

图 4.16 显示/target_marker 和 Pose

若不想每次启动 RViz 都重新配置工具，可点击左上角 "File" — "Save Config As" 选项将设置保存到 .rviz 文件中，下次启动时使用 "rosrun rviz rviz -d 文件名" 方式启动。

4.2.4 rqt 工具箱

rqt 是 ROS 的一个软件框架，以插件的形式实现了各种 GUI 工具，能用于可视化的调试、显示和控制。

rqt 主要包含三部分。

① rqt 核心组件。

② rqt_common_plugins 元功能包：提供了 ROS 后端图形工具套件，包含日志输出工具 rqt_console、计算图可视化工具 rqt_graph、数据绘图工具 rqt_plot、参数动态配置工具 rqt_reconfigure、图像显示工具 rqt_image_view 以及与消息、话题、服务、Action 等相关的工具。

③ rqt_robot_plugins 元功能包：提供了与机器人运行时交互的工具，如 MoveIt!监控工具 rqt_moveit、位姿查看工具 rqt_pose_view、导航工具 rqt_nav_view、TF 树查看工具 rqt_tf_tree 等。

终端输入 rqt 命令可运行任何 rqt 工具（插件）：

```
$ rqt
```

在弹出的界面中点击上方的"Plugins"，可通过下拉列表选择需要的工具运行。

工具名通常与工具所在功能包名一致，所以也可使用下面命令启动单独的 rqt 工具：

```
$ rosrun <工具名> <工具名>
```

如启动数据绘图工具 rqt_plot，可在终端运行以下命令：

```
$ rosrun rqt_plot rqt_plot
```

用户也可使用 Python 或 C++编写自己的工具插件。更多教程可参考 wiki 链接：

https://wiki.ros.org/rqt

4.2.5 rosbag 数据记录与回放

Bags（包）是 ROS 中用于记录数据的重要机制，通常由 rosbag 等工具创建，订阅一个或多个话题的数据，并在收到消息数据时将其存储在.bag 文件中。这些.bag 文件也可在 ROS 中回放，将消息发布到与录制时相同的话题，或重映射到新的话题。

Bags 在算法调试、错误重现等方面有着十分重要的作用。例如在研究 SLAM（建图与实时定位）算法时，通常可以用传感器采集一组环境数据录制成包，再让不同算法在同一包回放下进行建图，对比不同算法的建图效果。

rosbag 功能包提供了用于处理 Bags 的命令行工具，以及用于 Python 和 C++代码中读写 Bags 的 API，相关教程可参考 wiki 官方教程：

http://wiki.ros.org/rosbag/Commandline

4.3 动态参数配置

第 3 章学习 ROS 参数时，可以使用 rosparam 命令行工具对参数进行设置、获取等操作，也可在节点中编程实现参数的设置、获取等操作。通常情况下，节点启动后会获取参数服务器中的参数，之后不管参数服务器中的参数是否更新，节点都不再进行查询。这导致每次修改参数，都需要重新启动节点，十分不方便。

为了弥补这个不足，ROS 提供了动态参数配置功能包——dynamic_reconfigure，能够提供 dynparam 命令行工具、reconfigure_gui 工具（现已迁移到 rqt_reconfigure）以及编程 API，用于实现动态参数配置机制。

本节将以 pub_marker 节点为例，通过动态设置参数，改变 Marker 的尺寸、移动速度、参考坐标系、颜色和用户名显示，并发布到相关话题用于在 Rviz 中可视化显示参数改变对 Marker 的影响。完整示例代码位于 advance_demo 功能包。

4.3.1 编写 .cfg 文件

可用于动态配置的参数定义在 .cfg 文件中，通常位于功能包的 cfg 文件夹下。以 advance_demo/cfg/PubMarker.cfg 为例进行说明，文件内容如下：

```python
#!/usr/bin/env python
PACKAGE="advance_demo"
from dynamic_reconfigure.parameter_generator_catkin import *
gen=ParameterGenerator()
gen.add("user_name", str_t, 0, "User name ", "Xiaode")
gen.add("marker_frame", str_t, 0, "Marker frame ", "world")
gen.add("marker_size", double_t, 0, "Marker size ", 0.2, 0.1, 0.3)

gen.add("marker_color_r", double_t, 0, "Marker color r ", 1, 0, 1)
gen.add("marker_color_g", double_t, 0, "Marker color g ", 0, 0, 1)
gen.add("marker_color_b", double_t, 0, "Marker color b ", 0, 0, 1)
gen.add("marker_color_a", double_t, 0, "Marker color a ", 1, 0, 1)

speed_enum=gen.enum([ gen.const("Fast",       double_t, 3, "A fast constant"),
                      gen.const("Medium",     double_t, 1.5, "A medium constant"),
                      gen.const("Slow",       double_t, 0.5, "A slow constant"),
                      gen.const("Zero",       double_t, 0, "A zero constant")],
                      "An enum to set Marker speed")
gen.add("speed", double_t, 0, "Marker speed", 1.5, edit_method=speed_enum)
exit(gen.generate(PACKAGE, "pub_marker", "PubMarker"))
```

文件第一句表示该文件使用 Python 实现，第二句声明配置文件所在功能包，第三句从 dynamic_reconfigure 功能包导入参数生成器，第四句创建了参数生成器对象 gen，接下来使用 add() 函数将一个个参数添加到参数列表中。

add() 函数参数说明如下。

① name：参数名，字符串类型。

② paramtype：参数值的类型，可以是 int_t、double_t、str_t 或 bool_t。

③ level：动态配置服务端回调函数中的掩码，当回调函数被调用时，所有已更改参数的 level 值都将进行 or（或）运算，并将运算结果传递给回调函数。

④ description：对该参数进行解释说明。

⑤ default：指定该参数的默认值。

⑥ min：指定参数的最小值（可选参数，str_t 和 bool_t 不可用）。

⑦ max：指定参数的最大值（可选参数，str_t 和 bool_t 不可用）。

⑧ edit_method：编辑类型，可用来设置枚举变量。

示例中通过 enum()函数设置了一个 double_t 类型的枚举变量 speed_enum，并通过 const()函数设置了每个枚举值的名称、类型、值和描述字符串。

文件最后一行使用 generate()函数告诉生成器生成必要的文件用于 Python 或 C++节点。函数第一个参数为功能包，第二个参数表示运行时使用动态参数的节点名，第三个参数为生成的文件将使用的名字前缀。对于 C++节点，文件对应着"<name>Config.h"；对于 Python 节点，文件对应着"<name>Config.py"。本示例中生成的文件名为 PubMarkerConfig。

编写好.cfg 文件后，为确保文件生效，需为.cfg 文件添加可执行权限：

```
$ roscd advance_demo/cfg/
$ chmod +x PubMarker.cfg
```

并且需要修改 CMakeLists.txt 文件，添加对 dynamic_reconfigure 功能包的依赖，并通过 generate_dynamic_reconfigure_options()添加.cfg 文件：

```
find_package(catkin REQUIRED COMPONENTS
  geometry_msgs
  roscpp
  rospy
  actionlib_msgs
  actionlib
  dynamic_reconfigure
)
generate_dynamic_reconfigure_options(
    cfg/PubMarker.cfg
)
```

修改完成后需使用 catkin_make 对功能包进行编译。

4.3.2 设置动态参数节点（Python）

（1）源码

本节将用 Python 编写 pub_marker 节点，代码位于 advance_demo/scripts/pub_marker.py，完整内容如下：

```python
#!/usr/bin/env python
# -*-coding: utf-8 -*-
import rospy
import sys
from dynamic_reconfigure.server import Server
from advance_demo.cfg import PubMarkerConfig
from visualization_msgs.msg import Marker
from geometry_msgs.msg import PoseStamped
import math


class PubMarker():
    def __init__(self):
```

```python
rospy.init_node('pub_marker')
rospy.loginfo("pub_marker Python node is Ready!")
# 获取参数的值
self.user_name=rospy.get_param('~user_name', 'Xiaode')
self.frame=rospy.get_param('~marker_frame', 'world')
self.marker_size=rospy.get_param('~marker_size', 0.2)
self.color_r=rospy.get_param('~marker_color_r', 1)
self.color_g=rospy.get_param('~marker_color_g', 0)
self.color_b=rospy.get_param('~marker_color_b', 0)
self.color_a=rospy.get_param('~marker_color_a', 1)
self.speed=rospy.get_param('~speed', 1.5)
# 创建一个动态参数配置的服务端对象,回调函数为 dynamic_reconfigure_callback
dyn_server=Server(PubMarkerConfig, self.dynamic_reconfigure_callback)
# 创建话题/marker_pose 的发布端,话题的消息类型为 geometry_msgs/PoseStamped
pose_pub=rospy.Publisher('marker_pose', PoseStamped, queue_size=10)
# 创建话题/target_marker 的发布端,话题的消息类型为 visualization_msgs/Marker
marker_pub=rospy.Publisher('target_marker', Marker, queue_size=10)
# 创建话题/user_name 的发布端,话题的消息类型为 visualization_msgs/Marker
name_pub=rospy.Publisher('user_name', Marker, queue_size=10)

# 创建 Marker 对象 text_marker
text_marker=Marker()
# 设置 text_marker 的参考系为 world
text_marker.header.frame_id="world"
# 设置 text_marker 的类型为可视的有方向的文本 TEXT_VIEW_FACING
text_marker.type=Marker.TEXT_VIEW_FACING
# 设置 text_marker 的 ID
# 设置 text_marker 的 ID
text_marker.id=1
# 设置 text_marker 的行为为更改 MODIFY
text_marker.action=Marker.MODIFY
# 设置 text_marker 的位姿 pose
text_marker.pose.position.z=2
text_marker.pose.orientation.w=1.0
# 设置 text_marker 的尺寸 scale
text_marker.scale.x=0.5
text_marker.scale.y=0.5
text_marker.scale.z=0.5
#  设置 text_marker 的颜色 color
text_marker.color.r=0.0
text_marker.color.g=0.0
text_marker.color.b=1.0
text_marker.color.a=1.0
```

```python
# 创建 Marker 对象 marker
marker=Marker()
marker.id=0    # id
# marker 类型为球体
marker.type=Marker.SPHERE
# marker 行为为添加
marker.action=Marker.ADD
# marker 在 RViz 中显示的时长,当 Duration()函数无参数时,表示一直显示
marker.lifetime=rospy.Duration()  #
# 创建位姿对象 target_pose,用于 Marker 的位姿设置
target_pose=PoseStamped()
target_pose.pose.orientation.w=1

rate=20
theta=0.0
r=rospy.Rate(rate)
# 以 20Hz 的频率循环向外发布 marker,text_marker 和 marker 的位姿
while not rospy.is_shutdown():
    # marker 在 X-Y 平面上做椭圆运动
    target_pose.header.frame_id=self.frame
    target_pose.pose.position.x=1.0 + 0.5 * math.sin(theta)
    target_pose.pose.position.y=0
    target_pose.pose.position.z=0.8 + 0.3 * math.cos(theta)
    theta += self.speed / rate
    now=rospy.Time.now()
    target_pose.header.stamp=now
    marker.header.stamp=now
    marker.header.frame_id=target_pose.header.frame_id
    marker.pose.position=target_pose.pose.position
    marker.pose.orientation.w=1
    # marker 的尺寸颜色可通过动态参数动态设置
    marker.scale.x=self.marker_size
    marker.scale.y=self.marker_size
    marker.scale.z=self.marker_size
    marker.color.r=self.color_r
    marker.color.g=self.color_g
    marker.color.b=self.color_b
    marker.color.a=self.color_a
    text_marker.header.stamp=now
    # 设置 text_marker 的显示文本
    text_marker.text="User name is : " + self.user_name
    # 发布话题消息
```

```
                pose_pub.publish(target_pose)
                marker_pub.publish(marker)
                name_pub.publish(text_marker)
                r.sleep()
    # 动态参数配置回调函数.当动态参数更新时,会调用回调函数进行处理
    def dynamic_reconfigure_callback(self, config, level):
        rospy.loginfo("""Reconfigure Request: {user_name}, {marker_frame}, {marker_size}, {marker_color_r},{marker_color_g},{marker_color_b}, {marker_color_a}, {speed}""".format(**config))
        self.user_name=config.user_name
        self.frame=config.marker_frame
        self.marker_size=config.marker_size
        self.color_r=config.marker_color_r
        self.color_g=config.marker_color_g
        self.color_b=config.marker_color_b
        self.color_a=config.marker_color_a
        self.speed=config.speed
        return config

if __name__ == '__main__':
    marker=PubMarker()
    rospy.spin()
```

（2）解析

下面对代码中与动态参数配置有关的关键部分进行解析：

```
from dynamic_reconfigure.server import Server
```

导入 dynamic_reconfigure。

```
from advance_demo.cfg import PubMarkerConfig
```

导入 PubMarker.cfg 文件里 generate 函数自动生成的 PubMarkerConfig。

```
        dyn_server=Server(PubMarkerConfig, self.dynamic_reconfigure_callback)
```

创建动态参数配置的服务端对象 dyn_server，第一个参数为参数配置类型 PubMarkerConfig，第二个参数为回调函数。当动态参数更新时，会调用回调函数进行处理。

```
    def dynamic_reconfigure_callback(self, config, level):
        rospy.loginfo("""Reconfigure Request: {user_name}, {marker_frame}, {marker_size}, {marker_color_r},{marker_color_g},{marker_color_b}, {marker_color_a}, {speed}""".format(**config))
        self.user_name=config.user_name
        self.frame=config.marker_frame
        self.marker_size=config.marker_size
        self.color_r=config.marker_color_r
        self.color_g=config.marker_color_g
```

```
        self.color_b=config.marker_color_b
        self.color_a=config.marker_color_a
        self.speed=config.speed
        return config
```

回调函数的第一个参数为参数更新的配置值，第二个参数为所有已更改参数的 level 值进行 or（或）运算后的结果。本示例的回调函数中会打印输出所有的配置参数，并将更新后的参数的值赋值给 PubMarker 类中对应的成员变量，用以在 while 循环发布/marker_pose、/target_marker 和 /user_name 话题过程中用这些成员变量修改消息的值。

4.3.3 设置动态参数节点（C++）

本小节将用 C++编写 pub_marker 节点，源码逻辑与 Python 节点完全一致，完整代码位于 advance_demo/src/pub_marker.cpp。篇幅限制，本小节只对代码中的关键部分进行解析。

```cpp
#include <dynamic_reconfigure/server.h>
#include "advance_demo/PubMarkerConfig.h"
```

包含必要的头文件，"advance_demo/PubMarkerConfig.h"为通过 generate 函数自动生成的配置参数头文件。

```cpp
dynamic_reconfigure::Server<advance_demo::PubMarkerConfig> *server_;
```

在类 PubMarker 中声明了指针类型的成员 server_，该指针指向 dynamic_reconfigure::Server 类型。

```cpp
server_=new dynamic_reconfigure::Server<advance_demo::PubMarkerConfig>
(ros::NodeHandle("~"));
```

在类的构造函数中使用 new 创建了动态参数服务端实例。

```cpp
dynamic_reconfigure::Server<advance_demo::PubMarkerConfig>::CallbackType cb=
boost::bind(&PubMarker::dynamicReconfigureCallback, this, _1, _2);
server_->setCallback(cb);
```

定义动态参数配置的回调函数，并将回调函数与服务端 server_绑定。当服务端收到重新配置参数请求时，将调用回调函数 dynamicReconfigureCallback。回调函数内容如下：

```cpp
void dynamicReconfigureCallback(advance_demo::PubMarkerConfig &config,
uint32_t level){
  ROS_INFO("Reconfigure Request: %s %s %f %f %f %f %f %f %d",
      config.user_name.c_str(),config.marker_frame.c_str(),config.marker_size,
      config.marker_color_r,config.marker_color_g,config.marker_color_b,
      config.marker_color_a,config.speed,level);
  user_name_=config.user_name;
  marker_frame_=config.marker_frame;
  marker_size_=config.marker_size;
  color_r_=config.marker_color_r;
  color_g_=config.marker_color_g;
```

```
    color_b_=config.marker_color_b;
    color_a_=config.marker_color_a;
    speed_=config.speed;
}
```

回调函数的第一个参数为 advance_demo::PubMarkerConfig 类型的动态参数，第二个参数为所有已更改参数的 level 值进行 or（或）运算后的结果。回调函数中会打印输出所有的配置参数，并将更新后的参数的值赋值给类 PubMarker 中对应的成员变量，用以在 pubMoveMarkers() 函数中循环发布/marker_pose、/target_marker 和/user_name 话题时修改消息的值。

```
std::thread pub_topic(&PubMarker::pubMoveMarkers,this);
pub_topic.detach();
```

注意：为了使动态参数更新后能作用于 while 循环，需要使用 std::thread 将 pubMoveMarkers() 作为新线程启动。

4.3.4 测试动态参数配置

有了一个可以动态配置参数的节点后，最便捷、常用的方式是使用 rqt_reconfigure 工具修改参数。rqt_reconfigure 可以通过以下命令启动：

```
$ rosrun rqt_reconfigure rqt_reconfigure
```

本章示例中，动态配置参数节点、rqt_reconfigure 和 RViz 的启动都已经集成到 pub_marker.launch 中，可直接启动 launch 文件进行测试。

若想使用 Python 编写的 pub_marker 节点测试，可输入以下命令：

```
$ roslaunch advance_demo pub_marker.launch
```

若想使用 C++编写的 pub_marker 节点测试，可输入以下命令：

```
$ roslaunch advance_demo pub_marker.launch use_python:=false
```

pub_marker.launch 文件启动后，可看到弹出的 RViz 以及 rqt_reconfigure 窗口，如图 4.17 所示。

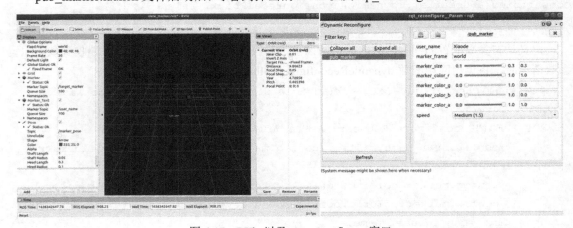

图 4.17　RViz 以及 rqt_reconfigure 窗口

rqt_reconfigure 窗口左侧栏中为拥有可动态配置参数的节点列表，可用鼠标点击选择不同的节点。选择好节点后，右侧栏会显示当前节点中所有可配置的参数。pub_marker 节点的参数如图 4.17 所示，可以看到与 PubMarker.cfg 文件里的设置一一对应。

可以在 rqt_reconfigure 窗口修改参数的值。每次修改后，都可在启动 launch 文件的终端看到 pub_marker 节点的配置回调函数被调用，并打印输出当前的参数值。同时可在 RViz 中看到参数改变对 Marker 显示的影响。

修改 user_name 参数的值，可看到 RViz 中文字变化；修改 marker_size 的值可看到小球大小变化；修改 marker_color 的值可看到小球颜色改变；修改 speed 的值可看到小球移动速度的变化，如图 4.18 所示。

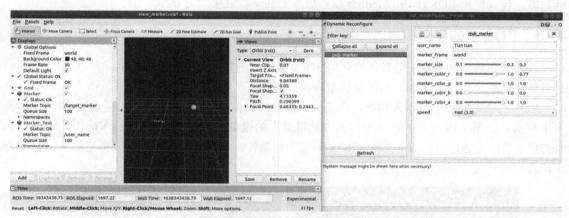

图 4.18　参数改变以及 RViz 显示的变化

除了 GUI 修改参数，ROS 还提供了 dynparam 工具用以重新配置参数。可运行以下命令启动 dynparam 工具：

```
$ rosrun dynamic_reconfigure dynparam COMMAND
```

当前支持的 COMMAND 如表 4.1 所示。

表 4.1　dynparam 工具支持的命令及作用

命令	作用
dynparam list	列出具有可配置参数的节点
dynparam get node_name	获取节点的配置参数
dynparam set node_name parameter_name parameter_value / set node_name yaml_dictionary	设置节点的参数
dynparam set_from_parameters node_name	从 ROS 参数服务器加载参数
dynparam dump node_name file.yaml	将节点中动态参数的配置存储到文件
dynparam load node_name file.yaml	从文件加载配置到节点

例如启动 pub_marker.launch 文件后，可运行下列命令列出可配置参数的节点，可看到目前只有 /pub_marker 一个节点：

```
$ rosrun dynamic_reconfigure dynparam list
```

使用 set 命令设置 speed 参数为 4，可看到 RViz 中小球速度变快：

```
$ rosrun dynamic_reconfigure dynparam set /pub_marker speed 4
```

除了前面提到的 rqt_reconfigure 和 dynparam 工具，也可通过 Python 编写客户端节点修改参数，读者可参考 wiki 教程自行学习：

http://wiki.ros.org/dynamic_reconfigure/Tutorials/UsingTheDynamicReconfigurePythonClient

4.4 ROS 中的坐标系和 TF2

为描述刚体的运动以及刚体之间的相对位置关系，可以在每个刚体上固连一个坐标系。刚体之间的运动可以用两个坐标系之间的平移和旋转关系来描述，平移和旋转统称为变换（transform）。ROS 中坐标系（或称 frame）之间的坐标变换系统由 tf/tf2 功能包进行维护。

tf2 功能包是 tf 功能包的迭代版本，既能更加有效地提供与 tf 中相同的功能集，又添加了一些新功能，建议使用 ROS Hydro Medusa 以后版本的初学者直接学习 tf2。

4.4.1 ROS 中的 TF

机器人系统通常有许多随时间变化的 3D 坐标系，例如世界坐标系、基坐标系、夹具坐标系、摄像头坐标系、雷达坐标系、头部坐标系等。

ROS 系统中的每个机器人和物体都由一个个 link 和 joint 组成，每个 link 上可以固连一个 frame（坐标系）。图 4.19 中是一个带双臂的移动机器人的模型图和坐标系图。在 RViz 中，默认 X 轴是红色、Y 轴是绿色、Z 轴是蓝色。ROS 中的坐标系符合右手定则，由字符串类型的 frame_id 标识，具有唯一性。

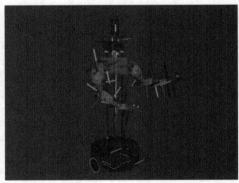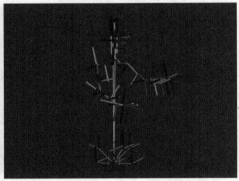

图 4.19　机器人模型图和坐标系图

为方便理解，本节将简化出一个简单的 ROS 机器人 TF 系统，它与实际的机器人有区别，但又能从一定程度上反映实际机器人的 TF 原理。

图 4.20 是机器人小德在 X-Z 平面上的投影，红色表示 X 轴，蓝色表示 Z 轴。世界坐标系 world 是一个全局坐标系，红色圆球 Marker 表示 4.3 节 pub_marker 节点发布出来的 Marker 小球，回顾之前的代码，该小球的位置和姿态默认相对于 world 坐标系，且小球的位置一直在变化。

在本节示例中，机器人由"身体"和"头部"组成："身体"上固连坐标系 base_link，"头部"固连坐标系 head_link，头部上方放置有摄像头传感器，关联坐标系为 camera_link。机器人可以在"地面上"随着 Marker 小球移动，摄像头的俯仰（Pitch）角度也会发生变化，始终"指向"机器人上方的 Marker 小球。

（1）TF 树状结构

ROS 中以树状结构来组织系统中所有坐标系之间的关系，称为 TF 树（TF Tree），图 4.21 所示是本节后续示例中使用的 TF 树，每个圆圈表示一个节点（坐标系，frame），每个节点只有一个父节点，但可以有多个子节点，即采用每个坐标系都"只有一个父坐标系、可以有多个子坐标系"的原则。例如 base_link 的父坐标系为 world，子坐标系为 head_link。

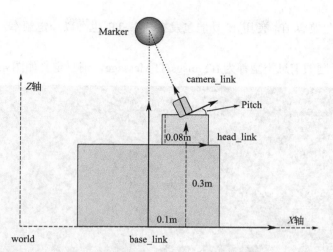

图 4.20 机器人小德的结构和坐标系

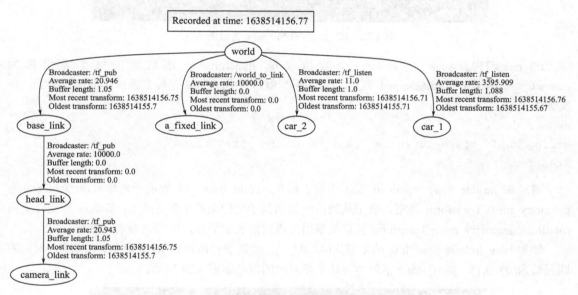

图 4.21 TF 树

整个 TF 树的维护和通信基于 ROS 话题通信机制，两个相邻坐标系之间的坐标变换关系通过 Broadcaster 节点进行发布。从图 4.21 中可以看出，发布坐标变换关系的节点不止一个，world—base_link—head_link—camera_link 的变换都是由 tf_pub 节点发布和维护（该节点的实现将在后续章节学习），而树中的其他 TF 变换又是通过不同节点发布的。

（2）TF 话题和消息

那么是不是每两个坐标系之间的 TF 都对应着一个话题呢？答案是否定的。

ROS 中通过/tf 和/tf_static 两个话题维护整个 TF 树。两个坐标系之间的相对位姿关系如果始终不随时间发生变化，则称为静态 TF，如示例中的 base_link—head_link；反之称为动态 TF，如 world—base_link、head_link—camera_link。

tf2 功能包中静态 TF 会发布到/tf_static 话题，只发布一次；动态 TF 以一定的频率发布到/tf 话题。

注意：tf2 功能包兼容 tf，使用 tf 功能包发布静态 TF 也会以一定频率发布到/tf 话题，而非 /tf_static 话题。

/tf 和/tf_static 话题的消息类型都为 tf2_msgs/TFMessage，消息定义如图 4.22 所示。

```
robot@ros-arm:~$ rosmsg show tf2_msgs/TFMessage
geometry_msgs/TransformStamped[] transforms
  std_msgs/Header header
    uint32 seq
    time stamp
    string frame_id
  string child_frame_id
  geometry_msgs/Transform transform
    geometry_msgs/Vector3 translation
      float64 x
      float64 y
      float64 z
    geometry_msgs/Quaternion rotation
      float64 x
      float64 y
      float64 z
      float64 w
```

图 4.22　tf2_msgs/TFMessage 消息的定义

tf2_msgs/TFMessage 里只有一个数组成员 transforms。该数组的每个元素都为 geometry_msgs/TransformStamped 类型，该类型是 ROS 中用来描述坐标变换的标准消息类型，定义如下：

```
Header header
string child_frame_id # the frame id of the child frame
Transform transform
```

消息头 header 中的 frame_id 表示当前坐标系，child_frame_id 表示子坐标系，transform 为 geometry_msgs/Transform 类型，表示从当前坐标系到子坐标系的平移变换 translation 和旋转变换 rotation。geometry_msgs/Transform 消息类型用三维向量表示平移，用四元数表示旋转。

如果 base_link 到 head_link 的平移为(0.1,0,0.3)，旋转变换欧拉角 RPY 表示为(0,0,0)，对应的四元数为(0,0,0,1)，则/tf_static 话题中与此变换对应的消息如图 4.23 所示。

```
transforms:
  -
    header:
      seq: 0
      stamp:
        secs: 1638514051
        nsecs: 855384111
      frame_id: "base_link"
    child_frame_id: "head_link"
    transform:
      translation:
        x: 0.1
        y: 0.0
        z: 0.3
      rotation:
        x: 0.0
        y: 0.0
        z: 0.0
        w: 1.0
```

图 4.23　base_link 与 head_link 的 TF（geometry_msgs/Transform）

（3）TF 特点

ROS 中的 TF 系统具有以下特点。

- tf/tf2 功能包为 TF 的广播和监听进行了接口封装，编程方便。
- ROS 会根据 TF 树的消息自动维护整个坐标系的变换关系，无需用户手动计算，且能获得 TF 树上任意两坐标系之间的变换关系。
- 为用户提供了许多方便工具。
- 可获取当前 TF，也可获取之前某时刻的 TF。

下面将写 tf_pub 和 tf_listen 节点，用以实现图 4.20 中机器人小德的 TF 广播和监听。

4.4.2 编写 TF2 广播节点（Python）

（1）源码

本小节用 Python 编写 TF 的广播节点 tf_pub，最终效果如图 4.24 所示，功能如下。

① 广播 base_link—head_link 的静态 TF。

② 订阅 4.3 节 pub_marker 节点发布的话题/marker_pose，获取 Marker 小球的位姿。

③ 广播 world — base_link 的动态 TF，位置随 Marker 变化，始终位于 Marker 下方。

④ 广播 head_link — camera_link 的动态 TF，camera_link 的俯仰角随 Marker 位置变化，Z 轴始终指向 Marker 中心。

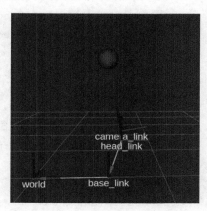

图 4.24 tf_pub 节点运行效果

源码位于 advance_demo/scripts/tf_pub.py，完整内容如下：

```python
#!/usr/bin/env python
# -*-coding: utf-8 -*-
import rospy
import tf2_ros
from tf_conversions import transformations
from tf2_msgs.msg import TFMessage
from geometry_msgs.msg import TransformStamped,PoseStamped
import math
class TFPublish():
    def __init__(self):
        rospy.init_node('tf_pub')
        # 创建/tf_pub/marker_pose 话题的订阅端，回调处理函数为 pose_cb
        rospy.Subscriber('/tf_pub/marker_pose',PoseStamped,self.pose_cb)
        # 创建/tf 话题的发布端
        self.pub_tf=rospy.Publisher("/tf", TFMessage, queue_size=1)
        rospy.loginfo("tf_pub python demo.")
        # 创建一个 TransformStamped 对象：base_link — head_link
        static_transformStamped=TransformStamped()
        # 设置时间戳
```

```python
        static_transformStamped.header.stamp=rospy.Time.now()
        # 设置父坐标系
        static_transformStamped.header.frame_id="base_link"
        # 设置子坐标系
        static_transformStamped.child_frame_id="head_link"
        # 设置父坐标系到子坐标系的平移变换
        static_transformStamped.transform.translation.x=0.1
        static_transformStamped.transform.translation.y=0.0
        static_transformStamped.transform.translation.z=0.3
        # 设置父坐标系到子坐标系的旋转变换(四元数表示)
        q=transformations.quaternion_from_euler(0,0,0)
        static_transformStamped.transform.rotation.x=q[0]
        static_transformStamped.transform.rotation.y=q[1]
        static_transformStamped.transform.rotation.z=q[2]
        static_transformStamped.transform.rotation.w=q[3]
        # 创建一个静态TF发布对象
        static_br=tf2_ros.StaticTransformBroadcaster()
        # 广播 base_link — head_link 的静态TF
        static_br.sendTransform(static_transformStamped)

    # /marker_pose 回调函数
    def pose_cb(self, msg):
        # 创建 TransformStamped 对象 dynamic_tf_1: world — base_link
        dynamic_tf_1=TransformStamped()
        dynamic_tf_1.header.stamp=rospy.Time.now()
        dynamic_tf_1.header.frame_id="world"
        dynamic_tf_1.child_frame_id="base_link"
        # 平移变换随Marker变化,base_link始终位于Marker下方
        dynamic_tf_1.transform.translation.x=msg.pose.position.x
        dynamic_tf_1.transform.translation.y=msg.pose.position.y
        dynamic_tf_1.transform.translation.z=0.0
        q1=transformations.quaternion_from_euler(0, 0, 0)
        dynamic_tf_1.transform.rotation.x=q1[0]
        dynamic_tf_1.transform.rotation.y=q1[1]
        dynamic_tf_1.transform.rotation.z=q1[2]
        dynamic_tf_1.transform.rotation.w=q1[3]
        # 广播 world — base_link 的动态TF
        br=tf2_ros.TransformBroadcaster()
        br.sendTransform(dynamic_tf_1)

        # 创建 TransformStamped 对象 dynamic_tf_2: head_link — camera_link
        # camera_link 的俯仰角随Marker位置变化,Z轴始终指向Marker中心
        dynamic_tf_2=TransformStamped()
```

```
            dynamic_tf_2.header.stamp=rospy.Time.now()
            dynamic_tf_2.header.frame_id="head_link"
            dynamic_tf_2.child_frame_id="camera_link"
            dynamic_tf_2.transform.translation.x=0
            dynamic_tf_2.transform.translation.y=0
            dynamic_tf_2.transform.translation.z=0.08
            pitch=math.atan((msg.pose.position.z -0.08 -0.3)/0.1) -3.1415926/2
            q2=transformations.quaternion_from_euler(0, pitch, 0)
            dynamic_tf_2.transform.rotation.x=q2[0]
            dynamic_tf_2.transform.rotation.y=q2[1]
            dynamic_tf_2.transform.rotation.z=q2[2]
            dynamic_tf_2.transform.rotation.w=q2[3]
            # 发布 head_link — camera_link 的动态 TF
            tfm=TFMessage([dynamic_tf_2])
            self.pub_tf.publish(tfm)

if __name__ == '__main__':
    try:
        tf_pub=TFPublish()
        rospy.spin()
    except rospy.ROSInterruptException:
        rospy.loginfo("TF publisher is shut down.")
```

（2）解析

该节点主要实现了静态 TF 和动态 TF 的发布，下面对代码中的关键部分进行解析。

```
import tf2_ros
```

导入 tf2_ros。tf2_ros 中提供了 StaticTransformBroadcaster 来简化静态 TF 的发布以及 TransformBroadcaster 来简化动态 TF 的发布。

```
from tf_conversions import transformations
```

导入 tf_conversions 模块的 transformations，后续代码中将使用 transformations.quaternion_from_euler()函数将欧拉角转换为四元数。

```
from tf2_msgs.msg import TFMessage
from geometry_msgs.msg import TransformStamped,PoseStamped
```

导入 tf2_msgs/TFMessage、geometry_msgs/TransformStamped 和 geometry_msgs/PoseStamped 消息类型模块。

先看一下 base_link—head_link 静态 TF 的发布过程：

```
        static_transformStamped=TransformStamped()
        static_transformStamped.header.stamp=rospy.Time.now()
        static_transformStamped.header.frame_id="base_link"
        static_transformStamped.child_frame_id="head_link"
        static_transformStamped.transform.translation.x=0.1
```

```
static_transformStamped.transform.translation.y=0.0
static_transformStamped.transform.translation.z=0.3
q=transformations.quaternion_from_euler(0,0,0)
static_transformStamped.transform.rotation.x=q[0]
static_transformStamped.transform.rotation.y=q[1]
static_transformStamped.transform.rotation.z=q[2]
static_transformStamped.transform.rotation.w=q[3]
```

创建 TransformStamped 对象 static_transformStamped，根据"实际"机器人小德的结构关系，参考图 4.20，为 static_transformStamped 对象的成员赋值，其中，header.frame_id 指父坐标系，child_frame_id 指子坐标系，坐标变换 transform 包含 translation（平移）和 rotation（旋转）两部分。TF 的时间戳设置为当前时间即可。

```
static_br=tf2_ros.StaticTransformBroadcaster()
static_br.sendTransform(static_transformStamped)
```

创建一个 StaticTransformBroadcaster 静态 TF 发布对象 static_br，并通过 sendTransform 将之前设置好的 static_transformStamped 发布出去。静态 TF 将发布在/tf_static 话题上，且只在需要时发布一次即可。

动态 TF 的发布与静态 TF 发布类似，示例中为了让机器人能跟随 Marker 小球运动，订阅了 pub_marker 节点发布的位姿话题，并在每次接收到消息时发布 world—base_link、head_link—camera_link 的动态 TF。下面以 world—base_link 的动态 TF 发布为例进行讲解。

```
dynamic_tf_1=TransformStamped()
dynamic_tf_1.header.stamp=rospy.Time.now()
dynamic_tf_1.header.frame_id="world"
dynamic_tf_1.child_frame_id="base_link"
dynamic_tf_1.transform.translation.x=msg.pose.position.x
dynamic_tf_1.transform.translation.y=msg.pose.position.y
dynamic_tf_1.transform.translation.z=0.0
q1=transformations.quaternion_from_euler(0, 0, 0)
dynamic_tf_1.transform.rotation.x=q1[0]
dynamic_tf_1.transform.rotation.y=q1[1]
dynamic_tf_1.transform.rotation.z=q1[2]
dynamic_tf_1.transform.rotation.w=q1[3]
```

创建 TransformStamped 对象 dynamic_tf_1，并为对象成员赋值。这里的时间戳设为当前时间，父坐标系为 world，子坐标系为 base_link，平移 x 和 y 随 Marker 位置变化，旋转始终不变。

```
br=tf2_ros.TransformBroadcaster()
br.sendTransform(dynamic_tf_1)
```

创建 TransformBroadcaster 动态 TF 发布器 br，并通过 sendTransform()发布 TF。动态 TF 会发布到/tf 话题上，以一定的频率定期发布。

除了使用 tf2 已经封装好的 TransformBroadcaster 发布 TF，也可使用传统的话题发布方式，向/tf 话题发布 tf2_msgs/TFMessage 消息，例如 head_link—camera_link 的 TF 发布代码：

```
self.pub_tf=rospy.Publisher("/tf", TFMessage, queue_size=1)
```

```
tfm=TFMessage([dynamic_tf_2])
self.pub_tf.publish(tfm)
```

4.4.3 编写 TF2 监听节点（Python）

（1）源码

TF 监听器可获取 TF 树上任意两坐标系之间的变换关系。TF 的监听示例节点 tf_listen 中将实现以下功能。

① 监听 world — base_link 的最新 TF 变换，并将该变换的平移 x 乘以 2，平移 y 乘以 2 作为 world—car_1 的平移变换的值，广播 world—car_1 的动态 TF。

② 收到/set_car_follow_past 话题消息后，开始监听 world — base_link 5s 前的 TF 变换；并将该变换作为 world—car_2 的平移变换的值，广播 world—car_2 的动态 TF，即让 car_2 跟随 base_link 5s 前的位置。

源码位于 advance_demo/scripts/tf_listen.py，完整内容如下：

```python
#!/usr/bin/env python
# -*-coding: utf-8 -*-
import rospy
import tf2_ros
from geometry_msgs.msg import TransformStamped,PoseStamped
from std_msgs.msg import Empty
class TFListen():
    def __init__(self):
        rospy.init_node('tf_listen')
        rospy.loginfo("tf_listen Python demo")
        # 创建话题/set_car_follow_past 的订阅端
        rospy.Subscriber('/set_car_follow_past', Empty, self.listen_past)
        # 监听 world — base_link 的最新 TF 变换
        self.listen_recent()


    # 监听 world — base_link 的最新 TF 变换
    def listen_recent(self):
        # 创建一个 TF 监听器对象 listener，监听 TF 数据并存入 tfBuffer
        tfBuffer=tf2_ros.Buffer()
        listener=tf2_ros.TransformListener(tfBuffer)
        br=tf2_ros.TransformBroadcaster()
        # 以 10Hz 的频率循环获取 world 到 base_link 的变换
        rate=rospy.Rate(10.0)
        while not rospy.is_shutdown():
            try:
                # 查询最新的 world -base_link 的 TF
                trans=tfBuffer.lookup_transform('world', 'base_link',rospy.Time(0))
```

```python
            except (tf2_ros.LookupException, tf2_ros.ConnectivityException, tf2_ros.ExtrapolationException):
                rate.sleep()
                continue
            # 平移变换 x 乘以 2,平移变换 y 乘以 2,作为 world—car_1 的平移变换的值
            t=TransformStamped()
            t.header.stamp=rospy.Time.now()
            t.header.frame_id="world"
            t.child_frame_id="car_1"
            t.transform=trans.transform
            t.transform.translation.x *=2
            t.transform.translation.y *=2
            # 广播 world—car_1 的动态 TF
            br.sendTransform(t)
            rate.sleep()


    # /set_car_follow_past 话题回调函数
    def listen_past(self,msg):
        # 创建一个 TF 监听器对象 listener,监听 TF 数据并存入 tfBuffer
        tfBuffer=tf2_ros.Buffer()
        listener=tf2_ros.TransformListener(tfBuffer)

        br=tf2_ros.TransformBroadcaster()
        rate=rospy.Rate(10.0)
        while not rospy.is_shutdown():
            try:
                # 查询 5s 前 world -base_link 的 TF
                past=rospy.Time.now() -rospy.Duration(5.0)
                trans_past=tfBuffer.lookup_transform('world', 'base_link', past, rospy.Duration(1.0))
            except (tf2_ros.LookupException, tf2_ros.ConnectivityException, tf2_ros.ExtrapolationException):
                rate.sleep()
                continue
            # 将 trans_past 作为 world—car_2 的平移变换的值,让 car_2 始终跟随 base_link 5s 前的位置
            t=TransformStamped()
            t.header.stamp=rospy.Time.now()
            t.header.frame_id="world"
            t.child_frame_id="car_2"
            t.transform=trans_past.transform
            # 广播 world—car_2 的动态 TF
            br.sendTransform(t)
```

```
            rate.sleep()
if __name__ == '__main__':
    try:
        tf_listen=TFListen()
        rospy.spin()
    except rospy.ROSInterruptException:
        rospy.loginfo("TF Listener is shut down.")
```

（2）解析

监听器可以监听坐标系间最新的 TF 变换，示例代码见 listen_recent()函数，下面对函数中的关键部分进行解析：

```
        tfBuffer=tf2_ros.Buffer()
        listener=tf2_ros.TransformListener(tfBuffer)
```

创建 Buffer 缓冲区，创建一个 TransformListener 监听器对象 listener。创建监听器后开始接收 TF 变换数据，并将它们最多缓存 10s。

接着以 10Hz 的频率循环获取 world 到 base_link 的 TF 变换。

```
        trans=tfBuffer.lookup_transform('world', 'base_link',rospy.Time(0))
```

通过 lookup_transform()函数查询指定时间的两个坐标系之间的 TF。函数的第一个参数为目标坐标系；第二个参数为源坐标系；第三个参数为指定的时间，rospy.Time(0)表示我们想要获取最新一次的 TF 变换；第四个参数为超时时间（可选），默认为 rospy.Duration(0)，没有延时。该函数获取源坐标系相对于目标坐标系的 TF 变换。

每个监听器都有缓冲区，用来存储来自不同 TF 广播器的所有坐标变换。当广播器发出 TF 时，进入缓冲区通常需要几毫秒时间，所以在"现在"时刻获取坐标变换时，需延时几毫秒等待 TF 到达。否则可能通过 try/except 获取异常，提示 TF 监听 warning。

获取到坐标变换数据 trans 后，本示例中为更直观展示，将 trans 的平移变换的 x、y 值乘以 2 后作为了 world—car_1 的变换，在系统中添加了一个新的坐标系 car_1。

tf_listen.py 中还定义了一个话题/set_car_follow_past 的订阅端，话题的消息类型为 std_msgs/Empty。当接收到消息时，会监听 5s 前 world 到 base_link 的坐标变换，并赋值给 world—car_2 的坐标变换，让 car_2 始终跟随 base_link 5s 前的位置。

与监听最新 TF 的不同之处在于下面代码：

```
        past=rospy.Time.now() -rospy.Duration(5.0)
        trans_past=tfBuffer.lookup_transform('world', 'base_link', past,
rospy.Duration(1.0))
```

刚接收到话题/set_car_follow_past 消息时，还没有 5s 前的历史 TF 数据。在后面的测试中，会看到在接收到话题消息约 5s 后，RViz 中才会出现 car_2 坐标系。

4.4.4 编写 TF2 广播节点（C++）

本小节将用 C++编写 tf_pub 节点，源码逻辑与 Python 节点完全一致，完整代码位于 advance_demo/src/tf_pub.cpp。篇幅限制，本小节只对代码中的关键部分进行解析。

```cpp
#include <tf2_ros/static_transform_broadcaster.h>
#include <tf2_ros/transform_broadcaster.h>
```

引用 tf2_ros 包里的静态 TF 和动态 TF 广播器头文件。

先看一下静态 TF 的发布：

```cpp
// 创建一个 TransformStamped 对象：base_link — head_link
geometry_msgs::TransformStamped static_transformStamped;
// 设置时间戳
static_transformStamped.header.stamp=ros::Time::now();
// 设置父坐标系
static_transformStamped.header.frame_id="base_link";
// 设置子坐标系
static_transformStamped.child_frame_id="head_link";
// 设置平移和旋转
static_transformStamped.transform.translation.x=0.1;
static_transformStamped.transform.translation.y=0.0;
static_transformStamped.transform.translation.z=0.3;
tf2::Quaternion q;
q.setRPY(0,0,0);
static_transformStamped.transform.rotation.x=q.x();
static_transformStamped.transform.rotation.y=q.y();
static_transformStamped.transform.rotation.z=q.z();
static_transformStamped.transform.rotation.w=q.w();
```

创建 geometry_msgs::TransformStamped 对象，并对成员进行赋值。时间戳设为当前时间 ros::Time::now()；父坐标系为 base_link；子坐标系为 head_link。平移变换与图 4.20 机器人结构对应；旋转变换用四元数表示。

tf2_ros 中为四元数、变换矩阵、三元向量等数据结构提供了封装，且为数据之间的转换提供了函数，完整 API 说明可参考以下链接：

http://docs.ros.org/en/jade/api/tf2/html/namespacetf2.html

本示例中使用了 tf2::Quaternion 四元数，且通过提供的 setRPY() 函数将欧拉角转换成了四元数。

```cpp
static tf2_ros::StaticTransformBroadcaster static_br;
static_br.sendTransform(static_transformStamped);
```

设置好坐标变换后，即可创建静态 TF 广播器对象，并使用 sendTransform() 函数广播 base_link 到 head_link 的坐标变换。

动态 TF 广播过程与静态 TF 类似。下面以 world—base_link 的 TF 发布为例进行讲解。

```cpp
// 创建 TransformStamped 对象 dynamic_tf_1: world — base_link
geometry_msgs::TransformStamped dynamic_tf_1;
dynamic_tf_1.header.stamp=ros::Time::now();
dynamic_tf_1.header.frame_id="world";
dynamic_tf_1.child_frame_id="base_link";
// 平移变换随 Marker 变化，base_link 始终位于 Marker 下方
```

```
dynamic_tf_1.transform.translation.x=msg.pose.position.x;
dynamic_tf_1.transform.translation.y=msg.pose.position.y;
dynamic_tf_1.transform.translation.z=0.0;
tf2::Quaternion q;
q.setRPY(0,0,0);
dynamic_tf_1.transform.rotation.x=q.x();
dynamic_tf_1.transform.rotation.y=q.y();
dynamic_tf_1.transform.rotation.z=q.z();
dynamic_tf_1.transform.rotation.w=q.w();
// 广播 world — base_link 的动态 TF
static tf2_ros::TransformBroadcaster br;
br.sendTransform(dynamic_tf_1);
```

创建 geometry_msgs::TransformStamped 对象，并为对象成员赋值。这里的时间戳设为当前时间，父坐标系为 world，子坐标系为 base_link，平移变换的 x 和 y 随 Marker 位置变化。动态 TF 广播器对象为 tf2_ros::TransformBroadcaster，使用 sendTransform()函数广播 TF 变换。

除了使用 tf2 已经封装好的 TransformBroadcaster 进行发布，也可使用传统的话题发布方式，向/tf 话题发布 tf2_msgs/TFMessage 消息，例如 head_link—camera_link 的 TF 发布相关代码：

```
// 创建/tf 话题的发布端
ros::Publisher pub_tf_;
pub_tf_=nh_.advertise<tf2_msgs::TFMessage>("/tf",10);
// 发布 head_link — camera_link 的动态 TF
tf2_msgs::TFMessage tfm;
tfm.transforms.push_back(dynamic_tf_2);
pub_tf_.publish(tfm);
```

4.4.5 编写 TF2 监听节点（C++）

本节将用 C++编写 tf_listen 节点，源码逻辑与 Python 节点完全一致，完整代码位于 advance_demo/src/tf_listen.cpp。篇幅限制，本节只对代码中的关键部分进行解析。

```
#include <tf2_ros/transform_listener.h>
```

添加对监听器 transform_listener 头文件的引用。

```
tf2_ros::Buffer tfBuffer;
tf2_ros::TransformListener listener(tfBuffer);
```

创建一个 TransformListener 监听器对象。创建后开始接收 TF 转换，最多缓存 10s。C++示例中给出了一种类内定义 tf2_ros::Buffer& tf_buffer_ 成员并通过构造函数初始化传递 tfBuffer 的引用的例子。

监听器可以监听坐标系之间最新的 TF 变换，示例代码见 TFListen::listen_recent()函数：

```
static tf2_ros::TransformBroadcaster br;
ros::Rate rate(10.0);
// 以 10Hz 的频率循环获取 world -base_link 的最新 TF 变换
while(nh_.ok()){
```

```
      geometry_msgs::TransformStamped trans;
      try{
        // 查询最新的 world -base_link 的 TF
        trans=tf_buffer_.lookupTransform("world", "base_link",ros::Time(0));
      }
      catch (tf2::TransformException &ex) {
        ROS_WARN("%s",ex.what());
        rate.sleep();
        continue;
      }
      // 平移变换 x 乘以 2, 平移变换 y 乘以 2, 作为 world-car_1 的平移变换的值
      geometry_msgs::TransformStamped t;
      t.header.stamp=ros::Time::now();
      t.header.frame_id="world";
      t.child_frame_id="car_1";
      t.transform=trans.transform;
      t.transform.translation.x *=2;
      t.transform.translation.y *=2;
      br.sendTransform(t);
      rate.sleep();
    }
```

以 10Hz 的频率循环获取 world 到 base_link 的变换。通过 lookupTransform()函数获取最新的 TF 变换，保存到 trans 中。

lookupTransform()函数完整声明如下：

```
geometry_msgs::TransformStamped lookupTransform(const std::string &target_frame, const std::string &source_frame, const ros::Time &time, const ros::Duration timeout=ros::Duration(0.0))
```

函数的第一个参数 target_frame 为目标坐标系；第二个参数 source_frame 为源坐标系；第三个参数为指定的时间，rospy.Time(0)表示我们想要获取最新一次的 TF 变换；第四个可选参数为超时时间，默认为 ros::Duration(0.0)，没有延时。该函数表示获取源坐标系相对于目标坐标系的变换。

示例中创建了话题/set_car_follow_past 的订阅端，话题的消息类型为 std_msgs/Empty。当接收到消息时，会监听 5s 前 world 到 base_link 的坐标变换：

```
    geometry_msgs::TransformStamped trans_past;
    try{
      // 平移变换 x 乘以 2, 平移变换 y 乘以 2, 作为 world-car_1 的平移变换的值
      ros::Time past=ros::Time::now() -ros::Duration(5.0);
      trans_past=tf_buffer_.lookupTransform("world", "base_link", past, ros::Duration(3.0));
    }
    catch (tf2::TransformException &ex) {
      ROS_WARN("%s",ex.what());
```

```
        rate.sleep();
        continue;
    }
```

4.4.6　TF 测试和常用工具

本节将对 TF 进行综合测试，并介绍 TF 常用工具。

（1）static_transform_publisher 发布静态 TF

对于静态 TF 变换的广播，tf2_ros 功能包中提供了 static_transform_publisher 节点，可实现任意两个坐标系之间的 TF 发布，而不用自己编写静态 TF 发布节点。

该节点可以在命令行通过 rosrun 命令启动，也可集成到 launch 文件中启动。

节点的参数有以下两种方式。

① x、y、z 表示平移变换的偏移量，单位为米；yaw、pitch 和 roll 表示旋转欧拉角，单位为弧度。frame_id 指父坐标系，child_frame_id 指子坐标系。

```
static_transform_publisher x y z yaw pitch roll frame_id child_frame_id
```

② 旋转用四元数 qx、qy、qz 和 qw 表示，其余参数同上。

```
static_transform_publisher x y z qx qy qz qw frame_id child_frame_id
```

假设要发布一个从坐标系 world 到 a_fixed_link 的静态 TF，平移为（-0.2，-0.2，0.1），旋转欧拉角 YPR 为（3.1415926，0，0），则可在命令行运行以下命令发布：

```
$ rosrun tf2_ros static_transform_publisher -0.2 -0.2 0.1 3.1415926 0 0 world a_fixed_link
```

为方便后续测试，该示例集成到 advance_demo/launch/pub_marker.launch 中：

```
<node pkg="tf2_ros" type="static_transform_publisher" name="world_to_link" args="-0.2 -0.2 0.1 3.1415926 0 0 /world /a_fixed_link" />
```

其中 name 属性为自定义的节点别名。

（2）测试 TF 广播和监听节点。

可以使用 rosrun 命令依次启动需要的节点，也可使用本节示例提供的 tf_pub.launch 文件启动 pub_marker、static_transform_publisher、rqt_reconfigure、RViz 和 tf_pub 节点。launch 文件中设置了 use_python 参数，默认为 true。文件内容如下：

```
<launch>
    <arg name="use_python" default="true" />
    <include file="$(find advance_demo)/launch/pub_marker.launch">
        <arg name="use_python" value="$(arg use_python)"/>
    </include>
    <node pkg="advance_demo" name="tf_pub" type="tf_pub.py" clear_params="true" output="screen" if="$(arg use_python)">
        <remap from="/tf_pub/marker_pose" to="/marker_pose"/>
    </node>
    <node pkg="advance_demo" name="tf_pub" type="tf_pub" clear_params="true" output="screen" unless="$(arg use_python)">
```

```xml
        <remap from="/tf_pub/marker_pose" to="/marker_pose"/>
    </node>
</launch>
```

启动 Python 节点可在终端输入以下命令：

```
$ roslaunch advance_demo tf_pub.launch
```

启动 C++ 节点可在终端输入以下命令：

```
$ roslaunch advance_demo tf_pub.launch use_python:=false
```

启动 tf_pub.launch 文件后，可看到弹出 RViz 窗口如图 4.25 所示。

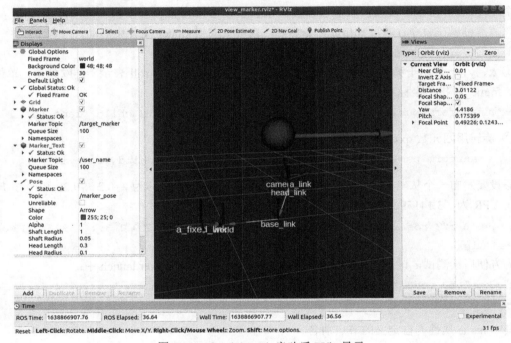

图 4.25 tf_pub.launch 启动后 RViz 显示

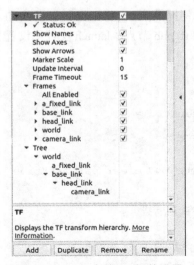

图 4.26 RViz 中的 TF 插件设置

RViz 中，TF 的可视化可以通过 Add 添加 TF 工具，图 4.25 是已经添加 TF 后的可视化效果，可以看到 world、base_link 等坐标系。默认 X 轴是红色、Y 轴是绿色、Z 轴是蓝色。可配置 TF 工具的属性，选择是否显示坐标系名字（Show Names）、是否显示坐标轴（Show Axes）、只显示某几个坐标系（Frames）等内容，并可以查看 TF Tree，如图 4.26 所示。

在 RViz 中，可以看到 base_link 相对于 world 的位置一直在跟随头上的 Marker 小球变化，camera_link 的俯仰角也一直在随着 Marker 的上下而改变。

启动 tf_pub.launch 文件后还可运行以下命令启动 Python 编写的 tf_listen 节点：

```
$ rosrun advance_demo tf_listen.py
```

或运行以下命令启动 C++编写的 tf_listen 节点：

```
$ rosrun advance_demo tf_listen
```

运行 tf_listen 节点后，可在 RViz 中看到跟随 base_link 当前位置运动的 car_1 坐标系。

新开终端，输入以下命令向话题/set_car_follow_past 发布消息：

```
$ rostopic pub -1 /set_car_follow_past std_msgs/Empty "{}"
```

可看到追随 base_link 坐标系 5s 前位置的 car_2 坐标系，RViz 显示如图 4.27 所示。

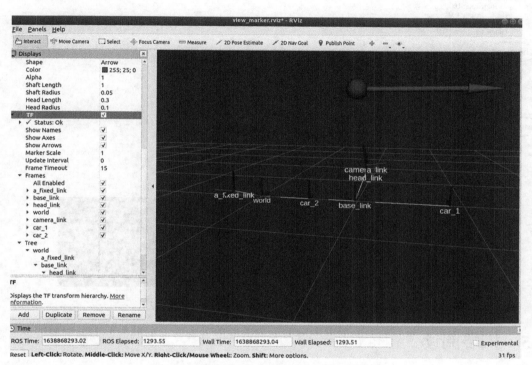

图 4.27　tf_listen 节点运行后 RViz 显示界面

（3）其他 TF 工具

① 可以使用 rqt_tf_tree 查看当前完整 TF 树，如图 4.28 所示。

```
$ rosrun rqt_tf_tree rqt_tf_tree
```

② 使用下列命令可生成当前 TF 树的 pdf：

```
$ rosrun tf view_frames
```

③ 可以使用 rostopic echo 命令查看话题/tf 和/tf_static 上的消息：

```
$ rostopic echo /tf
```

```
$ rostopic echo /tf_static
```

④ 可以使用 tf_echo 命令监听任意两个坐标系之间的变换。如要获取 camera_link 相对于 base_link 的坐标变换，可在终端输入以下命令：

```
$ rosrun tf tf_echo /base_link /camera_link
```

第一个参数为父坐标系，第二个参数为子坐标系，如图 4.29 所示。

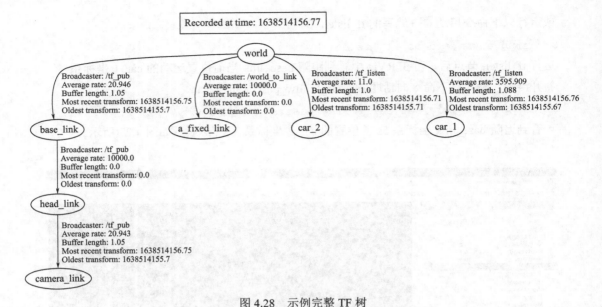

图 4.28 示例完整 TF 树

```
robot@ros-arm:~$ rosrun tf tf_echo /base_link /camera_link
At time 1638869243.971
- Translation: [0.100, 0.000, 0.380]
- Rotation: in Quaternion [0.000, -0.069, 0.000, 0.998]
            in RPY (radian) [0.000, -0.138, 0.000]
            in RPY (degree) [0.000, -7.920, 0.000]
At time 1638869244.670
```

图 4.29 tf_echo 节点获取的坐标系之间的 TF

4.5 扩展阅读

由于篇幅限制，ROS 中的一些特性和功能本书中并未涉及，强烈推荐读者从 ROS 官方社区中自行学习：

http://wiki.ros.org/

下面列举一些常用的工具和教程。

① 分布式多机通信：

http://wiki.ros.org/ROS/Tutorials/MultipleMachines

② ROS 插件机制：

http://wiki.ros.org/pluginlib/Tutorials/Writing%20and%20Using%20a%20Simple%20Plugin

③ 构建 ROS Web 应用程序的工具合集：

http://robotwebtools.org/

④ Gazebo 仿真：

http://gazebosim.org/tutorials?cat=connect_ros

⑤ ROS 代码开发指导：

http://wiki.ros.org/DevelopersGuide

本章小结

本章学习了 ROS 的 Action 通信、常用组件工具、动态参数配置和 TF2。
① Action 的定义，服务端和客户端节点的编程实现和通信测试。
② launch 启动文件的语法规范、常用元素和使用。
③ RViz 可视化平台、rqt 工具箱以及 rosbag 数据记录与回放。
④ ROS 的动态参数机制以及服务节点的编写和使用。
⑤ ROS 中的坐标系和 TF 系统，TF 广播/监听节点的编写和测试。
除了本章学习的功能和工具，读者应学会从 ROS wiki 查找资料学习 ROS。

习题4

1. Action 使用 .action 文件定义，包含_____、_____和_____三部分，中间用"---"符号分隔。
2. [多选题] RViz 可以图形化显示哪些类型的数据？
   A. 激光 LaserScan   B. 点云 PointCloud
   C. 机器人模型 RobotModel   D. 轨迹 Path
3. 启动 rqt_reconfigure 动态参数配置窗口，可以在终端输入_____命令。
4. ROS 中通过_____和_____两个话题维护整个 TF 树，话题的消息类型为_____。
5. 综合实践
① 在 ROS 工作空间中创建名为 exercise_four 的功能包。
② 在 exercise_four 功能包中编写 TF 发布节点 tf_broadcaster，以 20Hz 的频率向外发布 base_link 与 tool_link 之间的 TF，平移为（0.25, 0, 0.75），初始旋转欧拉角 RPY 为（0, 0, 0），其中偏航角 Yaw 会随着时间变化（可自行设计）。
③ 在 exercise_four 功能包中编写 TF 监听节点 tf_listener，监听 base_link 与 tool_link 之间最新的 TF，并打印输出到屏幕显示。
④ 在 exercise_four 功能包中编写 tf_demo.launch 文件，文件内包含 tf_broadcaster 节点、tf_listener 节点和 RViz 的启动，RViz 中可显示 TF。

第5章 ROS机械臂建模

基于 ROS 系统开发机器人或机械臂时，第一步往往都是建立机器人的 URDF 模型。本章将介绍 URDF 语法规范以及如何从零开始搭建一个机械臂的 URDF 模型。

5.1 URDF 建模原理和语法规范

5.1.1 什么是 URDF

URDF（Universal Robot Description Format，统一机器人描述格式）是一种基于 XML 规范、用于描述机器人结构模型的格式。设计这一格式的目的在于提供一种尽可能通用的机器人描述规范。

从机构学角度讲，机器人通常被建模为由连杆（link）和关节（joint）组成的结构，连杆是带有质量属性的刚体，而关节是连接、限制两个刚体相对运动的结构。URDF 文件通过描述一系列关节与连杆的相对关系、几何特点、惯性参数和碰撞属性等来构建机器人的模型。

一个 URDF 模型文件可以描述以下方面的信息。

① 机器人刚体部分（link）的尺寸、颜色、形状、惯性矩阵、碰撞属性。
② 机器人关节（joint）的位置与速度限制、运动学与动力学属性。
③ 执行器和关节之间的关系（transmission）。
④ 用于在 Gazebo 中进行仿真的扩展。

5.1.2 urdf 功能包

ROS 提供了 urdf 功能包（wiki.ros.org/urdf），各子功能包和组件关系如图 5.1 所示。

URDF 文件是遵循 XML 格式的机器人描述文件，URDF 数据结构体（urdfdom，urdfdom_headers）是一组能被解析成各种格式（URDF 和 Collada）的通用类。新的插件（urdf_parse_plugin）允许使用 URDF 和 Collada 文件格式填充 URDF 数据结构。

核心的 URDF 解析器和数据结构体将会成为独立的软件包发布到 Ubuntu 系统中，与 ROS 分离。目前一个 URDF 文件可通过 collada_urdf 功能包提供的工具转化为 Collada 格式文件，也可由系统自动转化为 Gazebo 仿真使用的 SDF 格式文件。

urdf 中还提供了检查 URDF 模型文件以及可视化的工具，后续将进行学习。在开始构建机械臂的 URDF 模型前，我们先来学习一下 URDF 的语法规范和常用标签。

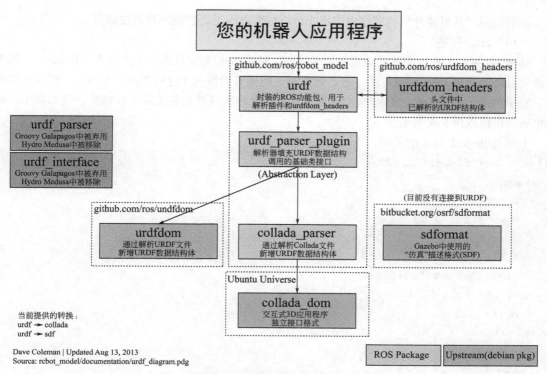

图 5.1 urdf 功能包和相关组件

5.1.3 URDF 语法规范

为方便说明，我们使用如图 5.2 所示的机械臂夹爪模拟模型。夹爪由三个刚体连杆（link）和两个平移关节（joint）组成。白色长方体为 gripper_base_link，可固定到机械臂上。两个红色长方体为两个"手指"：finger1_link 和 finger2_link。手指和 gripper_base_link 之间通过关节连接，两个关节为 finger1_joint 和 finger2_joint。整个机器人 link 和 joint 的关系与 TF 树类似，每个 joint 连接两个 link，每个 link 都只能有一个父 link，可以有多个子 link。

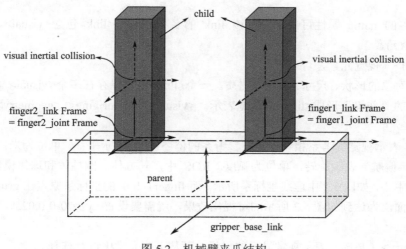

图 5.2 机械臂夹爪结构

我们按照"从里往外"的顺序先简单介绍机械臂建模需要的标签和语法规范。

(1) <link>标签

<link>标签用来描述刚体的外观和物理属性。每个 link 都固连着一个坐标系（frame），通常与跟父 link 连接的 joint 的坐标系一致。建模时，机械臂的每一个连杆都是一个 link，机器人的底盘、轮子也是一个个 link。在 ROS 中，其他与机器人和机械臂不相关的刚性物体，例如桌子、矿泉水瓶等也可以用 link 来表示。

下面是 finger1_link 的示例：

```xml
<link name="finger1_link">
  <visual>
    <geometry>
      <box size="0.03 0.01 0.05"/>
    </geometry>
    <origin rpy="0 0 0" xyz="0 0 0.025"/>
    <material name="purple">
      <color rgba="1 0 1 1"/>
    </material>
  </visual>
  <collision>
    <geometry>
      <box size="0.03 0.01 0.05"/>
    </geometry>
    <origin rpy="0 0 0" xyz="0 0 0.025"/>
  </collision>
  <inertial>
    <mass value="1"/>
    <inertia ixx="0.000283" ixy="0.0" ixz="0.0" iyy="0.000083" iyz="0.0" izz="0.000217"/>
  </inertial>
</link>
```

<link>标签的 name 属性可用来设置该 link 的名字。一个<link>包含<visual>、<inertial>和<collision>三个元素。

① <visual>（视觉元素，可选）。

用来指定对象的形状、尺寸、颜色、材质。一个<link>内可以存在多个<visual>实例，它们定义的几何图形的"并集"形成<link>的视觉表示。<visual>包含<origin>、<geometry>和<material>三个元素。

a. <origin>表示视觉参考系相对于连杆参考系的位姿：xyz 表示平移，单位为米；rpy 使用欧拉角（滚转-俯仰-偏航）表示旋转，单位为弧度。ROS 中，长方体、圆柱体和球体模型的坐标系原点默认都在其中心，如图 5.2 中虚线坐标系所示。而 finger1_link 的坐标系原点在 gripper_base_link 长方体的上表面，为达到如图 5.2 所示的可视化效果，就需要设置 xyz="0 0 0.025"，0.025 为长方体高的一半。

b. <geometry>（必选）表示视觉显示的形状，可从下列元素中进行选择。

- `<box>` 长方体，size 属性包含盒子的三个边长。
- `<cylinder>` 圆柱体，指定半径和长度。
- `<sphere>` 球体，指定半径。
- `<mesh>` 由 filename 指定 3D 模型文件，任何几何格式都可以，推荐格式为 Collada.dae。可用 "package://包名/路径" 的前缀，查找到 ROS 功能包目录内的模型文件。下面是 Xbot-Arm 机械臂某个`<link>`的`<geometry>`设置，arm_4_link.STL 模型如图 5.3 所示。

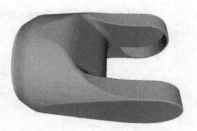

图 5.3　arm_4_link.STL 模型

```
<geometry>
  <mesh filename="package://xarm_description/meshes/arm_4_link.STL" />
</geometry>
```

c. `<material>`（可选）指定材料材质，包含`<color>`和`<texture>`两个元素，两个元素均可选。`<color>`用 rgba（红色/绿色/蓝色/alpha）指定材料的颜色，每个数字的范围为[0，1]。`<texture>`用来指定材料的纹理。

② `<inertial>`（惯性属性元素，可选，如果未指定，则默认为零质量和零惯性）。

包含`<origin>``<mass>`和`<inertia>`三个元素。

a.`<origin>`是惯性参考系相对于连杆参考系的位姿。惯性参考系的原点必须位于重心，轴无需与惯性主轴对齐。

b.`<mass>`是连杆的质量，单位为 kg。

c.`<inertia>` 在惯性坐标系中用一个 3×3 的矩阵来表示旋转惯性矩阵。由于旋转惯性矩阵是对称的，因此在此处仅使用 ixx、ixy、ixz、iyy、iyz、izz 指定该矩阵 6 个对角线以上的元素。

③ `<collision>`（碰撞属性元素，可选）。

主要用来做碰撞检测。可设置为与`<visual>`元素的形状大小相同，但当模型比较复杂时，也可使用更简单的碰撞模型来减少计算时间，例如可把图 5.3 所示的 arm_4_link 抽象成一个圆柱体用来进行碰撞检测。一个`<link>`可以存在多个`<collision>`实例，定义的几何的"并集"形成碰撞表示。

（2）`<joint>`标签

`<joint>`标签描述了关节的运动学（kinematics）和动力学（dynamics）属性，还指定了关节的安全限制。

`<joint>`标签具有两个属性。

① name，名字，用来指代这一个关节。

② type，类型，主要用来描述两个 link 之间的关系。关节分为六种类型，如表 5.1 所示，示例中使用的是滑动关节（prismatic）。

表 5.1　URDF 模型中的 joint 类型

关节类型	描述
continuous	旋转关节，可以围绕单轴无限旋转，如小车车轮
revolute	旋转关节，类似于 continuous，但是有旋转的角度极限，机械臂的关节多为此类型
prismatic	滑动关节，沿某一轴线移动的关节，带有位置极限
planar	平面关节，允许在平面正交方向上平移或者旋转
floating	浮动关节，允许进行平移、旋转运动，如小车万向轮
fixed	固定关节，不允许运动的特殊关节

以下是机械夹爪的 finger2_joint 的\<joint\>示例：

```xml
<joint name="finger2_joint" type="prismatic">
  <parent link="gripper_base_link"/>
  <child link="finger2_link"/>
  <origin rpy="0 0 0" xyz="0 -0.03 0.02"/>
  <axis xyz="0 1 0" />
  <limit effort="300" velocity="0.6" lower="-0.01" upper="0.025"/>
  <dynamics damping="50" friction="1"/>
  <mimic joint="finger1_joint" multiplier="-1"/>
</joint>
```

\<joint\>标签共包含以下几个元素：

① \<origin\>：父 link 到子 link 的变换，joint 位于子 link 的坐标系原点。

② \<parent\>（必选）：该关节的父 link，link 属性为代表着父 link 的名字。

③ \<child\>（必选）：该关节的子 link，link 属性为代表着子 link 的名字。

④ \<axis\>（可选）：在关节坐标系中选定的关节轴。xyz 表示关节轴的归一化向量，可以是旋转关节的旋转轴，滑动关节的平移轴，平面关节的表面法线。

⑤ \<calibration\>（可选）：关节的参考位置，用于校准关节的绝对位置。

⑥ \<dynamics\>（可选）：指定关节物理属性，常用于动力学仿真。包含 damping（joint 的物理阻尼值）和 friction（joint 的物理静摩擦值）属性，均可选。

⑦ \<limit\>（仅用于 revolute 和 prismatic 关节）：标明关节的限制。包含以下四个属性。

a. lower（可选，默认为零）：用于指定关节的下限。旋转关节的最小角度，单位为弧度；滑动关节的最小长度，单位为米。

b. upper（可选，默认为零）：用于指定关节的上限。旋转关节的最大角度，单位为弧度；滑动关节最大长度，单位为米。

c. effort（必选）：表示安全范围内对 joint 的最大作用力。

d. velocity（必选）：安全范围内的最大速度。

⑧ \<mimic\>（可选）：用于指定定义的关节去模仿另一个现有关节。该关节的值可以计算为 value=multiplier×other_joint_value +offset。

⑨ \<safety_controller\>（可选）：用于指定关键的安全控制器。

（3）\<robot\>标签

\<robot\>标签是一个完整机器人 URDF 描述文件的根标签，其他所有的标签（元素）如\<link\>\<joint\>等都必须封装在\<robot\>标签中。以下是一个\<robot\>标签的示例：

```xml
<robot name="xarm">
  <link name="base_link">
     ......
  </link>
  <link name="arm_1_link">
     ......
  </link>
  <joint name="arm_1_joint" type="revolute">
```

```
......
  </joint>
</robot>
```

除了<link>和<joint>，URDF 文件的<robot>标签中还可添加<gazebo>和<transmission>元素用于机器人的仿真。更多 URDF 元素可参考 wiki 官方教程进行学习：

http://wiki.ros.org/urdf/XML

这一节我们介绍了 URDF 的建模原理和基本语法，下一节将学习如何从零开始搭建机械臂的 URDF 模型。

5.2 机械臂 URDF 建模

这一节我们将以搭建一个简单的三自由度机械臂 URDF 模型为例，学习如何从零开始对机械臂进行建模。机器人的 URDF 模型文件一般会存放在一个后缀为_description 的功能包中，以方便代码管理。

本节示例代码存放于 myrobot_description 功能包中，功能包通常包含以下三个文件夹。

① urdf（robot）：存储 URDF 模型描述文件。
② meshes（models）：URDF 中使用的机器人的 3D 模型文件。
③ launch：相关启动文件。

本节设置了一个用圆柱体和长方体形状的 link 组成的三自由度机械臂，机械臂的末端执行器是一个机械夹爪，黄色部分是机械臂的底座，蓝色长方体是机械臂的第一个 link，可以绕底座竖直轴做旋转，第二个红色 link 可以在俯仰方向上做旋转，第三个绿色 link 同样可以改变俯仰角度。末端夹爪有两个紫色的"手指"，可以沿轴线做平移运动。机械臂模型在 RViz 中的显示如图 5.4 所示。

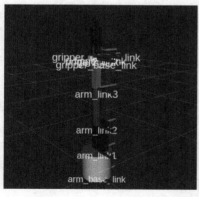 

图 5.4 三自由度机械臂模型

当然，这只能算一个机械臂的抽象示意图，真实机械臂的连杆和关节不会设计成这种形状，但它体现的运动学结构和真实机械臂是一致的，我们可以从这个三轴机械臂的建模开始，从简单到复杂，学习机械臂的 URDF 建模过程。

读者可以按照 5.2.1~5.2.3 节的教程从零开始创建功能包、添加 URDF 文件，也可直接使用已经配置好的 myrobot_description 功能包进行学习和测试。

5.2.1 创建机械臂描述功能包

我们把存放机械臂 URDF 文件的功能包命名为 myrobot_description。读者自行练习时，可以按照 ROS 基础教程创建新的工作空间，也可将功能包命名为其他名字，以免与 tutorial_ws 中已有的 myrobot_description 功能包冲突。书中仍以在 tutorial_ws 中创建 myrobot_description 功能包为例进行讲解。

在终端输入以下命令进入 tutorial_ws 工作空间的 src 目录下，使用 catkin_create_pkg 命令创建一个新的功能包 myrobot_description：

```
$ cd ~/tutorial_ws/src/
$ catkin_create_pkg myrobot_description std_msgs roscpp rospy urdf
```

创建成功后，进入工作空间，编译一下：

```
$ cd ~/tutorial_ws/
$ catkin_make
```

编译成功后，使用 rospack find 命令查找一下功能包，看是否创建成功：

```
$ rospack find myrobot_description
```

功能包创建成功的话会在终端显示该功能包存在的路径。

5.2.2 创建机械臂 URDF 模型

URDF 文件一般放置于功能包的 urdf 或 robot 文件夹下，我们先在 myrobot_description 功能包里创建 urdf 文件夹，再在文件夹内创建 myarm.urdf 文件。

（1）文件中添加声明和根标签<robot>

按照 XML 语法规范，URDF 文件开头需添加声明语句。接着添加 URDF 文件的根标签<robot>，标签的 name 属性为机械臂的名字 myarm，此时整个文件内容如下：

```
<?xml version="1.0"?>
<robot name="myarm">
</robot>
```

下面就可以往<robot>根标签内添加<link>和<joint>标签了。

（2）添加机械臂的底座和第一个关节

机械臂通常会有一个底座用于固定，这里设置底座<link>的 name 为 arm_base_link，按照<link>语法规范，添加<visual><collision>和<inertial>元素。

<visual>用于机械臂的视觉可视化，设置 arm_base_link 的形状为圆柱<cylinder>，高 0.18m、半径 0.1m。圆柱本身的坐标系中心位于圆柱的中心，为了把 arm_base_link 的坐标系设置到圆柱的底面中心，在<origin>的 xyz 属性里设置了 Z 轴偏移量等于圆柱高度的 1/2。

<material>材料属性设置颜色 color 值，显示为黄色。

<collision>碰撞属性的<origin>偏移和<geometry>形状设置与<visual>里的相同。<inertial>惯性属性里设置质量<mass>的值为 1，惯性矩阵按照圆柱的计算公式计算。

```
ixx=mass*(3*radius*radius+length*length)/12;
ixy=0 ;
ixz=0;
iyy=mass*(3*radius*radius+length*length)/12;
```

```
iyz=0;
izz=mass*radius*radius/2。
```

完整的 arm_base_link 设置如下:
```xml
<link name="arm_base_link">
  <visual>
    <origin rpy="0 0 0" xyz="0 0 0.09"/>
    <geometry>
      <cylinder length="0.18" radius="0.1"/>
    </geometry>
    <material name="yellow">
      <color rgba="1 1 0 1"/>
    </material>
  </visual>
  <collision>
    <origin rpy="0 0 0" xyz="0 0 0.09"/>
    <geometry>
      <cylinder length="0.18" radius="0.1"/>
    </geometry>
  </collision>
  <inertial>
    <mass value="1"/>
    <inertia ixx="0.0052" ixy="0.0" ixz="0.0" iyy="0.0052" iyz="0.0" izz="0.005"/>
  </inertial>
</link>
```

下面设置连接 arm_base_link 和机械臂第一个连杆 arm_link1 的关节 arm_joint1:
```xml
<joint name="arm_joint1" type="revolute">
  <parent link="arm_base_link"/>
  <child link="arm_link1"/>
  <origin rpy="0 0 0" xyz="0 0 0.18"/>
  <axis xyz="0 0 1" />
  <limit effort="300" velocity="0.6" lower="-2.96" upper="2.96"/>
  <dynamics damping="50" friction="1"/>
</joint>
```

<joint>的名字命名为 arm_joint1, 类型 (type) 为 revolute, 有限位的旋转关节。parent link 为前面设置的 arm_base_link, child link 为 arm_link1。joint 位于 child link 坐标系的原点, 为了使 arm_joint1 位于 arm_base_link 圆柱体的上表面中心, 需要设置<origin rpy="0 0 0" xyz="0 0 0.18"/>。

arm_link1 相对于圆柱体的轴线做旋转运动, 也就需要绕 Z 轴旋转, 所以设置<axis xyz="0 0 1" />。

<limit>元素设置了该关节最大旋转角度为 2.96 弧度, 最小旋转角度为-2.96 弧度, 最大速度 0.6m/s, 最大作用力 300N。<dynamics>设置了阻尼和静摩擦系数。

按照与 arm_base_link 类似的设置, 接下来设置了 arm_link1 的视觉、惯性和碰撞属性。惯性

矩阵可按照长方体的计算公式进行计算：

```
ixx=mass*(hight*hight+length*length)/12;
ixy=0;
ixz=0;
iyy=mass*(length*length+width*width)/12;
iyz=0;
izz=mass*(hight*hight+width*width)/12;
```

arm_link1 完整代码如下：

```xml
<link name="arm_link1">
  <visual>
    <geometry>
      <box size="0.1 0.06 0.2"/>
    </geometry>
    <origin rpy="0 0 0" xyz="0 0.03 0.1"/>

    <material name="blue">
      <color rgba="0 0 1 1"/>
    </material>
  </visual>
  <collision>
    <geometry>
      <box size="0.1 0.06 0.2"/>
    </geometry>
    <origin rpy="0 0 0" xyz="0 0.03 0.1"/>
  </collision>
  <inertial>
    <mass value="1"/>
    <inertia ixx="0.004167" ixy="0.0" ixz="0.0" iyy="0.001133" iyz="0.0" izz="0.003633"/>
  </inertial>
</link>
```

（3）添加手臂的其他部分

按照与上面 base_link、arm_joint1 和 arm_link1 类似的设置方式，添加手臂部分的 arm_link2、arm_link3、arm_joint2 和 arm_joint3。完整代码可参考 myrobot_description/urdf/myarm.urdf 文件中的内容。

5.2.3 添加机械臂夹爪模型

现在添加机械臂的夹爪部分。如图 5.2 和图 5.4 所示，机械夹爪可看作由三部分组成：与机械臂固定连接不动的部分 gripper_base_link 以及两个可移动的手指 finger1_link、finger2_link。

gripper_base_link 用一个白色的长方体表示，与机械臂手臂部分 arm_link3 连接的 joint 类型为 fixed。gripper_base_link 和 gripper_base_joint 设置如下：

```xml
<joint name="gripper_base_joint" type="fixed">
  <parent link="arm_link3"/>
  <child link="gripper_base_link"/>
  <origin rpy="0 0 0" xyz="0 0 0.18"/>
</joint>

<link name="gripper_base_link">
  <visual>
    <geometry>
      <box size="0.03 0.1 0.02"/>
    </geometry>
    <origin rpy="0 0 0" xyz="0 0 0.01"/>
    <material name="white">
      <color rgba="1 1 1 1"/>
    </material>
  </visual>
  <collision>
    <geometry>
      <box size="0.03 0.1 0.02"/>
    </geometry>
    <origin rpy="0 0 0" xyz="0 0 0.01"/>
  </collision>
  <inertial>
    <mass value="1"/>
    <inertia ixx="0.000108" ixy="0.0" ixz="0.0" iyy="0.000083" iyz="0.0" izz="0.000867"/>
  </inertial>
</link>
```

两个"手指"可以绕 gripper_base_link 上表面的轴线做平移运动，同样设置为长方体，颜色设置为紫色，完整代码可参考 myrobot_description/urdf/myarm.urdf 文件中的内容，下面以 finger2_joint 和 finger2_link 为例进行说明。

finger2_joint 设置如下：

```xml
<joint name="finger2_joint" type="prismatic">
  <parent link="gripper_base_link"/>
  <child link="finger2_link"/>
  <origin rpy="0 0 0" xyz="0 -0.03 0.02"/>
  <axis xyz="0 1 0" />
  <limit effort="300" velocity="0.6" lower="-0.01" upper="0.025"/>
  <dynamics damping="50" friction="1"/>
  <mimic joint="finger1_joint" multiplier="-1"/>
</joint>
```

<joint>的类型为 prismatic（滑动关节），所以<limit> 里的 lower、upper 的单位变成了米。

需要注意 finger2_joint 里<mimic>元素的使用。<mimic>元素用于指定定义的关节去模仿另一个现有关节。因为一般夹爪虽有两根"手指"，但共用一个驱动器，通过连杆和齿轮等结构形成联动，关节移动相同的距离，或者旋转相同的角度。这里我们指定 finger2_joint 模仿 finger1_joint，且系数 multiplier 为-1，offset 为 0。当 finger1_joint 移动-0.02m 时，finger2_joint 会移动 0.02m，都往里移动。

finger2_link 设置如下：

```xml
<link name="finger2_link">
  <visual>
    <geometry>
      <box size="0.03 0.01 0.05"/>
    </geometry>
    <origin rpy="0 0 0" xyz="0 0 0.025"/>
    <material name="purple">
      <color rgba="1 0 1 1"/>
    </material>
  </visual>
  <collision>
    <geometry>
      <box size="0.03 0.01 0.05"/>
    </geometry>
    <origin rpy="0 0 0" xyz="0 0 0.025"/>
  </collision>
  <inertial>
    <mass value="1"/>
    <inertia ixx="0.000283" ixy="0.0" ixz="0.0" iyy="0.000083" iyz="0.0" izz="0.000217"/>
  </inertial>
</link>
```

机械臂进行抓取、搬运等操作时，我们往往会将末端执行器上的一个特殊点作为操作点，也就是第 1 章中提到的 TCP(工具中心点)。通常会设置一个虚拟坐标系，用来表示 TCP 的位置和姿态。

本示例中将这个虚拟坐标系的原点放在夹爪的中心，与 gripper_base_link 连接的 joint 类型为 fixed（固定关节）。由于这个点是虚拟的一个点，不添加任何视觉、形状和碰撞元素，完整设置如下：

```xml
<joint name="gripper_centor_joint" type="fixed">
  <parent link="gripper_base_link"/>
  <child link="gripper_centor_link"/>
  <origin rpy="0 0 0" xyz="0 0 0.045"/>
```

```
</joint>

<link name="gripper_centor_link" />
```

到目前为止已经建立好了一条带夹爪的三自由度机械臂的完整 URDF 模型，在下一小节将对建立好的模型文件进行调试和可视化。

5.2.4 URDF 调试工具

由于一个完整的 URDF 模型内容较多，格式较为烦琐，语法较为复杂，在编辑过程中难免出现疏漏，所以 ROS 提供了一些 URDF 调试工具。

（1）URDF 语法检查工具

首先在命令行终端输入以下命令安装语法检查工具：

```
$ sudo apt-get install liburdfdom-tools
```

进入 myarm.urdf 文件所在的目录：

```
$ roscd myrobot_description/urdf/
```

输入以下命令对 myarm.urdf 进行检查：

```
$ check_urdf myarm.urdf
```

若没有错误，则会看到如图 5.5 所示信息。

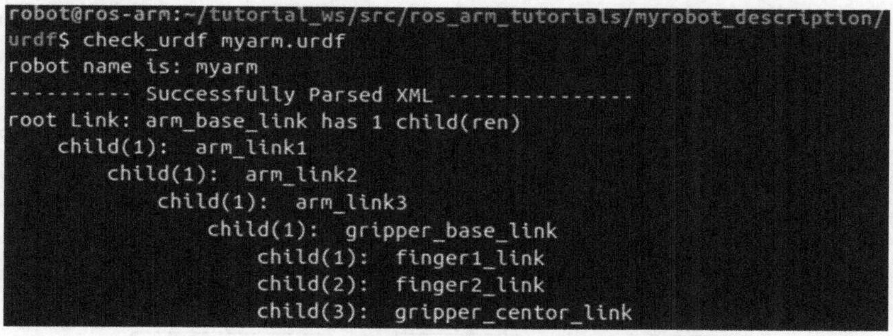

图 5.5 check_urdf 检查 URDF 语法

（2）图形化显示 URDF 模型结构

为了能更直观地观察到我们所构建的 URDF 模型，ROS 提供了相应的工具可以让 URDF 模型图像化地显示出来。

进入 myarm.urdf 文件所在的目录：

```
$ roscd myrobot_description/urdf/
```

运行下面命令生成可视化图片：

```
$ urdf_to_graphiz myarm.urdf
```

运行成功后，可以看到终端提示信息如下：

```
Created file myarm.gv
Created file myarm.pdf
```

在命令运行的同目录下，可以看到生成的这两个文件。打开后可看到图形化的机械臂 URDF 结构，长方形框内表示 link，椭圆形框内表示 joint，整个模型的树状结构如图 5.6 所示。

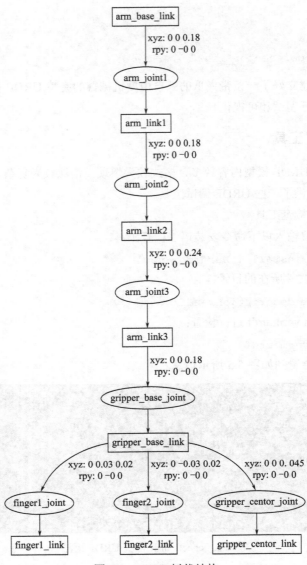

图 5.6 URDF 树状结构

5.2.5 在 RViz 中可视化模型

在 RViz 中可视化 URDF 模型能够直观地看出模型设计是否符合预期。在 myrobot_description 包里新建 launch 文件夹用来存放所有的 launch 文件。在文件夹内新建 view_myarm_urdf.launch 文件，文件内容如下：

```
<launch>
    <arg name="model" />
    <!--加载机器人模型参数 -->
    <param name="robot_description" command="$(find xacro)/xacro --inorder $(find myrobot_description)/urdf/myarm.urdf" />

    <!--运行joint_state_publisher_gui节点，发布机器人的关节状态   -->
```

```xml
        <node name="joint_state_publisher_gui" pkg="joint_state_publisher_gui"
type="joint_state_publisher_gui" />

        <!--运行 robot_state_publisher 节点，发布 tf  -->
        <node name="robot_state_publisher" pkg="robot_state_publisher"
type="robot_state_publisher" />

        <!--运行 RViz 可视化界面 -->
        <node name="rviz" pkg="rviz" type="rviz" args="-d $(find
myrobot_description)/rviz/urdf.rviz" required="true" />
</launch>
```

launch 文件中将 myarm.urdf 的内容赋值给 robot_description 参数，使 RViz 可以通过 robot_description 获取 URDF 文件中描述的机器人模型并可视化显示。

joint_state_publisher_gui 节点会启动一个 GUI 窗口，窗口中将关节位置显示为滑块，且包含最大、最小的关节限制。拖动滑块即可看到 RViz 中的关节运动。

有关 robot_state_publisher 和 joint_state_publisher 节点的内容将在 5.5 节进行学习，现在我们先在终端输入以下命令启动 view_myarm_urdf.launch 文件进行测试：

```
$ roslaunch myrobot_description view_myarm_urdf.launch
```

启动后会弹出 RViz 和 GUI 窗口。RViz 显示如图 5.7 所示。

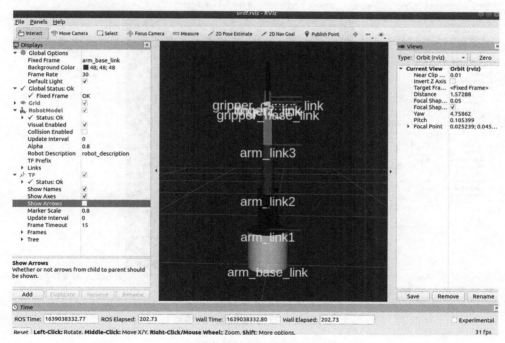

图 5.7　三自由度机械臂 RViz 显示

若启动空白 RViz，可通过"Add"按钮添加 RobotModel 插件用来显示机器人模型，添加 TF 插件用来显示机器人的 TF。

添加 RobotModel 插件后，可以在左侧设置是否显示<visual>视觉模型（Visual Enabled）、

<collision>碰撞模型（Collision Enabled），设置模型显示透明度 Alpha（默认 1，值越小，透明度越高），在"Links"下拉列表里选择显示全部<link>或某些<link>，如图 5.8 所示。

如图 5.9 所示，用"joint_state_publisher_gui"窗口可以左右滑动改变 joint 关节值的大小，并查看关节角度限制是否正确。

 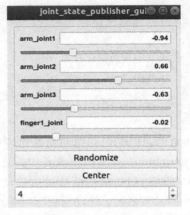

图 5.8　RobotModel 插件设置　　　　　图 5.9　joint_state_publisher_gui 窗口

改变 joint 关节值时可在 RViz 中看到机械臂模型和 TF 跟着发生变化，如图 5.10 所示。

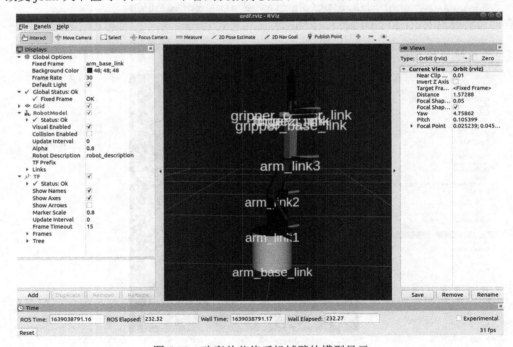

图 5.10　改变关节值后机械臂的模型显示

5.3　xacro 语言简化 URDF 模型

通过前述 URDF 机械臂建模流程，我们可以发现，URDF 还存在一些问题。

① 重复内容很多。如果一个机器人上有两条一模一样的机械臂，就需要把相同的<joint>和

<link>代码复制一遍，整个模型会非常"庞大"。

② 参数修改麻烦。例如在 joint 设置中，若想修改<dynamics damping="50" friction="1"/>里 damping 和 friction 的值，就得找到每行代码对应的部分，一个个修改。

③ 没有参数计算功能。例如在<link>元素的惯性矩阵<inertia >中，由于 URDF 没有计算功能，只能自己算好值后直接赋值，假如形状的尺寸有所改变，还需要重新手动计算，十分不方便。

针对以上 URDF 建模中存在的问题，ROS 引入了 xacro 格式来用一些更高级的语法组织和编辑机器人描述文件。

5.3.1 xacro 模型文件常用语法

xacro（XML Macros）是一种 XML 宏语言，可以使用宏语言构建更短小精悍且具有更高可读性的 XML 文件。xacro 里的模型仍是 URDF 模型，只是在编写和管理上有了很大改进。xacro 是 URDF 的进阶版本，常见语法如下。

（1）常量定义

示例语句：

```
<xacro:property name="M_PI" value="3.1415926"/>
```

类似于 C 语言中的常量定义，上述语句定义了一个常量 M_PI，值为 3.1415926，在需要使用 π 的值时，可以通过 "${常量名称}" 的方式进行使用，例如：

```
<origin xyz="0 0 0" rpy="0 ${M_PI} 0" />
```

还可以定义一个前缀，这样后面关节名都可以方便地进行修改。例如：

```
<property name="prefix" value="my_"/>
```

后面关节名字就可以用类似下面的方式进行更新，相当于 joint 的名字为 "my_joint1"：

```
<joint name="${prefix}joint1" type="revolute"/>
```

（2）数学计算

xacro 提供了数学计算功能，示例语句如下：

```
<xacro:property name="M_PI" value="3.1415926"/>
<origin xyz="0 0 0" rpy="0 ${M_PI/2+0.1} 0" />
```

（3）宏定义和宏调用

宏定义示例：

```
<xacro:macro name="demo" params="A B C">
......
</xacro:macro>
```

宏调用示例：

```
<demo A="A_value" B="B_value" C="C_value" />
```

宏的定义与编程语言里的函数类似，通过 <xacro:macro> 标签来定义。标签的 name 属性确定宏的名称，类似函数的名字。params 属性定义参数变量名称，多个参数变量中间用空格分隔，参数不是必需的。调用时，通过 "<宏名称 />" 的方式进行。调用时可以为宏的参数赋值，允许进行数学运算，同函数参数类似。

下面是一个计算圆柱体惯性矩阵的宏的定义:

```xml
<xacro:macro name="cylinder_inertial_matrix" params="m r h">
   <inertial>
      <mass value="${m}" />
      <inertia ixx="${m*(3*r*r+h*h)/12}" ixy="0" ixz="0"
         iyy="${m*(3*r*r+h*h)/12}" iyz="0"
         izz="${m*r*r/2}" />
   </inertial>
</xacro:macro>
```

宏的名字为 cylinder_inertial_matrix。参数有三个:质量 m、圆柱体的半径 r 和圆柱的高 h。宏的具体内容是一个<inertial>元素的定义和计算,mass 的值是通过 "${m}" 方式传入的,惯性矩阵里用到了 xacro 的数学表达式进行自动计算。调用示例如下:

```xml
<link name="arm_link2">
  <visual>...</visual>
  <collision>...</collision>
  <cylinder_inertial_matrix m="1" r="0.03" h="0.24"/>
</link>
```

（4）条件判断

xacro 具有类似 roslaunch 的 if/unless 条件块。这对于诸如可配置的机器人或加载不同的 Gazebo 插件之类的事情很有用。它遵循以下语法:

```xml
<xacro:if value="<expression>">
   <... some xml code here ...>
</xacro:if>
<xacro:unless value="<expression>">
   <... some xml code here ...>
</xacro:unless>
```

expression 表达式要能够转化为 0、1、true 或者 false,否则将引发错误。

（5）文件包含

很多模型都以宏的形式进行定义,并以最小模块分成了很多个文件,以方便修改和管理。可以使用<xacro:include>标签来包含其他 xacro 文件,把所有模型组合在一起:

```xml
<xacro:include filename="$(find package_name)/other_file.xacro" />
<xacro:include filename="other_file.xacro" />
<xacro:include filename="$(cwd)/other_file.xacro" />
```

- 第一种通过$(find package_name)指定路径位于 package_name 功能包的绝对路径下。
- 第二种隐式地表示其他 xacro 文件位于当前文件所在目录下。
- 第三种通过$(cwd)显式地表示其他 xacro 文件位于当前文件所在目录下。

为了避免被包含文件的属性和宏之间的名称冲突,可以为被包含的文件指定命名空间,提供属性 ns:

```xml
<xacro:include filename="other_file.xacro" ns="namespace"/>
```

访问命名空间的宏和属性通过"."操作符来实现:
```
{namespace.property}
```

5.3.2 使用 xacro 简化机械臂 URDF 模型

对 5.2 节的机械臂 URDF 模型使用 xacro 文件语法进行精简和优化,完整代码可参考 myrobot_description/urdf/myarm.xacro 文件。模型文件中许多设置与 myarm.urdf 文件一致,下面仅对 xacro 文件中的关键内容进行解析。

(1) 文件声明

文件开头需添加声明语句:
```
<?xml version="1.0"?>
```

根标签<robot>中加入 xacro 文件声明:
```
<robot name="myarm" xmlns:xacro="http://www.ros.org/wiki/xacro">
</robot>
```

(2) 文件包含

myrobot_description/urdf/中有一个 materials.xacro 的文件,专门用来存储材料的颜色,文件部分内容如下:
```
<?xml version="1.0"?>
<robot name="material" xmlns:xacro="http://www.ros.org/wiki/xacro">
  <material name="black">
    <color rgba="0.0 0.0 0.0 1.0"/>
  </material>
  <material name="red">
    <color rgba="1.0 0.0 0.0 1.0"/>
  </material>
  <material name="blue">
    <color rgba="0.0 0.0 1.0 1.0"/>
  </material>
  <material name="green">
    <color rgba="0.0 1.0 0.0 1.0"/>
  </material>
  <material name="purple">
    <color rgba="1.0 0 1.0 1.0"/>
  </material>
</robot>
```

在 myarm.xacro 中,使用<xacro:include>标签包含了 materials.xacro:
```
<xacro:include filename="$(find myrobot_description)/urdf/materials.xacro" />
```

包含 materials.xacro 之后,<link>的<visual>里就可直接用名字指定颜色,不需要重复设置。

(3) 常量定义和数学表达式

常量一般定义在文件开头部分,myarm.xacro 文件中定义了 π、π/2、关节摩擦力和阻尼的值:

```xml
<xacro:property name="M_PI" value="3.1415926535897931" />
<xacro:property name="M_PI_2" value="1.570796327" />
<xacro:property name="arm_friction"     value="50.0" />
<xacro:property name="arm_damping"      value="1.0" />
```

使用示例如下:

```xml
<joint name="arm_joint3" type="revolute">
  <parent link="arm_link2"/>
  <child link="arm_link3"/>
  <origin rpy="0 0 0" xyz="0 0 0.24"/>
  <axis xyz="0 1 0" />
  <limit effort="300" velocity="0.6" lower="-${M_PI/3*2}" upper="${M_PI/3*2}" />
  <dynamics friction="${arm_friction}" damping="${arm_damping}"/>
</joint>
```

如果想修改阻尼和摩擦力的值,只需要修改开头 arm_friction 和 arm_damping 的值即可。

(4) 宏定义和宏调用

myarm.xacro 文件中定义了自动设置圆柱体惯性属性的宏 cylinder_inertial_matrix,参数为质量 m、半径 r 和高度 l,宏内会自动计算惯性矩阵的值:

```xml
<xacro:macro name="cylinder_inertial_matrix" params="m r l">
    <inertial>
        <mass value="${m}" />
        <inertia ixx="${m*(3*r*r+l*l)/12}" ixy="0" ixz="0"
            iyy="${m*(3*r*r+l*l)/12}" iyz="0"
            izz="${m*r*r/2}" />
    </inertial>
</xacro:macro>
```

还定义了自动设置长方体惯性属性的宏 box_inertial_matrix,参数为质量 m、长 l、宽 w 和高 h:

```xml
<xacro:macro name="box_inertial_matrix" params="m l w h">
    <inertial>
        <mass value="${m}" />
        <inertia ixx="${m*(h*h+l*l)/12}" ixy="0" ixz="0"
            iyy="${m*(w*w+l*l)/12}" iyz="0"
            izz="${m*(w*w+h*h)/12}" />
    </inertial>
</xacro:macro>
```

定义好宏后,各个 link 的<inertial>元素就可以通过带参数的宏调用进行设置。以 arm_base_link 为例:

```xml
<link name="arm_base_link">
  <visual>
```

```xml
      <origin rpy="0 0 0" xyz="0 0 0.09"/>
      <geometry>
        <cylinder length="0.18" radius="0.1"/>
      </geometry>
      <material name="yellow" />
    </visual>
    <collision>
      <origin rpy="0 0 0" xyz="0 0 0.09"/>
      <geometry>
        <cylinder length="0.18" radius="0.1"/>
      </geometry>
    </collision>
    <cylinder_inertial_matrix m="1.0" r="0.1" l="0.18"/>
</link>
```

（5）模型显示

① 可以选择在终端输入以下命令将 xacro 文件转换为 URDF 文件后，再用 5.2.4 节的 URDF 调试工具进行显示：

```
$ roscd myrobot_description/urdf/
$ rosrun xacro xacro --xacro-ns myarm.xacro > myarm_generated.urdf
```

② 可以在 launch 启动文件中将 xacro 转换为 URDF，并将其作为 robot_description 的参数。myrobot_description 功能包中已创建好 view_myarm_xacro.launch 文件用来显示加载显示模型，文件完整内容如下：

```xml
<launch>
    <arg name="model" />
    <!--加载机器人模型参数 -->
    <param name="robot_description" command="$(find xacro)/xacro $(find myrobot_description)/urdf/myarm.xacro" />
    <!--运行joint_state_publisher_gui 节点，发布机器人的关节状态 -->
    <node name="joint_state_publisher_gui" pkg="joint_state_publisher_gui" type="joint_state_publisher_gui" />
    <!--运行robot_state_publisher 节点，发布 tf -->
    <node name="robot_state_publisher" pkg="robot_state_publisher" type="robot_state_publisher" />
    <!--运行rviz 可视化界面 -->
    <node name="rviz" pkg="rviz" type="rviz" args="-d $(find myrobot_description)/rviz/urdf.rviz" required="true" />
</launch>
```

在终端输入以下命令启动 view_myarm_xacro.launch 文件：

```
$ roslaunch myrobot_description view_myarm_xacro.launch
```

启动后会弹出 RViz 和 GUI 窗口，机械臂模型如图 5.11 所示。

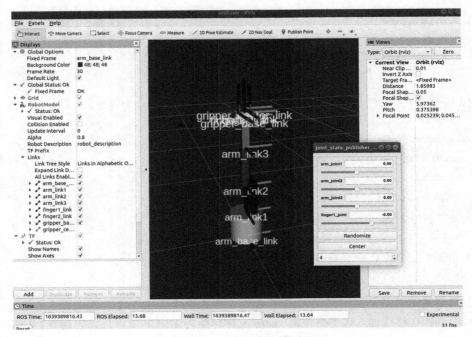

图 5.11 xacro 文件中的模型显示

5.3.3 为机械臂添加移动底盘

使用 xacro 语法后,可以更加方便地将机器人各部分 URDF 模型进行组合。例如在一个二轮移动底盘上添加机械臂,可直接通过<xacro:include>标签添加 5.3.2 节设置好的机械臂模型,再设置从底盘到机械臂底座 arm_base_link 的<joint>即可。

完整示例代码可参考本书配套代码中的 myrobot_description/urdf/myrobot.xacro,下面对模型中的关键部分进行解析。

myrobot.xacro 文件包含了之前建好的 myarm.xacro 模型文件:

```
<xacro:include filename="$(find myrobot_description)/urdf/myarm.xacro" />
```

在 myarm.xacro 文件和 materials.xacro 文件中定义好的常量、宏等已经通过文件包含关系加载到 myrobot.xacro 中,所以在 myrobot.xacro 中不需要再重复进行定义。

myarm.xacro 中设置了移动底盘的 base_link、left_wheel 和 right_wheel。base_footprint 是底盘中心坐标系在地面的投影。

在设置左右轮 link 的<visual>里的<geometry>形状时,通过<mesh>元素加载了 myrobot_description/meshes 文件夹里的 wheel.dae 模型。

右轮 right_wheel 的设置如下:

```
<link name="right_wheel">
  <collision name="collision">
    <origin xyz="0 0 0" rpy="-${M_PI_2} 0 0"/>
    <geometry>
      <cylinder radius="0.095" length="0.05"/>
    </geometry>
  </collision>
```

```xml
<visual name="right_wheel_visual">
  <origin xyz="0 0 0" rpy="0 0 ${M_PI_2}"/>
  <geometry>
    <mesh filename="package://myrobot_description/meshes/wheel.dae" />
  </geometry>
</visual>
<cylinder_inertial_matrix m="1.0" r="0.095" l="0.05"/>
</link>
```

myrobot.xacro 文件最后设置了连接底盘 base_link 到机械臂底座 arm_base_link 的 joint：

```xml
<joint name="arm_base_joint" type="fixed">
  <parent link="base_link"/>
  <child link="arm_base_link"/>
  <origin rpy="0 0 0" xyz="0 0 ${car_height/2}"/>
</joint>
```

模型在 RViz 中的显示可通过启动 view_myrobot.launch 文件实现：

```
$ roslaunch myrobot_description view_myrobot.launch
```

启动后 RViz 和 joint_state_publisher_gui 窗口如图 5.12 所示。

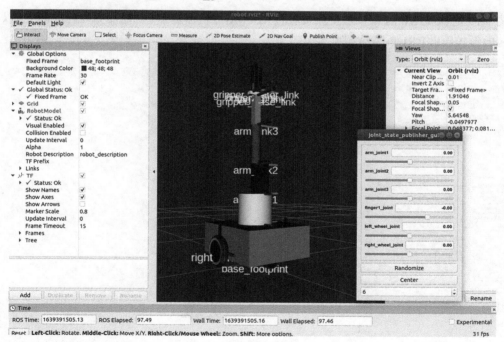

图 5.12　myrobot 模型在 RViz 中的显示

5.4　sw2urdf 插件

在 5.2 节和 5.3 节我们都是用简单的圆柱或者长方体作为机器人/机械臂的模型。实际上，真实机械臂和机器人的 3D 模型文件要复杂得多，不规则的形状使关节之间的相对尺寸也不容易测量。

若采用 5.2 节从零开始创建机器人 URDF 模型的方式，将耗费大量时间。

为解决上述问题，ROS 提供了 sw2urdf 插件，能轻松地从 SolidWorks 导出机械臂的 URDF 文件，无需从零建模。本节将简单介绍 sw2urdf 插件的作用。

5.4.1 sw2urdf 插件简介

任何基于 SolidWorks 设计或能用 SolidWorks 打开的机器人模型，都可使用 sw2urdf 插件导出 URDF 文件。sw2urdf 插件不依赖 ROS 系统，可直接在 Windows 系统下载安装，再将插件导入 SolidWorks 中使用。

sw2urdf 插件下载地址：

http://wiki.ros.org/sw_urdf_exporter/

本节只对 SolidWorks 导出 URDF 文件的关键点进行简单介绍，完整步骤可参考官网教程：

http://wiki.ros.org/sw_urdf_exporter/Tutorials

在 SolidWorks 中为机械臂的各个部分添加坐标系和旋转轴，按照 sw2urdf 插件使用教程，选择 Tools—File—Export to URDF，从 base_link 开始，添加各个 link，设置 joint 的名字、旋转轴和限制等。

因为已经设置好了坐标系或基准轴，插件会自动计算相对位姿关系<origin>以及每个 link 的惯性矩阵。

图 5.13 是 SolidWorks 中添加坐标系后的 XBot-Arm 机械臂。全部添加完成后，最后会以 ROS 功能包的形式导出 URDF 模型文件。

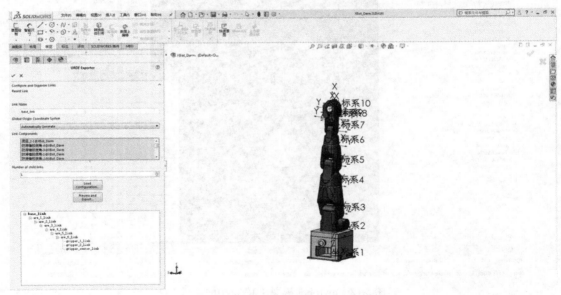

图 5.13 导出机械臂 URDF 模型

5.4.2 sw2urdf 插件导出的功能包

本书提供了 darm 功能包。该功能包使用 sw2urdf 插件导出，是 XBot-Arm 机械臂的原始 URDF 功能包。darm 功能包目录结构如图 5.14 所示。

图 5.14　darm 功能包目录结构

urdf 文件夹的 darm.urdf 是自动生成的 URDF 文件，与 5.2 节的三轴机械臂 URDF 模型类似，由一个个 joint 和 link 组成。这里机械臂 link 的模型形状<geometry>不再是圆柱或长方体，而是通过<mesh>插入了 STL 格式的模型文件：

```
<link name="arm_link1">
  <inertial>
    <origin
      xyz="-0.000128118597624595 -0.013600859873518 0.0619700515240474"
      rpy="0 0 0" />
    <mass
      value="0.116423492746118" />
    <inertia
      ixx="0.000383159534984"
      ixy="2.54107232372875E-07"
      ixz="-3.85780244490042E-07"
      iyy="0.000273038903011898"
      iyz="-3.95745103630226E-05"
      izz="0.000290856563695735" />
  </inertial>
  <visual>
    <origin
      xyz="0 0 0"
      rpy="0 0 0" />
    <geometry>
      <mesh
        filename="package://darm/meshes/arm_link1.STL" />
    </geometry>
    <material
      name="">
```

```xml
        <color
          rgba="1 1 1 1" />
      </material>
    </visual>
    <collision>
      <origin
        xyz="0 0 0"
        rpy="0 0 0" />
      <geometry>
        <mesh filename="package://darm/meshes/arm_link1.STL" />
      </geometry>
    </collision>
  </link>
```

这些 3D 模型文件在 sw2urdf 插件导出时被自动保存到了 meshes 文件夹下。

使用 sw2urdf 插件导出的原始 URDF 功能包通常会编译不通过，存在小 BUG，可以根据编译错误提示修改，直到功能包编译通过即可。

导出功能包时还自动生成了一个 launch 文件夹，里面的 display.launch 与我们之前设置的 myrobot_description/launch/view_myarm_urdf.launch 内容基本一致，可以启动 display.launch 文件查看桌面机械臂的模型、TF 和关节限制：

$ roslaunch darm display.launch gui:=true

若启动 launch 文件时找不到 URDF 文件，则可能是 display.launch 里的 URDF 文件路径与实际保存的路径不一致导致的，这也是使用 sw2urdf 插件导出时的小 BUG，我们可以把路径修改为正确的路径后再启动。

顺利启动后 RViz 界面为空，修改 "Fixed Frame" 为 "base_link"，添加 RobotModel 和 TF 插件，就能看到桌面机械臂的模型，如图 5.15 所示。

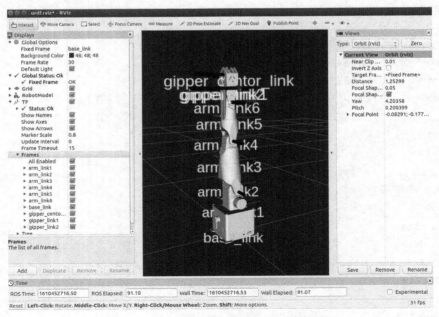

图 5.15　导出的机械臂模型在 Rviz 中的显示

5.4.3 XBot-Arm 机械臂的 URDF 模型

用 SolidWorks 自动导出的 URDF 模型一般还不完善，我们可以手动修改 URDF 文件，例如改写成 URDF 的进阶版——xacro 文件。xarm_description 功能包是已经修改好的桌面机械臂 XBot-Arm 的 URDF 模型功能包。本书以 xarm_description 功能包为例，讲解一个真实机械臂模型包的组成和 URDF 模型。桌面机械臂 XBot-Arm 是一个 6 自由度的机械臂，末端带夹爪，外观如图 5.16 所示。

图 5.16 桌面机械臂 XBot-Arm 的外观结构

xarm_description 功能包主要包含以下三个目录。
① launch：保存 launch 启动文件。
② meshes：保存机械臂的 3D 模型文件。
③ urdf：保存机械臂的 URDF 文件。

注意：在实际机器人的 urdf 文件夹中，有时会看到以*.urdf.xacro、*.gazebo.xacro 和 *.transmission.xacro 命名的文件。Linux 和 ROS 初学者可能会疑惑这些文件的类型，实际上，这些文件的真正后缀名还是.xacro，是 xacro 文件，前面加 urdf 和 gazebo 主要是根据 xacro 文件里的内容进行了一下区分，完全可以删除.urdf、.gazebo，或者改成其他想要的名字。

XBot-Arm 机械臂的 URDF 模型的总入口为 xarm.urdf.xacro 文件，文件内容如下：

```xml
<?xml version="1.0"?>
<robot xmlns:xacro="http://wiki.ros.org/xacro"          name="xarm" >
    <xacro:property name="M_PI" value="3.1415926535897931" />
    <xacro:property name="M_PI_2" value="1.570796327" />

    <!--common gazebo -->
    <xacro:include filename="$(find xarm_description)/urdf/common.gazebo.xacro" />
    <!--xbot_arm 桌面机械臂 -->
    <xacro:include filename="$(find xarm_description)/urdf/arm.urdf.xacro" />
    <!--arm -->
    <xacro:xarm />
</robot>
```

<robot>作为机械臂的顶层标签，包含了整个 URDF 模型的所有内容。

common.gazebo.xacro 文件中保存了与机械臂 Gazebo 仿真相关的 URDF 标签<gazebo>，xarm.transmission.xacro 文件中保存了描述机械臂关节驱动的 URDF 标签<transmission>。这两部分内容读者可参考官方 wiki 教程自行学习：

http://wiki.ros.org/urdf/XML

xarm.urdf.xacro 文件中以文件包含的方式包含了 arm.urdf.xacro 文件，arm.urdf.xacro 文件中定义了名为 xarm 的宏，不带参数，宏的主体内容便是构成机械臂的一个个 link 和 joint。xarm 宏的结构如下：

```xml
<xacro:macro name="xarm" >
  <joint />
  <link />
  ......
</xacro:macro>
```

宏的调用在 xarm.urdf.xacro 文件的最后：

```xml
<xacro:xarm />
```

接下来我们看整个机械臂的主体部分：<link>和<joint>。

各个<link>的描述类似，以 arm_1_link 为例进行说明：

```xml
<link name="arm_1_link">
  <inertial>
      <origin
       xyz="-0.000117276290344319 0.0122228931530341 -0.0624701032538624"
       rpy="0 0 0" />
      <mass value="0.139955029249829" />
      <inertia
       ixx="0.000325457683704532"
       ixy="1.35265023038897E-07"
       ixz="-4.47803005233601E-08"
       iyy="0.000236310540102376"
       iyz="1.93791571216275E-06"
       izz="0.000149250424678437" />
  </inertial>
  <visual>
    <origin xyz="0 0 0" rpy="0 0 0" />
    <geometry>
      <mesh filename="package://xarm_description/meshes/arm_1_link.STL" />
    </geometry>
    <material name="">
      <color rgba="0.7 0.7 0.7 1.0"/>
    </material>
  </visual>
  <collision>
    <origin xyz="0 0 0" rpy="0 0 0" />
    <geometry>
      <mesh filename="package://xarm_description/meshes/arm_1_link.STL" />
    </geometry>
  </collision>
</link>
```

<link>的 name 属性指定了此 link 名为 "arm_1_link"，在此标签中包含了下列元素。

① <inertial>元素表示该 link 的惯性特性：<origin>表示连杆参考系在整个惯性坐标系的位姿，xyz 表示其平移，rpy 表示其姿态；<mass>表示此连杆的重量；<inertia>表示此连杆的旋转惯性矩

阵，具体数值在 SolidWorks 用 sw2urdf 插件导出 URDF 文件时自动计算产生。

② <visual>元素表示此连杆的视觉属性：<origin>表示此视觉几何图形的参考坐标相对于连杆参考坐标的坐标；<geometry>的形状用一个具体模型文件 arm_1_link.STL 来表示；<material>表示此几何体的材料，主要包括颜色、纹理等属性。

③ <collision>元素表示碰撞属性：<origin>表示此碰撞元素的参考坐标相对于连杆坐标系的位姿；<geometry>表示此碰撞形象的几何图形，此处与视觉属性一致。为了简化计算，也可将碰撞形状简化为圆柱体、球体和长方体的形状。

下面以 arm_1_joint 为例介绍机械臂的<joint>：

```xml
<joint name="arm_1_joint" type="revolute">
  <origin
    xyz="0 0 0.14"
    rpy="3.1416 0 0" />
  <parent
    link="base_link" />
  <child
    link="arm_1_link" />
  <axis
    xyz="0 0 1" />
  <limit
     lower="-2.094"
     upper="2.094"
     effort="100"
     velocity="0.35" />
  <dynamics friction="${arm_friction}" damping="${arm_damping}"/>
</joint>
```

<joint>主要描述了关节的动力学、运动学以及安全极限等属性。<joint>标签的名字 name 为"arm_1_joint"，类型 type 为 revolute（为带角度位置限制的旋转关节），包含以下元素。

① <origin>元素表示父 link 到子 link 的坐标转换。

② <parent>元素表示此关节的父 link。

③ <child>元素表示此关节的子 link。

④ <axis>元素表示关节的旋转轴，示例中绕 Z 轴旋转。

⑤ <limit>元素表示该关节的限制，包括最大可承受力，转动角度的上下极限（弧度），以及旋转运动的最大速度等。

⑥ <dynamics>元素为关节的动力学因素，包括阻尼与摩擦力。

其余 link 和 joint 的设置与 arm_1_link 和 arm_1_joint 类似。

XBot-Arm 的手爪包含舵机加齿轮结构控制的两个夹爪，两个夹爪的转动存在一定的关系，所以在第二个夹爪关节 gripper_2_joint 里添加了<mimic>元素,使它跟随第一个夹爪转动相同的角度。gripper_2_joint 设置如下：

```xml
<joint name="gripper_2_joint" type="revolute">
  <origin xyz="-0.0001 0.06175 -0.012" rpy="-1.5708 0 1.5708"/>
  <parent link="arm_6_link" />
  <child link="gripper_2_link" />
```

```xml
    <axis xyz="0 0 1" />
    <limit lower="0" upper="0.698" effort="100" velocity="0.35" />
    <dynamics friction="${arm_friction}" damping="${arm_damping}"/>
    <mimic joint="gripper_1_joint" >
      <multiplier>1</multiplier>
    </mimic>
</joint>
```

最后添加了手爪中心的虚拟坐标系 gripper_centor_link 作为工具坐标系（TCP）：

```xml
<link
  name="gripper_centor_link">
  </link>

<joint
  name="gripper_centor_joint"
  type="fixed">
  <origin xyz="-0.000 0.125 0" rpy="-1.5708 0 1.5708"/>
  <parent
    link="arm_6_link" />
  <child
    link="gripper_centor_link" />
  <axis
    xyz="0 0 0" />
</joint>
```

在终端运行以下命令可启动 launch 文件夹里的 display.launch：

```
$ roslaunch xarm_description display.launch
```

启动后，可以在 RViz 中查看机械臂的模型和 TF 变换，也可通过 joint_state_publisher_gui 窗口改变关节的位置，查看模型和 TF 变化，如图 5.17 所示。

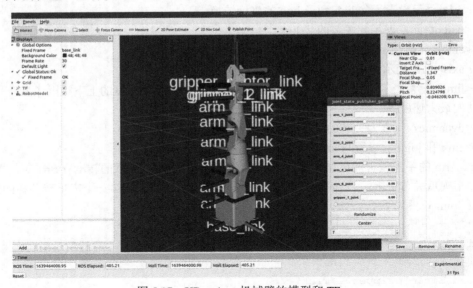

图 5.17　XBot-Arm 机械臂的模型和 TF

由于 gripper_2_joint 通过<mimic>元素跟随 gripper_1_joint 转动，所以 joint_state_publisher_gui 窗口中只有 gripper_1_joint 的滑动条。当改变 gripper_1_joint 位置时，gripper_2_joint 也会跟着转动。

5.5 robot_state_publisher 发布 TF

对比 4.4 节中 TF 的相关内容，读者可能会有疑问：第 5 章建立机械臂的 URDF 模型时，每个 link 都对应着一个坐标系，但我们并没有编写节点广播各个坐标系之间的 TF 到/tf 和/tf_static 话题，那为什么 RViz 中可以看到机器人 TF 呢？launch 文件中启动的 robot_state_publisher 又有什么用呢？为什么 joint_state_publisher_gui 改变关节的位置，模型的 TF 也会跟着变化呢？

本节将介绍 robot_state_publisher 和 joint_state_publisher 功能包的作用以及在实际机器人和机器人仿真中的应用，并回答上面几个问题。

5.5.1 robot_state_publisher 原理简介

创建机器人的 URDF 模型时，已经通过<joint>标签定义好了从 parent link 坐标系到 child link 坐标系的初始 TF 关系。对于 fixed 类型的关节连接，parent link 坐标系和 child link 坐标系之间的 TF 属于静态 TF，而对于非固定类型关节，TF 属于动态 TF，是随时间变化的。

图 5.18 所示是滑动关节（prismatic）和旋转关节（revolute）连接的两个 link 的 TF 示意图，通常这类关节处都有位置传感器获取关节的位置（滑动关节的距离位置、旋转关节的角度位置等）。

0 时刻，即 URDF 模型里初始时的位置通常为零，随着关节的运动，关节的位置可通过传感器获得。知道关节位置后，通过简单的坐标变换关系，即可获得 t 时刻 parent link 坐标系和 child link 坐标系之间的 TF。

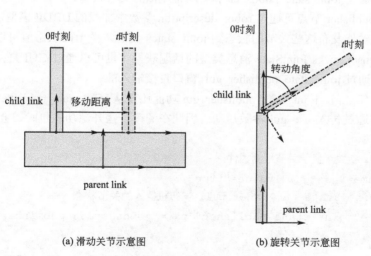

(a) 滑动关节示意图　　(b) 旋转关节示意图

图 5.18　滑动关节和旋转关节动态 TF

简单来说，如果知道了一个机器人的 URDF 模型，并知道了关节位置，即可计算出任意时刻机器人各个坐标系间的 TF。

当一个机器人的 link 和坐标系特别多时，自己写 TF 广播器发布所有坐标系间的变换到 TF 树中是一项十分复杂的工作。于是 ROS 提供了 robot_state_publisher 工具来帮助我们完成这项工作。

robot_state_publisher 最简单、常用的使用方式是作为节点启动。robot_state_publisher 节点使用参数 robot_description 指定的 URDF 模型和/joint_states 话题中的关节位置来计算机器人的正向运动学，并通过/tf 话题发布计算结果。

/joint_states 话题的消息类型为 sensor_msgs/JointState，是用来表示关节状态的标准传感器数据类型，定义如图 5.19 所示。

```
robot@ros-arm:~$ rosmsg show sensor_msgs/JointState
std_msgs/Header header
  uint32 seq
  time stamp
  string frame_id
string[] name
float64[] position
float64[] velocity
float64[] effort
```

图 5.19 joint_states 话题的定义

每个关节的状态定义为关节的位置（position，单位为 rad 或 m）、关节的速度（velocity，单位为 rad/s 或 m/s）、作用于关节的力（effort，单位为 N·m 或 N）。

每个关节都有唯一的命名标识，sensor_msgs/JointState 定义的是一组关节的状态，因此 name、position、velocity、effort 都为数组，若一组关节没有速度或力等，可选择将对应的数组设为空。name、position、velocity 和 effort 若不为空，则数组大小必须相同，且里面的成员必须按照顺序，前后一一关联。消息头 header 中记录着一组关节状态的时间。

在实际机器人中，/joint_states 话题通常由机器人的驱动节点发布。驱动节点以一定频率获取下位机的传感器信息并转化为 sensor_msgs/JointState 消息，发布到/joint_states 话题中。在没有实际机器人时，可通过 joint_state_publisher 节点发布虚拟的关节状态。

joint_state_publisher 节点可通过 robot_description 参数中加载的 URDF 模型，获取所有非 fixed 类型的关节，并对外发布这些关节的状态到/joint_states 话题。关节的状态值可以是默认值，可以通过订阅其他 sensor_msgs/JointState 消息类型的话题获得，也可以通过 GUI 直接输入。在前面的示例中，我们是通过 joint_state_publisher_gui 窗口直接输入的。

注意：2020 年之前，joint_state_publisher_gui 功能还没从 joint_state_publisher 功能包中分离出来，GUI 窗口需通过传入 use_gui 参数启动。因此在阅读一些开源功能包时，会看到 launch 文件设置如下：

```xml
<!--设置 GUI 参数，显示关节控制插件 -->
< param name="use_gui" value="true"/ >
<!--运行 joint_state_publisher 节点，发布机器人的关节状态   -->
<node name="joint_state_publisher" pkg="joint_state_publisher" type="joint_state_publisher" / >
```

2020 年以后可直接通过 joint_state_publisher_gui 节点发布/joint_states 话题。更多关于 joint_state_publisher 的内容可参考官方 wiki 教程：

　　　　　　　　　　http://wiki.ros.org/joint_state_publisher

以机械臂 XBot-Arm 的模型包 xarm_description 为例，在终端输入以下命令启动 display.launch 文件：

```
$ roslaunch xarm_description display.launch
```

在终端输入以下命令可查看当前的节点关系图：
$ `rosrun rqt_graph rqt_graph`

如图 5.20 所示，可以看到节点之间的话题通信关系，/tf 话题的发布和维护通过 robot_state_publisher 节点进行。

图 5.20 节点之间的话题通信关系

终端输入以下命令可看到机械臂的 TF 树，如图 5.21 所示。
$ `rosrun rqt_tf_tree rqt_tf_tree`

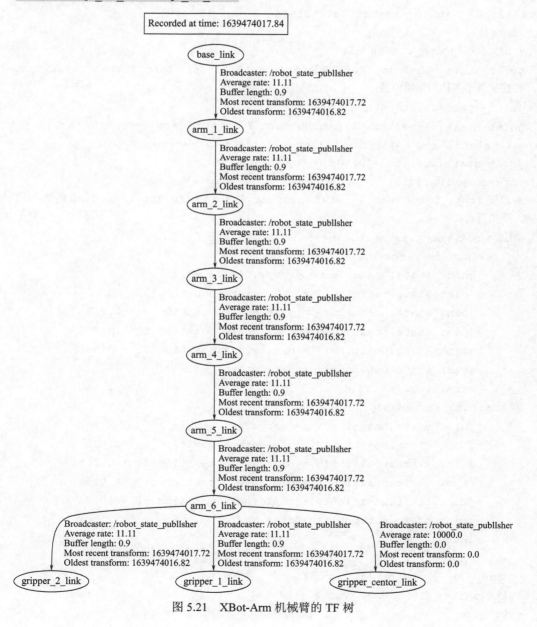

图 5.21 XBot-Arm 机械臂的 TF 树

5.5.2 编写/joint_states 话题发布节点

实际机器人中一般需要自己编写驱动节点对外发布/joint_states 话题,而不是使用 joint_state_publisher 节点。本小节将以机械臂 XBot-Arm 的 URDF 模型为例,编写程序模拟发布机械臂各个关节的位置到/joint_states 话题上。

(1) Python 编程实现 joint_states_pub 节点

源码位于 urdf_demo/scripts/joint_states_pub.py,完整内容如下:

```python
#!/usr/bin/env python
#coding=utf-8
import rospy
from sensor_msgs.msg import JointState
def demo():
    # 定义发布/joint_states 话题
    joint_state_pub=rospy.Publisher('/joint_states', JointState , queue_size=10)
    # 定义关节名称和初始位置
    joint_state=JointState()
    joint_state.name=["arm_1_joint", "arm_2_joint", "arm_3_joint", "arm_4_joint",
"arm_5_joint","arm_6_joint", "gripper_1_joint", "gripper_2_joint"]
    joint_state.position=[0, 0, 0, 0, 0, 0, 0, 0]
    rate=rospy.Rate(20)
    # 改变 arm_1_joint、arm_4_joint、gripper_1_joint 和 gripper_2_joint 的值,让机械臂
摆动,手爪开合
    while not rospy.is_shutdown():
        for num in range(0,100):
            joint_state.header.stamp=rospy.Time.now()
            joint_state.position[0]=joint_state.position[0] + 0.02
            joint_state.position[3]=joint_state.position[3] -0.015
            joint_state.position[6]=joint_state.position[6] + 0.0065
            joint_state.position[7]=joint_state.position[7] + 0.0065
            joint_state_pub.publish(joint_state)
            rate.sleep()
        for num in range(0,100):
            joint_state.header.stamp=rospy.Time.now()
            joint_state.position[0]=joint_state.position[0] -0.02
            joint_state.position[3]=joint_state.position[3] + 0.015
            joint_state.position[6]=joint_state.position[6] -0.0065
            joint_state.position[7]=joint_state.position[7] -0.0065
            joint_state_pub.publish(joint_state)
            rate.sleep()
if __name__ == '__main__':
    rospy.init_node('joint_states_pub')
    try:
```

```
        rospy.loginfo('joint_states_pub node ...')
        demo()
    except rospy.ROSInterruptException:
        rospy.loginfo('joint_states_pub node initialize failed, please retry...')
```

joint_states_pub 节点使用的是简单的 ROS 话题发布机制，这里不再赘述。

（2）C++编程实现 joint_states_pub 节点

源码位于 urdf_demo/src/joint_states_pub.cpp，完整内容如下：

```cpp
#include <ros/ros.h>
#include "sensor_msgs/JointState.h"

int main(int argc, char **argv){
  ros::init(argc, argv, "joint_states_pub");
  ros::NodeHandle nh;
  ROS_INFO("joint_states_pub node is Ready!");
  ros::Publisher joint_state_pub=
nh.advertise<sensor_msgs::JointState>("/joint_states", 10);
  sensor_msgs::JointState joint_state;
  joint_state.name={"arm_1_joint", "arm_2_joint", "arm_3_joint", "arm_4_joint",
"arm_5_joint","arm_6_joint", "gripper_1_joint", "gripper_2_joint"};
  joint_state.position={0, 0, 0, 0, 0, 0, 0, 0};
  ros::Rate rate(20);
  while(ros::ok()){
    for (int i=0; i < 100; ++i) {
      joint_state.header.stamp=ros::Time::now();
      joint_state.position[0] += 0.02;
      joint_state.position[3] -= 0.015;
      joint_state.position[6] += 0.0065;
      joint_state.position[7] += 0.0065;
      joint_state_pub.publish(joint_state);
      rate.sleep();
    }
    for (int i=0; i < 100; ++i) {
      joint_state.header.stamp=ros::Time::now();
      joint_state.position[0] -= 0.02;
      joint_state.position[3] += 0.015;
      joint_state.position[6] -= 0.0065;
      joint_state.position[7] -= 0.0065;
      joint_state_pub.publish(joint_state);
      rate.sleep();
    }
  }
  return 0;
}
```

（3）launch 启动文件

urdf_demo 功能包中提供了 xarm_states_python.launch 和 xarm_states_cpp.launch 文件用来进行测试。xarm_states_python.launch 文件完整内容如下：

```xml
<launch>
  <param name="robot_description" command="$(find xacro)/xacro --inorder '$(find xarm_description)/urdf/xarm.urdf.xacro'" />
  <node name="robot_state_publisher" pkg="robot_state_publisher" type="robot_state_publisher">
    <param name="publish_frequency" type="double" value="20.0" />
  </node>
  <node name="joint_states_pub" pkg="urdf_demo" type="joint_states_pub.py" output="screen"/>
  <node name="rviz" pkg="rviz" type="rviz" args="-d $(find xarm_description)/urdf.rviz" />
</launch>
```

xarm_states_python.launch 文件中通过 robot_description 参数加载了 XBot-Arm 机械臂的 URDF 模型，启动了 robot_state_publisher 节点、Python 编写的 joint_states_pub 节点以及 RViz。

xarm_states_cpp.launch 文件内容与 xarm_states_python.launch 基本一致，只是将 joint_states_pub 节点换成了 C++编程实现的节点。

（4）示例测试

可在终端输入以下命令启动 xarm_states_python.launch 文件测试：

```
$ roslaunch urdf_demo xarm_states_python.launch
```

或者输入以下命令启动 xarm_states_cpp.launch 文件测试：

```
$ roslaunch urdf_demo xarm_states_cpp.launch
```

joint_states_pub 节点中设置了 XBot-Arm 机械臂的 arm_1_joint、arm_4_joint、gripper_1_joint 和 gripper_2_joint 关节的位置会随时间发生变化。启动后，可以看到 RViz 中的机械臂模型和 TF 也跟着关节运动，如图 5.22 所示。

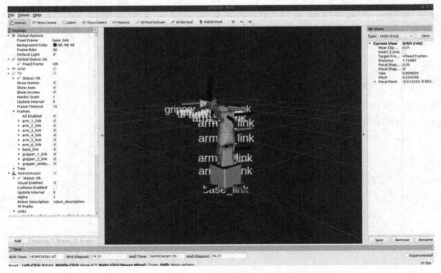

图 5.22　RViz 中的机械臂模型和 TF 跟随关节变化

此时在终端输入以下命令可查看当前的节点关系图：
$ `rosrun rqt_graph rqt_graph`
如图 5.23 所示，可以看到节点之间的话题通信关系。

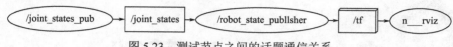

图 5.23　测试节点之间的话题通信关系

假设 joint_states_pub 节点是真实的机械臂驱动节点，且发布到/joint_states 话题上的消息内容是通过传感器获取的真实状态，那在 RViz 中看到的，便是真实机械臂的状态，RViz 中的机械臂模型会跟着真实机械臂运动。

本节希望读者能通过这个简单的示例了解 ROS 系统中 URDF、TF、/joint_states 话题和 robot_state_publisher 节点之间的关系，同时了解 RViz 中机器人模型与实际机器人状态一致的原因，为后续编写自己的机器人驱动节点提供一点思路。

本章小结

搭建 URDF 模型往往是使用 ROS 开发机器人的第一步。本章介绍了 URDF 语法规范和 xacro 语法规范，学习了机器人 URDF 模型的搭建过程和原理。

① URDF 模型文件的根元素为<robot>，<robot>通过一个个<link>和<joint>组成机器人模型。

② xacro 文件通过常量定义、数学计算、宏、文件包含等语法对 URDF 进行了精简，是 URDF 的进阶版。

③ 可以在 SolidWorks 中通过 sw2urdf 插件直接导出 URDF 模型功能包。

④ robot_state_publisher 节点使用 URDF 模型和/joint_states 话题中的关节位置来计算机器人的正向运动学，并通过/tf 话题发布计算结果。

❓ 习题5

1. URDF 是一种基于_____规范、用于描述机器人结构模型的格式。
2. URDF 的<link>包含_____、_____和_____三个元素。
3. <joint>标签的 type 有哪几种类型？
4. 可以使用_____命令对 urdf 文件进行语法检查。
5. RViz 中可通过"Add"按钮添加_____插件用来显示机器人模型。
6. xacro 模型文件的常用语法有哪些？xacro 模型和 URDF 模型有什么关系？
7. /joint_states 话题的消息类型为_____。
8. 综合实践
① 创建 my_car_description 功能包。
② 在功能包内自行设计并创建一个四轮车底盘的 urdf 模型。
③ 在功能包内创建 launch 启动文件，能够在 rviz 中查看四轮车模型。

第6章 MoveIt!基础

基于 ROS 和 MoveIt!搭建机械臂的控制系统主要包含以下四个步骤。

① 搭建机械臂的 URDF 模型。

② 使用 MoveIt!的配置助手配置 MoveIt!的规划组、运动学规划器、路径规划器等,生成 MoveIt!配置和启动功能包。

③ 在演示模式或仿真环境中测试 MoveIt!的运动学解算、路径规划、碰撞检测等功能。

④ 编写真实机械臂驱动节点(控制器),实现 MoveIt!对机械臂的控制。

第 5 章中我们已经学习了机械臂 URDF 模型的原理和构建过程,本章将使用已经搭建好的 XBot-Arm 机械臂的 URDF 模型包(xarm_description),学习 MoveIt!的软件架构、配置助手的使用以及 MoveIt!的测试等内容。

6.1 MoveIt!软件架构

MoveIt![4~6]集成了运动规划(Motion Planning)、操作(Manipulation)、逆运动学(Inverse Kinematics)、控制(Control)、3D 感知(3D Perception)、碰撞检测(Collision Checking)算法领域的最新成果,为开发先进机器人提供了易于使用和集成的开发平台,为工业、商业和研发领域的机器人新产品的设计和集成提供了支持,并已在 150 多个机器人上进行了应用。MoveIt!基于 BSD 许可协议,可免费用于工业、商业和研究领域,如图 6.1 所示。

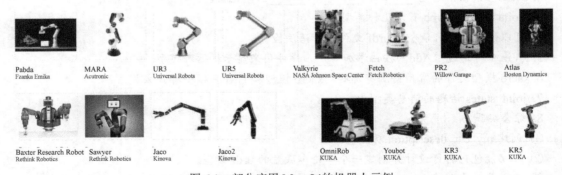

图 6.1 部分应用 MoveIt!的机器人示例

MoveIt!由一系列 ROS 功能包组成,部分算法模块以 ROS 插件的形式集成进来,类似机器人 ROS 导航功能包 navigation。本节将介绍 MoveIt!的系统架构和组成模块,使读者对 MoveIt!有一个概念性的了解。MoveIt!的系统架构如图 6.2 所示。

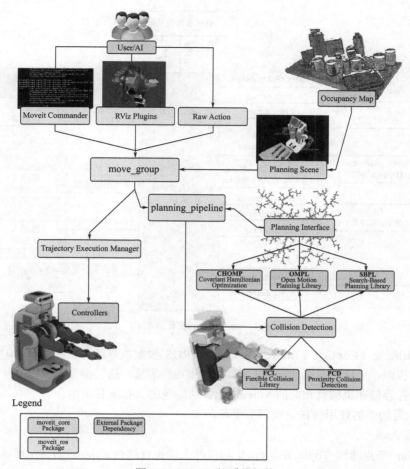

图 6.2 MoveIt!的系统架构

6.1.1 move_group 节点

move_group 作为 MoveIt!的核心节点,在系统架构中充当了集成器的角色,将所有模块组件集成到一起,提供一系列可供用户自由使用的 ROS 动作(Action)与服务,能够与用户接口、ROS 参数服务器和机器人端进行通信。move_group 节点架构图如图 6.3 所示。

(1)用户接口(User Interface)

用户可以通过提供的 C++接口编程、Python 接口编程、RViz 中的 MotionPlanning 插件(GUI)、命令行工具等方式调用 move_group 提供的 Action 和 Service。

(2)ROS 参数服务器

move_group 节点可以使用 ROS 参数服务器进行配置,它将从参数服务器获取以下三种信息。

① URDF:move_group 在 ROS 参数服务器上查找 robot_description 参数以获取机器人的 URDF 模型。

② SRDF:move_group 在 ROS 参数服务器上查找 robot_description_semantic 参数以获取机器人的 SRDF(Semantic Robot Description Format,语义机器人描述格式)模型。SRDF 文件基于 XML 语法,包含 URDF 模型中不包含的一些语义设置信息。SRDF 文件通常由用户使用 MoveIt!配置助手(Setup Assistant)创建。

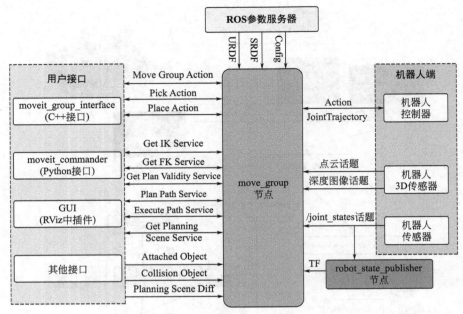

图 6.3 move_group 节点架构

③ MoveIt!配置（Config）：move_group 将在 ROS 参数服务器上查找 MoveIt!特定的其他配置，包括关节极限、运动学、运动规划、3D 感知和其他信息。这些组件的配置文件由 MoveIt!配置助手生成，并存储在机械臂相应的 MoveIt!配置功能包的 config 目录中。

MoveIt!配置助手的使用将在后续章节学习。

（3）机器人端

move_group 节点通过 Topic 和 Action 与机器人端进行通信。move_group 可通过监听/joint_states 话题上的消息以确定机器人关节的位置，通过监听 TF 来计算内部使用的各种坐标变换，还可通过机器人上的 3D 传感器获取点云话题和深度图像话题信息感知外部环境。

move_group 使用 FollowJointTrajectoryAction 接口与机器人上的控制器通信，这是一种 Action 通信方式。move_group 节点作为该 Action 的客户端；机器人的节点作为 Action 的服务端，用来接收 Action 的 Goal 信息并反馈轨迹执行结果。

6.1.2 运动学求解器

机器人的正运动学（FK）和雅克比函数集成到了 RobotState 类中。MoveIt!中的运动学求解器主要指的是逆运动学（IK）求解器。逆运动学求解器可以得到机械臂目标位姿在关节空间内的关节角度。

逆运动学求解算法以 ROS 插件的形式集成到 MoveIt!中，默认使用 KDL 库（Kinematics and Dynamics Library）。KDL 是 Orocos（Open Robot Control Software，开源机器人控制软件）中的运动学和动力学组件。用户也可使用 TRAC-IK、IKFast 等其他求解器，或编写自己的求解算法以插件的形式集成到 MoveIt!中。

6.1.3 运动规划器

MoveIt!中的运动规划器以插件的形式集成到系统中，默认使用 OMPL（Open Motion Planning

Library，开源运动规划库）。OMPL 包含多种基于采样的规划算法的实现和算法变体的实现，如 PRM、RRT 等，可通过 MoveIt!配置助手配置。默认情况下也可使用 Pilz 工业运动规划器、CHOMP（Covariant Hamiltonian Optimization for Motion Planning）和 STOMP（Stochastic Trajectory Optimization for Motion Planning）。用户可根据需求使用不同的规划器。

根据用户的运动规划请求，运动规划器可以生成一条轨迹，该轨迹可以让机械臂（或任何一组关节）移动到目标位置。运动规划请求指定想要规划器执行的操作，例如将手臂移动到不同位置或末端执行器移动到新姿态。可通过 planning_pipeline 和 planner_id 参数指定规划器并设置规划的约束条件，默认情况下会进行碰撞检测。

MoveIt!内置运动学约束如下。

① 位置约束（Position Constraints）：限制 link 的运动位置在一定的范围内。

② 方向约束（Orientation Constraints）：将 link 的方向限制在指定的滚转、俯仰或偏航角度范围内。

③ 可见性约束（Visibility Constraints）：限制 link 上的某点位于特定传感器的可见范围内。

④ 关节约束（Joint Constraints）：限制关节的运动范围。

⑤ 用户指定的约束（User-specified Constraints）：用户可以使用自定义的回调函数指定自己的约束。

完整的运动规划器模块将运动规划器和规划请求适配器等组件连接在一起使用，规划请求适配器可以对规划的请求和运动规划后的响应进行预处理。完整的运动规划器模块的结构示意图如图 6.4 所示。

图 6.4 完整的运动规划器模块的结构示意图

MoveIt!提供了一组默认的运动规划适配器，每个适配器执行不同的功能。

① FixStartStateBounds：该适配器可以修复起始状态关节位置不在 URDF 模型指定的关节范围内的情况。

② FixWorkspaceBounds：该适配器将为运动规划指定一个默认工作空间，为 10m×10m×10m 的立方体。

③ FixStartStateCollision：该适配器将尝试通过微小关节扰动值，在有碰撞的配置附近对新的无碰撞配置进行采样，扰动值通过"jiggle_fraction"参数指定，该参数将扰动控制为关节总运动范围的百分比。

④ FixStartStatePathConstraints：当运动规划的起始状态不符合指定的路径约束时，该适配器将尝试在机器人当前位置和符合约束的新位置之间规划一条路径，并将新的位置作为规划的起始状态。

⑤ AddTimeParameterization：运动规划器产生的路径只是一条"运动学路径"，该适配器将为路径添加速度、加速度约束，并将应用这些约束来"时间参数化（Time Parameterization）"路径，得到一条考虑速度、加速度限制以及时间参数的轨迹。

⑥ ResolveConstraintFrames：可以使用子坐标系设置目标约束，该适配器可以将约束坐标系（Frame）更改为某个对象或机器人上的坐标系。

6.1.4 规划场景

规划场景（Planning Scene）用于表示机器人周围的环境以及机器人本身的状态，通过 move_group 节点的规划场景监听器（Planning Scene Monitor）维护。如图 6.5 所示，规划场景监听器包括外界环境监听器（World Geometry Monitor）、场景监听器（Scene Monitor）和状态监听器（State Monitor），能够监测机器人的状态、传感器传来的信息（点云或深度图），以及用户通过 GUI、编程等方式添加的几何形状物体、障碍物等。

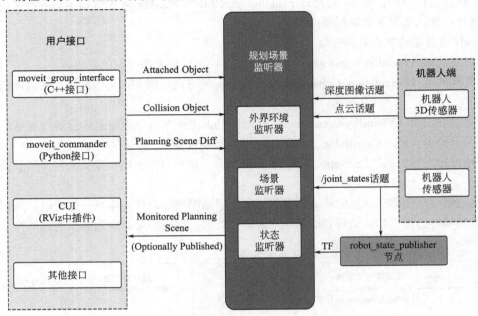

图 6.5　规划场景监听器架构

6.1.5 碰撞检测

MoveIt!中的碰撞检测（Collision Checking）通过使用 CollisionWorld 对象在规划场景中进行设置，用户无需关心设置过程。碰撞检测主要使用 FCL（Flexible Collision Libary）包实现，支持对以下类型的对象进行碰撞检测。

① Meshes：一些自行设计的 3D 模型文件等。

② Primitive Shapes：标准形状，如长方体、圆柱体、圆锥、球体等。

③ Octomap：Octomap（基于八叉树的 3D 占用地图）通常通过机器人的 3D 传感器信息构建，可直接用于碰撞检测。

碰撞检测非常耗资源耗时间,在运动规划期间往往占用 90%以上的计算时间。可以使用 MoveIt!的配置助手设置碰撞免检矩阵（Allowed Collision Matrix，ACM），将永远不可能发生碰撞的两个刚体之间的 ACM 值设为 1，即可不再对这两个刚体进行碰撞检测，节约计算时间。

6.2　MoveIt!可视化配置

配置助手（Setup Assistant）是 MoveIt!提供的图形化用户接口，可帮助用户配置 MoveIt!用来控制机器人，生成机器人的 SRDF 文件，逆运动学求解器、运动规划器、碰撞免检矩阵等的配置文件，以及 move_group 节点的 launch 启动文件等。最终的配置结果通常保存在以 robot_name_moveit_config 命名的功能包中，该功能包由配置助手自动生成。

读者可直接使用本书代码仓库中已经配置好的 xarm_moveit_config 功能包，也可按照下面的步骤使用配置助手重新生成配置功能包。

6.2.1　安装 MoveIt!并启动配置助手

（1）安装 MoveIt!

安装 MoveIt!可采用 apt 或源码安装方式：

① apt 安装方法：

```
$ sudo apt install ros-<ros 版本>-moveit*
```

本书用的是 Melodic Morenia 版本的 ROS，所以可按照下面方式安装：

```
$ sudo apt install ros-melodic-moveit*
```

② 采用源码安装可参考官方教程：

http://moveit.ros.org/install/source

（2）启动配置助手

在终端输入以下命令启动配置助手（Setup Assistant）：

```
$ roslaunch moveit_setup_assistant setup_assistant.launch
```

启动后，可以看到如图 6.6 所示的配置助手启动（Start）界面。

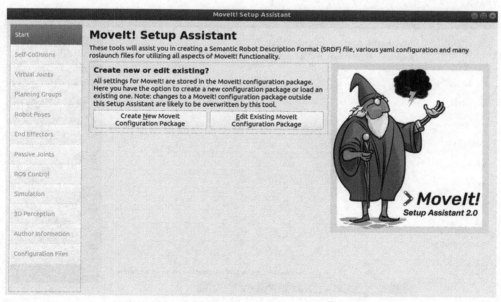

图 6.6　配置助手（Setup Assistant）启动界面

界面左侧栏显示配置项和配置步骤，某些配置步骤可跳过。

Start 页面有两个选项：创建新的 MoveIt!配置包（Create New MoveIt Configuration Package）或编辑已有的 MoveIt!包（Edit Existing MoveIt Configuration Package）。如果想对之前已经配置好的 MoveIt!配置包进行修改，可点击"Edit Existing MoveIt Configuration Package"按钮。这里我们需要新建一个配置包，所以点击"Create New MoveIt Configuration Package"按钮进入图 6.7 所示界面。

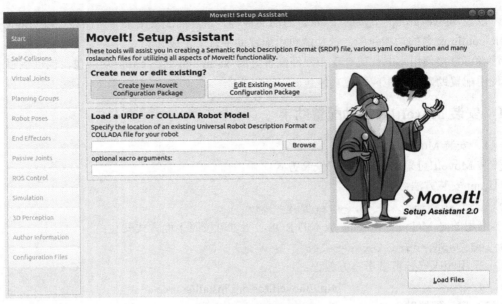

图 6.7 新建配置包界面

点击"Browse"按钮,找到 xarm_description 功能包 urdf 文件夹中的 xarm.urdf.xacro 文件,之后点击右下角的"Load Files"按钮,等待进度条到 100%。成功加载模型后,可以在右侧显示界面看到机械臂的模型,如图 6.8 所示。

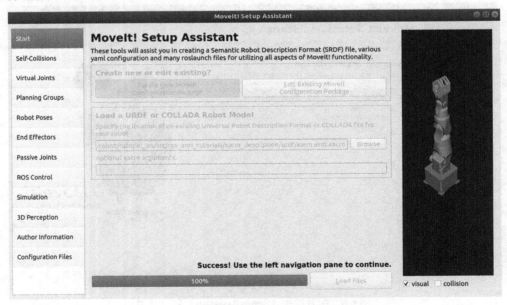

图 6.8 加载机械臂 URDF 模型

6.2.2 生成自碰撞矩阵

点击左侧步骤栏的"Self-Collisions"进入自碰撞矩阵配置页面。默认自碰撞矩阵(Self-Collision Matrix)生成器会搜索机器人上可以禁用碰撞检测的 link 对(两 link 之间永远不会发生碰撞),从而减少运动规划的时间。采样密度(Sampling Density)越高,需要的计算时间越长,采样密度过低，则会导致参数不完善等问题。采样密度默认值 10000，通常使用默认值即可。

点击页面的"Generate Collision Matrix"按钮，几秒后会在中间表格栏获得数据，效果如图 6.9 所示，自动生成了碰撞矩阵。

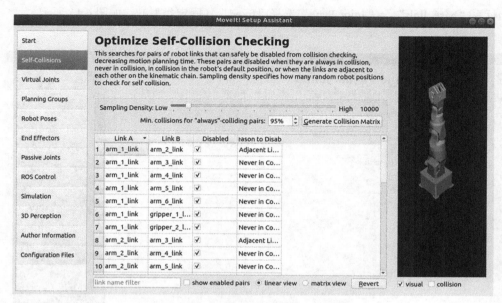

图 6.9 "Self-Collisions"配置界面

6.2.3 添加虚拟关节

虚拟关节主要用于将机械臂的基坐标系连接到世界坐标系或某个坐标系（如 odom、移动底座坐标系等）。添加虚拟关节（Virtual Joints）界面如图 6.10 所示，该步骤不是必需步骤，可不进行配置。

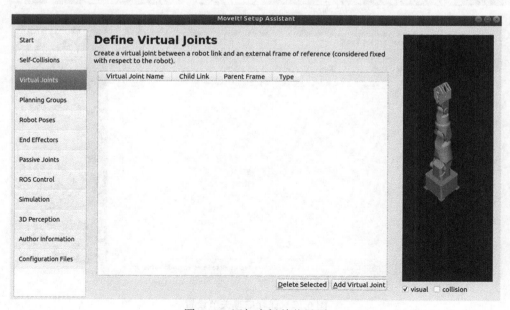

图 6.10 添加虚拟关节界面

171

XBot-Arm 桌面机械臂固定不动，可不添加虚拟关节，也可添加一个连接 world 坐标系和机械臂基座 base_link 的虚拟关节。点击界面右下角的"Add Virtual Joint"按钮，在配置界面里设置"Virtual Joint Name"和"Parent Frame Name"，可自行定义名字。选择"Child Link"为机械臂基座坐标系"base_link"，"Joint Type"选择"fixed"（固定类型），如图 6.11 所示。

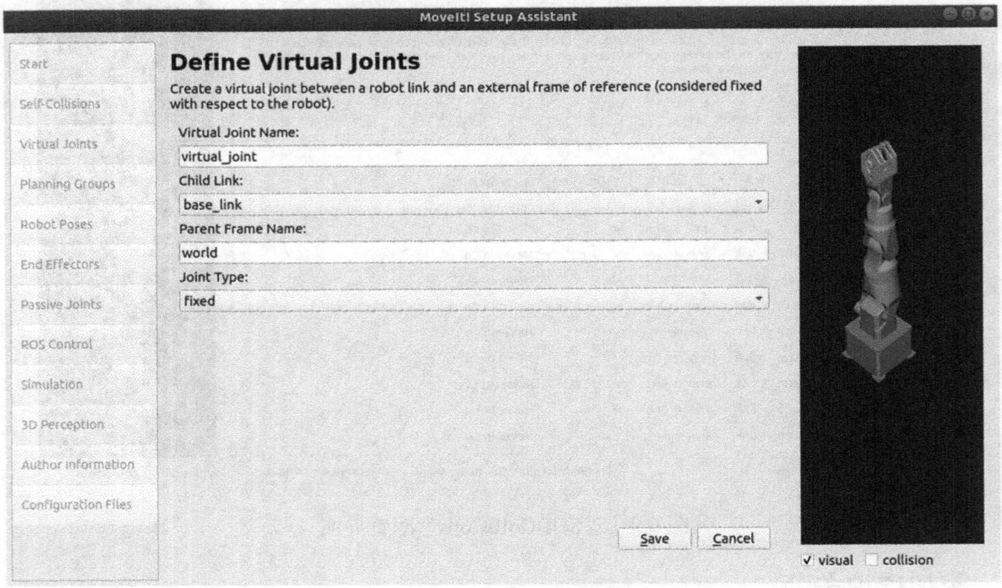

图 6.11　添加 virtual_joint 虚拟关节示意图

设置好后，点击下方"Save"按钮保存，保存后如图 6.12 所示。

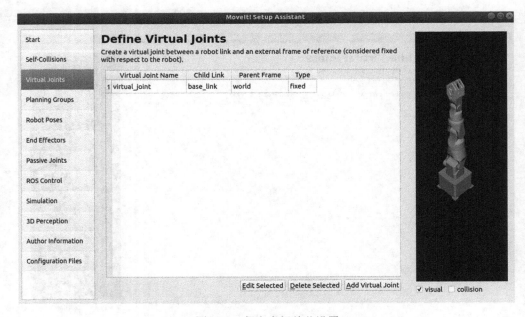

图 6.12　保存虚拟关节设置

若想编辑或删除已经添加的虚拟关节,可在选中已添加好的虚拟关节后,点击下方的"Edit Selected"或"Delete Selected"按钮。若想添加其他虚拟关节,可点击"Add Virtual Joint"按钮。

6.2.4 添加规划组

这一步是整个配置中最关键的一个步骤。规划组(Planning Groups)用于在语义上描述机器人的不同部分。如定义一条手臂或一个末端执行器是什么样的构成。在进行逆运动学解算和运动规划时,MoveIt!都是针对某一个规划组进行操作。通常一条 6 自由度机械臂的 6 个关节是一组,一个末端执行器的几个关节是一组。

(1)添加 xarm 规划组

点击配置助手左侧栏的"Planning Groups"进入如图 6.13 所示的配置页面。

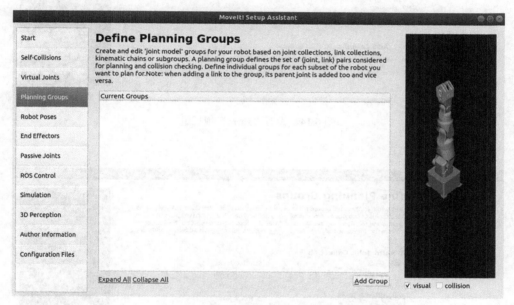

图 6.13 "Planning Groups"配置页面

点击右下角"Add Group"按钮,先添加机械臂 6 个关节的规划组 xarm。如图 6.14 所示,输入"Group Name"为"xarm",选择"Kinematic Solver"运动学求解器插件为"kdl_kinematics_plugin/KDLKinematicsPlugin",保持"Kin.Search Resolution"和"Kin.Search Timeout(sec)"为默认值。OMPL 运动规划器的默认算法可以选择"RRT"。

然后点击"Add Joints"按钮,进入如图 6.15 所示的关节选择界面,需要从左边的"Available Joints"列表中选择合适的关节,点击中间的">"按钮将之添加到右边的"Selected Joints"关节列表中。通常添加到手臂规划组的关节是一条机械臂手臂部分的可动关节,界面右侧机械臂模型的红色部分表示加入到规划组中的 link。

在之前的 Xbot-Arm 机械臂 URDF 模型设置中,我们在手爪中心添加了一个虚拟的抓取点坐标系"gripper_centor_link"。为方便机械臂操作,实际逆运动学解算和运动规划时,比起机械臂第六个关节的位姿,我们更关心"gripper_centor_link"的位姿。为了使 MoveIt!进行逆运动学解算时以"gripper_centor_link"的位姿进行,我们在机械臂的 xarm 规划组中也加入了"gripper_centor_joint"。

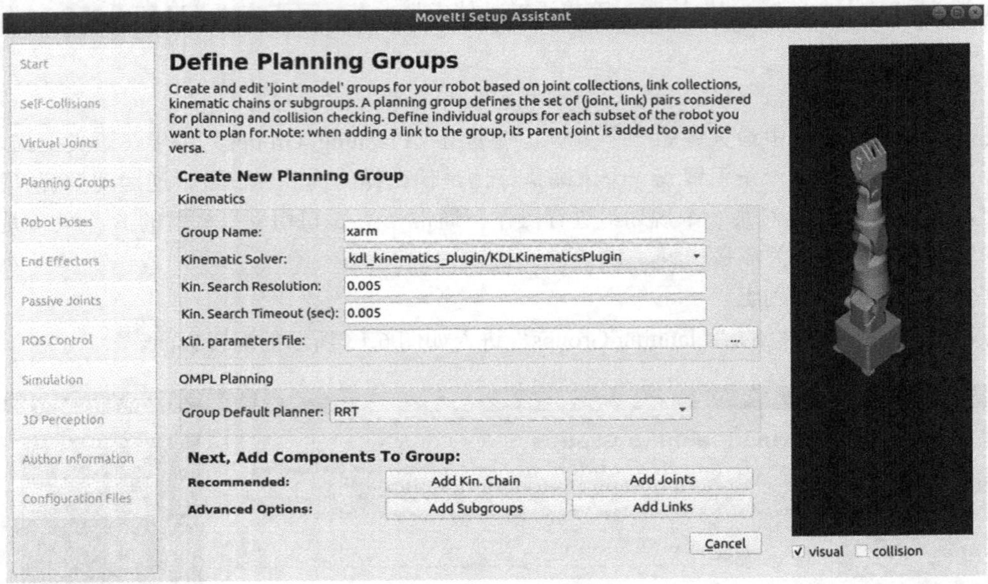

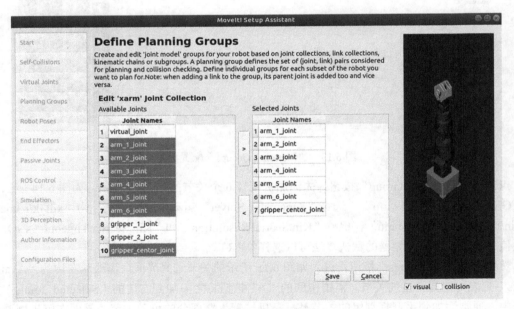

图 6.14　设置"xarm"规划组

图 6.15　添加"joint"到规划组"xarm"

选好关节后点击"Save"按钮,保存后效果图如图 6.16 所示,"xarm"规划组设置成功。

(2)添加"gripper"规划组

再点击"Add Group"按钮,如图 6.17 所示,添加机械臂手爪部分规划组"gripper",保持"Kin.Search Resolution"和"Kin.Search Timeout(sec)"为默认值,其余为"None"。

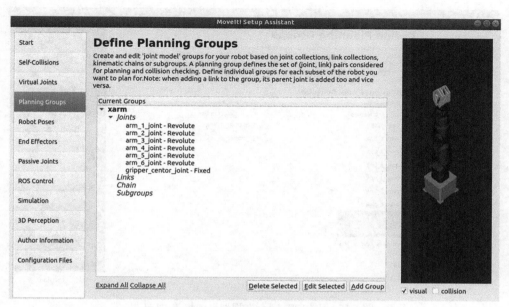

图 6.16 "xarm"规划组设置完成后效果图

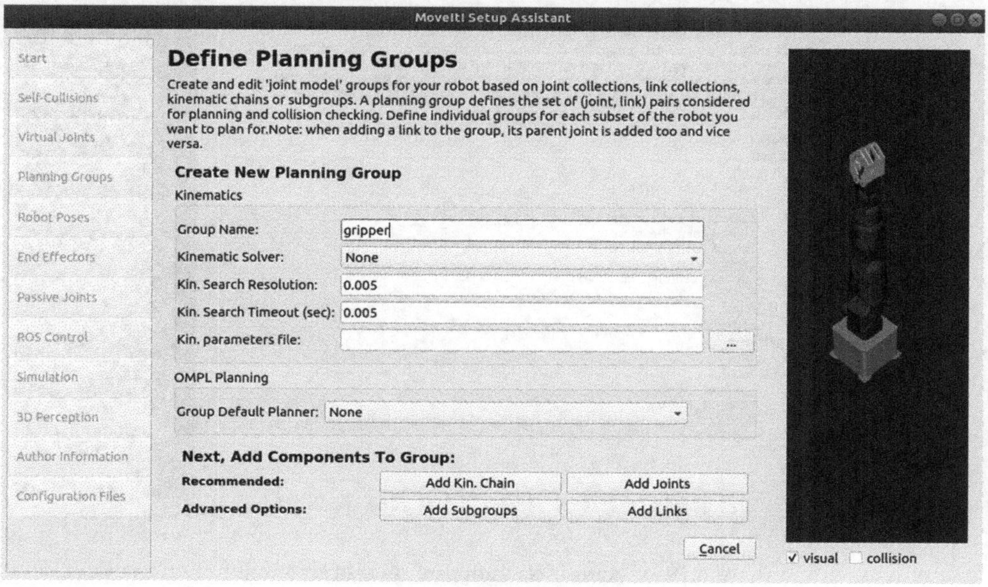

图 6.17 设置"gripper"规划组

点击右下角"Add Links"按钮,在图 6.18 所示界面选择与"gripper"相关的"link",添加到右侧的"Selected Links"列表。

然后点击"Save"按钮保存规划组的设置。添加完成后两个规划组如图 6.19 所示。

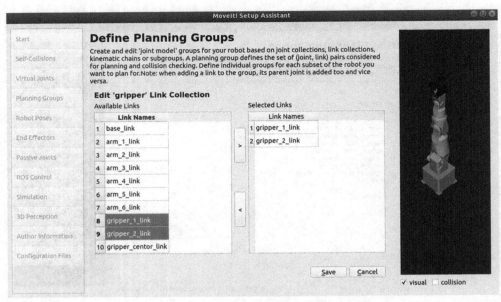

图 6.18　添加"gripper"规划组的相关"link"

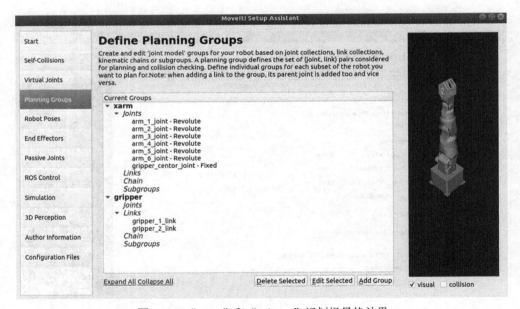

图 6.19　"xarm"和"gripper"规划组最终效果

若想编辑或删除已经添加的规划组，可选中已添加好的规划组，点击下方的"Edit Selected"或"Delete Selected"按钮。若想添加其他规划组，可继续点击"Add Group"按钮。

6.2.5　添加机器人位姿

配置助手允许添加预先设定好的机器人位姿到配置文件，这样在设置机器人的目标时，可直接使用预设位姿的名字作为目标。此步骤不是必需步骤，可省略。

点击左侧栏"Robot Poses"进入图 6.20 所示配置界面。

图 6.20　Robot Poses 配置页面

点击"Add Pose"按钮可添加一个机器人位姿。如图 6.21 所示，我们设置机器人初始状态的位姿"Pose Name"为"Home"，选择规划组为上一步添加的"xarm"，可以拖动中间关节的滑条设置各个关节的位置，也可直接在方框中输入关节角度值。初始状态关节位置都为零。

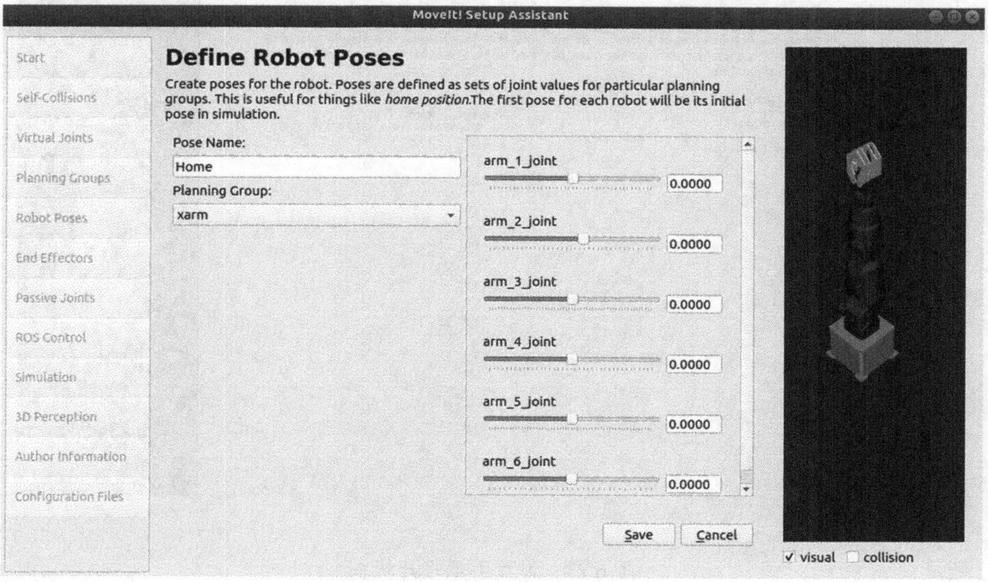

图 6.21　添加 Home 初始位姿

设置好后点击"Save"按钮保存设置。若想继续添加位置,可再点击"Add Pose"按钮。如图 6.22 所示,我们为机械臂添加了一个代表"弯腰"状态的位姿。"Pose Name"命名为"Down","Planning Group"选择"xarm",设置好后点击"Save"按钮保存。

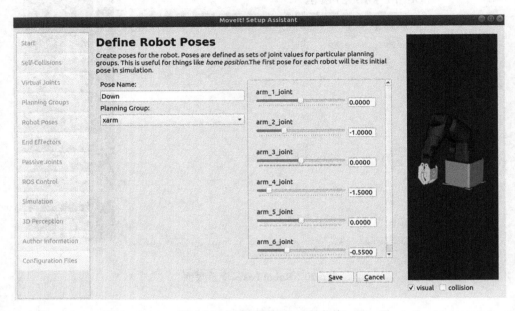

图 6.22　设置弯腰 Down 的位姿

还可按照类似的方式添加手爪的张开状态(图 6.23)和闭合状态(图 6.24)。

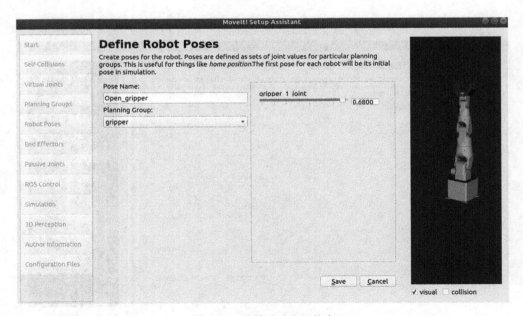

图 6.23　设置手爪张开状态

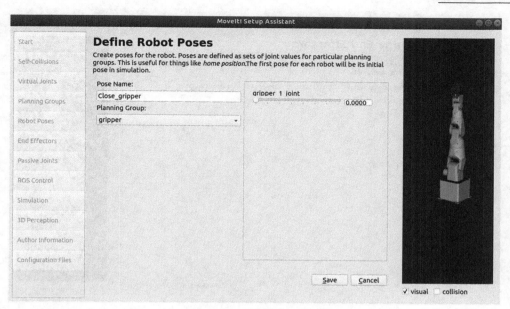

图 6.24　设置手爪闭合状态

为了方便第 9 章的手眼标定,我们还添加了"Handeye_Calibration"位姿作为手眼标定的初始状态,如图 6.25 所示。

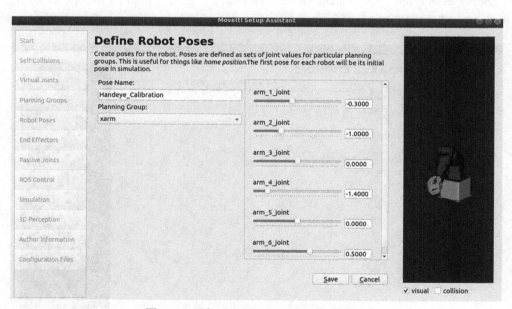

图 6.25　添加"Handeye_Calibration"位姿

6.2.6　添加末端执行器

6.2.4 节已经添加了手爪规划组"gripper",可以指定这个组为特定的末端执行器,允许它在 MoveIt!内部拥有特殊属性以执行一些特别的操作,如物品抓取和放置。

点击左侧栏"End Effectors"进入配置界面,如图 6.26 所示。

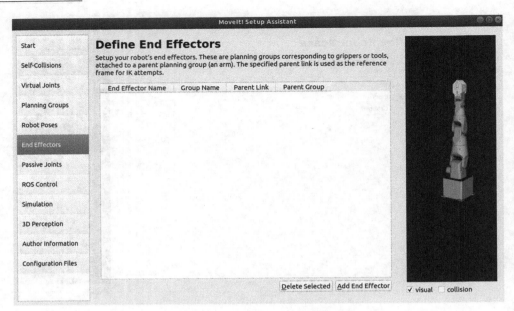

图 6.26 "End Effectors"配置界面

点击"Add End Effector"按钮添加末端执行器，"End Effector Name"可设为想要的名字，这里设置为"hand"。"End Effector Group"选择"gripper"，"Parent Link（usually part of the arm）"选择"gripper_centor_link"，"Parent Group（optional）"选择"xarm"，如图 6.27 所示。设置好后点击"Save"按钮保存。

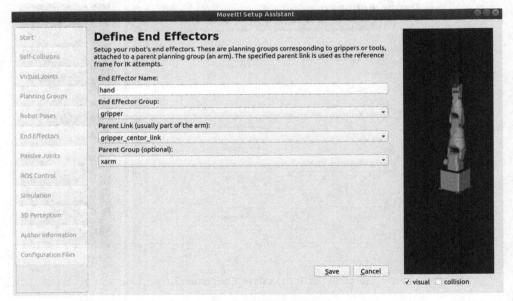

图 6.27 设置末端执行器 hand

6.2.7 添加被动关节

被动关节（Possive Joints）不被机器人所规划和控制，不管它们是什么状态，机器人都不需要处理，无法从"运动学"进行规划，如小车的被动轮、万向轮等。桌面机械臂的所有关节如图 6.28

所示，由于没有被动关节，故跳过此步。

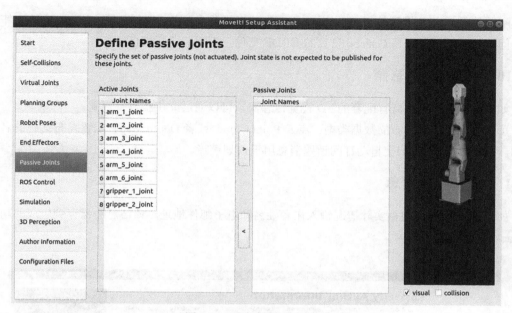

图 6.28　添加被动关节界面

6.2.8　ROS 控制

ROS Control 可用于自动生成机器人的控制器，这一步不是必需步骤，也可选择自己创建文件配置控制器。

点击"Auto Add Follow Joints Trajectory Controllers For Each Planning Group"按钮自动生成 XBot-Arm 机械臂规划组的控制器，如图 6.29 所示。

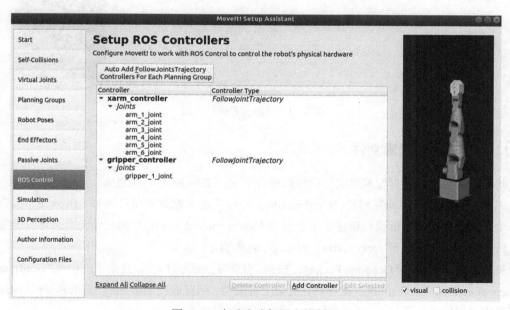

图 6.29　自动生成机器人控制器

6.2.9　Simulation 仿真

配置基于 URDF 模型的 Gazebo 仿真平台来仿真机器人，这一步非必须，自动生成的文件可能有些问题，一般自己编写 Gazebo 仿真的 URDF 文件，不通过这一步自动产生。

6.2.10　设置 3D 传感器

如果机器人或机械臂有配套的 3D 视觉传感器，可以通过此步骤进行设置。

可以选择传感器发布的数据类型：点云 Point Cloud 或者 Depth Map。配置发布话题的名字等信息。设置好后 MoveIt!会自动订阅话题消息用于规划避障。

6.2.11　添加作者信息

如图 6.30 所示，根据实际情况输入作者姓名和电子邮件地址，该信息会保存到生成的功能包的 package.xml 文件中。

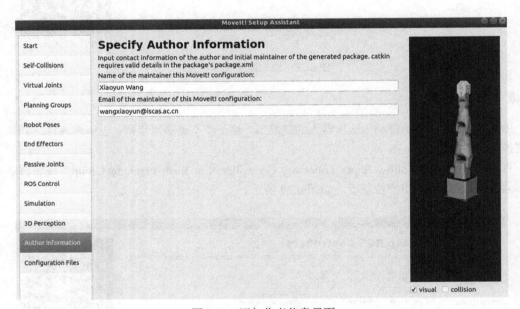

图 6.30　添加作者信息界面

6.2.12　自动生成配置文件

此步骤可将上述所有配置以文件的形式保存下来，生成 ROS 功能包。

如图 6.31 所示，点击左侧栏"Configuration Files"进入配置页面，点击"Browse"按钮，选择一个合适的目录。这里我们新建了一个名为"xarm_moveit_config"的文件夹用来存放配置文件（若原本工作空间中已有 xarm_moveit_config，可先删除。）。

最后点击右下角的"Generate Package"按钮，当进度条显示 100%，且最下方出现"Configuration package generated successfully!"提示时，说明配置成功。配置成功后可点击"Exit Setup Assistant"按钮退出设置助手界面。

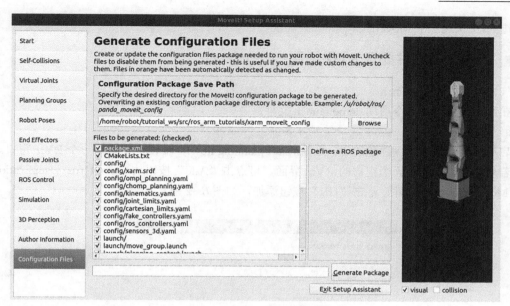

图 6.31　自动生成配置功能包

生成的 xarm_moveit_config 功能包包含两个文件夹。

① config：关节限制、SRDF 文件、ompl 配置文件等。

② launch：MoveIt!的相关启动文件。

进入保存有 xarm_moveit_config 功能包的工作空间，使用 catkin_make 命令编译功能包。

注意：我们在 6.2.5 节 "Robot Poses" 步骤为 gripper 规划组预定义位姿时，设置了 Open_gripper 和 Close_gripper 手爪状态。配置助手在自动生成功能包时，会把预设状态保存到 config 的 xarm.srdf 文件中。手爪 URDF 模型中的 gripper_2_joint 设置了<mimic>元素随 gripper_1_joint 关节运动，类似 gripper_2_joint 这样的关节在保存关节位置时可能会出现 BUG，需要我们打开 xarm_moveit_config/config/xarm.srdf 文件，找到<group_state>标签中与 gripper 规划组相关的设置，将 gripper_2_joint 的值改为与 gripper_1_joint 的值一致。如 Open_gripper，需改为如下所示的值：

```
<group_state name="Open_gripper" group="gripper">
    <joint name="gripper_1_joint" value="0.68" />
    <joint name="gripper_2_joint" value="0.68" />
</group_state>
```

6.3　使用 RViz 快速上手 MoveIt!

MoveIt!为用户提供了 GUI 工具——RViz 中的插件 MotionPlanning，能以交互的方式设置规划场景、创建目标位姿、测试规划器并可视化轨迹，方便用户快速上手 MoveIt!。

通过配置助手自动生成的功能包 xarm_moveit_config 里包含了一个 demo.launch 启动文件，可以在演示模式下启动 MoveIt!所有节点和功能进行测试。

演示模式下，MoveIt!提供的虚拟轨迹控制器（Fake Trajectory Controllers）能够模拟执行规划出的轨迹，并通过 joint_state_publisher 和 robot_state_publisher 节点发布机械臂的关节位置变化和 TF 变换，无需机械臂真机和 Gazebo 仿真即可对 MoveIt!进行相关测试。本节将学习在演示模式下如何通过 Rviz 快速上手 MoveIt!。

6.3.1 启动 Demo 并配置 RViz 插件

（1）启动 demo.launch

在终端输入以下命令启动 demo.launch 文件：

```
$ roslaunch xarm_moveit_config demo.launch
```

启动后会在终端看到绿色的"You can start planning now!"输出，并弹出一个 RViz 窗口。

若启动后弹出的是一个空白的 RViz 界面，可点击"Add"按钮从 moveit_ros_visualization 中选择 MotionPlanning 插件，点击"OK"按钮添加，如图 6.32 所示。

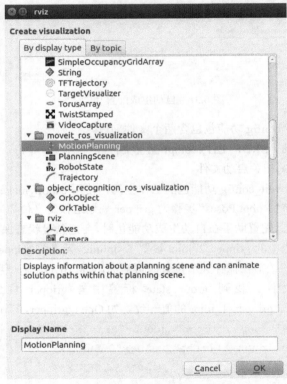

图 6.32 添加"MotionPlanning"插件

通常情况下，demo.launch 启动的 RViz 配置已经添加了 MotionPlanning 插件，如图 6.33 所示，无需自行添加。

在 RViz 左侧"Displays"面板的"Global Options"菜单中，如图 6.34 所示，将"Fixed Frame"设置为机械臂基座的坐标系"base_link"。

（2）配置 MotionPlanning 插件

开始 RViz 插件 MotionPlanning 的配置。

① 确保"Robot Description"选项设置为"robot_description"。

② 确保"Planning Scene Topic"选项设为"/move_group/monitored_planning_scene"，如图 6.35 所示。

第6章 MoveIt!基础

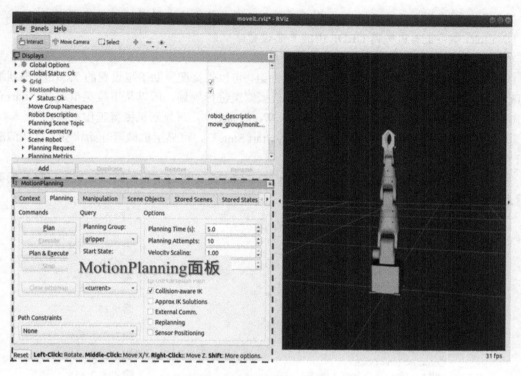

图 6.33　RViz 中的"MotionPlanning"插件

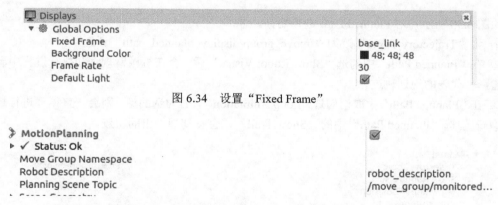

图 6.34　设置"Fixed Frame"

图 6.35　设置"Robot Description"与"Planning Scene Topic"

如图 6.36 所示，对 Scene Robot 进行配置。

① "Scene Robot"中勾选"Show Robot Visual"，可将机器人 URDF 模型可视化。
② 改变"Robot Alpha"的值，可改变模型的透明度。

图 6.36　设置"Scene Robot"

③ 若勾选"Show Robot Collision",可显示机器人的碰撞模型。

④ Links 中可查看机械臂 URDF 中的 link 设置。

如图 6.37 所示,对 Planning Request 进行配置。

① "Planning Group"为可用于规划的规划组,可以选择配置助手里设置的"xarm"规划组,也可选择"gripper"规划组。这里先对 xarm 机械臂组进行规划,所以从下拉菜单选择"xarm"。

② 在"Planning Request"中勾选"Show Workspace",可显示机械臂工作空间。

③ 在"Planning Request"中勾选"Query Start State",可显示机械臂开始状态,默认情况下显示为绿色。

④ 在"Planning Request"中勾选"Query Goal State",可显示机械臂目标状态,默认情况下显示为橙色。

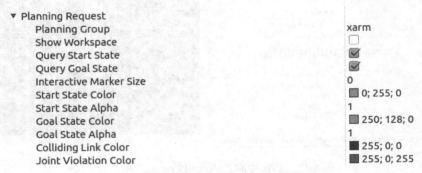

图 6.37 "Planning Request"配置

如图 6.38 所示,对 Planned Path 进行配置。

① 将"Trajectory Topic"改为"/move_group/display_planned_path"话题。

② 在"Planned Path"中勾选"Show Robot Visual"后,会在机械臂规划和执行过程中看到模型"虚影"代表的规划轨迹。

③ 在"Planned Path"中取消勾选"Loop Animation",若勾选的话,则会一直循环进行规划。

④ 若勾选"Planned Path"中的"Show Trail",会看到规划出的轨迹。

图 6.38 "Planned Path"配置

如图 6.39 所示,MotionPlanning 插件中有一个 Planning Metrics 的属性,勾选后可以显示重量限制(Show Weight Limit)、可操作性指数(Show Manipulability Index)、可操作性(Show Manipulability)、关节力矩(Show Joint Torques)。

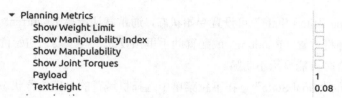

图 6.39 "Planning Metrics"设置

配置完成后,如图 6.40 所示,可以在 RViz 中看到机械臂模型以及机械臂末端的圆球控制器。将 RViz 配置好后,可以按"Ctrl+S"快捷键保存设置,下次启动 demo.launch 时,可不用重新进行设置。

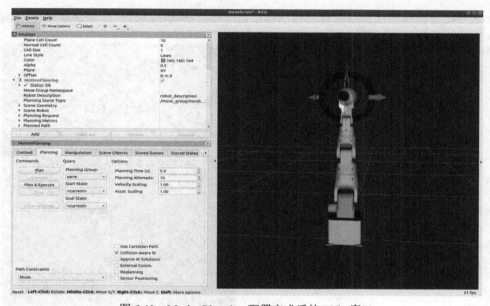

图 6.40 MotionPlanning 配置完成后的 RViz 窗口

6.3.2 使用 MotionPlanning 交互

开始时,机械臂的开始状态 Start State 和目标状态 Goal State 都与机器人当前状态重合,如图 6.40 所示。

点击 RViz 窗口"MotionPlanning"面板中的"Planning"进入规划页面,如图 6.41 所示。

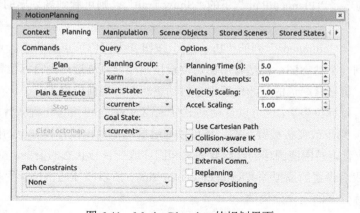

图 6.41 MotionPlanning 的规划界面

点击"Query"列下的"Start State"可设置起始状态，通常默认选择"<current>"即可。也可通过下拉菜单选择一个随机位置（Random）或配置助手里预设的一些位姿。初始位姿默认显示为绿色，与机械臂模型重合时可能显示不明显。

点击"Query"列下的"Goal State"，在下拉菜单中选择机械臂的目标位置状态，目标位置显示为橙色。可以选择 Random 生成一个随机位置，也可选择在配置助手里预设的一些位置。

配置 xarm 规划组时，我们预先设置了 Home 和 Down 的位置，在下拉菜单里可以看到。在"Goal State"中选择"Down"作为目标，RViz 显示如图 6.42 所示。

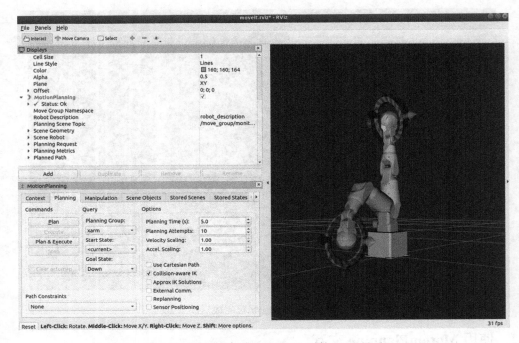

图 6.42　设置目标为"Down"后的 RViz 显示

设置好"Start State"和"Goal State"后，点击"Commands"列的"Plan"按钮，可对机械臂从起始位姿到目标位姿进行运动规划。若规划成功，能看到机械臂移动的可视化轨迹（机械臂半透明虚影）。若勾选了"Planned Path"下的"Show Trail"，则可看到规划出的轨迹路径如图 6.43 所示。

规划成功后，"Commands"列的"Execute"按钮变为深色可点击状态。点击"Execute"按钮后，则可以看到一个动态图，机械臂由初始位置按照规划轨迹运动到目标位置。

运动结束后，机械臂绿色的初始位置也会自动更新到与当前位置重合。

设置好机械臂目标位姿后，也可以直接点击"Plan & Execute"按钮让机械臂规划并执行轨迹。

除了在 Query 列下改变机械臂状态，还可以通过鼠标拖动机械臂模型上的圆球改变机械臂目标状态的位置，或者旋转围绕圆球的红绿蓝箭头和圆环改变目标状态的姿态。由于 xarm 规划组的最后一个 link 为我们设置的虚拟关节 gripper_centor_link，所以圆球通常位于手爪中心。图 6.44 是使用圆球设置目标位姿的一个效果图。

图 6.43　Plan 进行轨迹规划并可视化轨迹

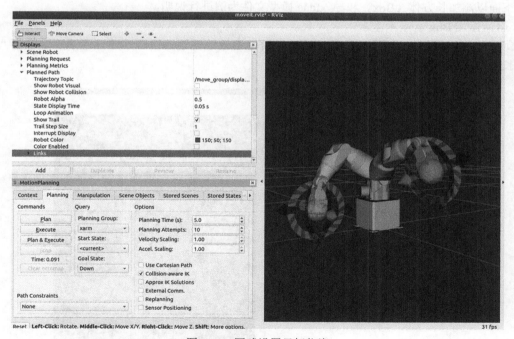

图 6.44　圆球设置目标位姿

6.3.3　设置规划场景测试碰撞检测

RViz 的 MotionPlanning 插件除了 Planning 功能面板，还有一些其他功能面板：Manipulation 可以连接到一个物体检测流水线，用于在 GUI 里运行抓取和放置操作；Stored Scenes 和 Stored States

使用 Mongo 数据库保存规划场景和机器人状态。本小节主要介绍 Scene Objects 面板，将本地文件或 3D 对象添加到 MoveIt!的规划场景（Planning Scene）中用于运动规划，测试导航避障效果。

点击"MotionPlanning"上方的"Scene Objects"进入场景物体面板。

如图 6.45 所示，可以通过左下角的"Add/Remove scene object（s）"在规划场景中添加或删除物体。

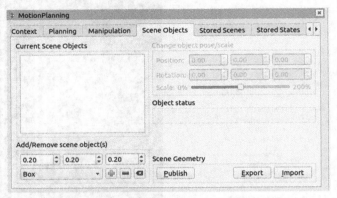

图 6.45 "Scene Objects"面板

可以添加长方体（Box）、圆柱（Cylinder）等默认形状物体，可以从文件添加.dae 格式的模型文件（mesh from file），也可从 URL 导入模型文件（mesh from URL）。

下面以添加长方体（Box）和导入.dae 模型文件为例进行说明。

（1）添加 Box

① 添加 Box 模型：如图 6.46 虚框所示，选择"Box"，设置好长方体的长宽高后，点击"+"号将长方体添加到规划场景中。

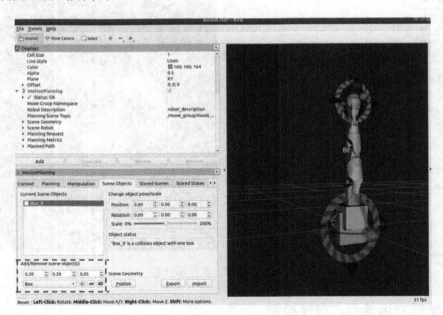

图 6.46 导入 Box 到规划场景中

② 改变 Box 的位姿尺寸：单击"Current Scene Objects"里的模型名字，RViz 显示区的 Box

模型就会出现可移动、旋转的标志（Box 周围的红绿蓝箭头和圆环）。可以通过鼠标指针在显示区改变 Box 模型的位置和姿态；也可以如图 6.47 所示，在"Change object pose/scale"面板里修改位置（Position）和姿态（Rotation），修改好后可在显示区看到 Box 的位姿发生了变化，修改"Scale"的值可对 Box 进行缩小放大。

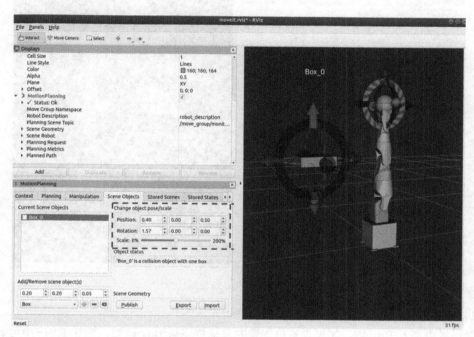

图 6.47　改变 Box 的位姿和大小

③ 设置连接的坐标系：勾选"Current Scene Objects"里的模型名字前的方框，弹出"Select Link Name"窗口，选择把模型连接到"base_link"坐标系，点击"OK"按钮，如图 6.48 所示。

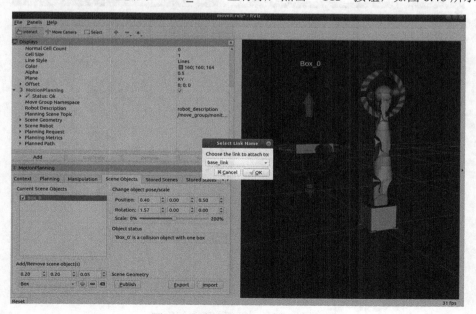

图 6.48　连接到 base_link 坐标系

④ 发布到规划场景：点击"Scene Geometry"下方"Publish"将物体发布到规划场景中，如图 6.49 所示。

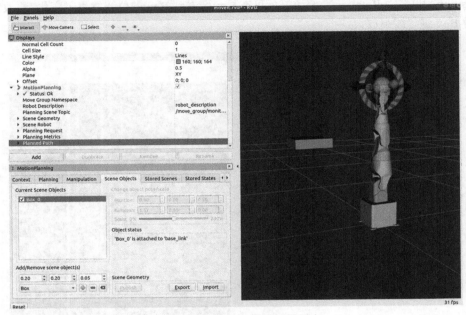

图 6.49　发布 Box 到规划场景中

（2）碰撞检测

规划场景中加入 Box 后，如果设置机械臂的目标位姿与 Box 碰撞，则在 RViz 中可看到发生碰撞的机械臂部分变成了红色，如图 6.50 所示。此时在"Planning"面板点击"Plan"按钮将规划不出路径。

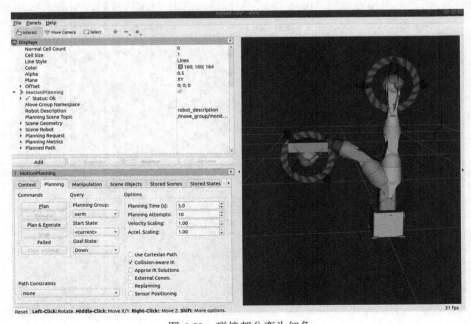

图 6.50　碰撞部分变为红色

若目标不与 Box 发生碰撞，如设目标为 "Down"，再进行规划和执行时，可以看到机械臂的运动轨迹避开了 Box 这个障碍物。

（3）添加模型文件

在左下角的 "Add/Remove scene object(s)" 的下拉列表中选择 "Mesh from file"，点击 "+" 号，可选择本地的某个.dae 模型文件导入。在 xarm_description 功能包的 meshes 文件夹下有一个 water_bottle.dae 文件，可选择后导入，如图 6.51 所示。

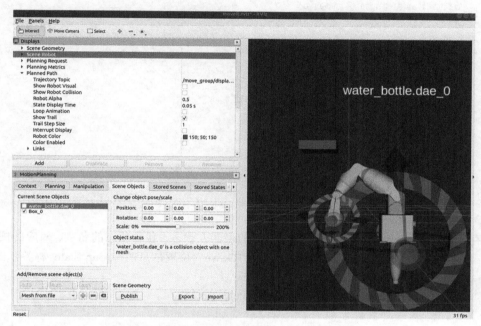

图 6.51　导入 water_bottle.dae 到规划场景中

其他操作同添加 Box 一致，这里不再赘述。

6.4　MoveIt!配置功能包解析

本节将以 xarm_moveit_config 功能包为例，介绍 MoveIt!配置功能包里的配置文件和启动文件。该功能包通过 6.2 节的配置助手自动生成，包含 config 和 launch 两个文件夹。xarm_moveit_config 功能包里的所有文件除可用 MoveIt!提供的配置助手进行设置和修改外，也可直接手动修改文件里的内容。本节将对关键的配置文件和启动文件进行讲解，以方便用户了解文件的具体内容，并对文件进行修改。

6.4.1　SRDF 文件

SRDF（Semantic Robot Description Format，语义机器人描述格式）文件通常以机器人名加.srdf 后缀组成，机器人名与在机器人 URDF 或 xacro 模型文件里设置的 robot name 一致。SRDF 文件保存机器人的规划组、预定义位姿、虚拟关节、碰撞矩阵、末端执行器等参数，是机器人 URDF 模型的扩展，由配置助手自动生成，保存在功能包的 config 文件夹里。

SRDF 文件遵循 XML 语法规范，根标签为<robot>，name 与 URDF 模型中的机器人名字一致。

\<robot\>根标签下包含\<group\>\<group_state\>\<end_effector\>\<virtual_joint\>\<disable_collisions\>标签。以 xarm.srdf 文件为例进行说明。

(1)\<group\>标签

存储在 6.2.4 节添加的规划组信息，包括规划组的名字、该组包含的 joint 和 link：

```
<group name="xarm">
    <joint name="arm_1_joint" />
    <joint name="arm_2_joint" />
    <joint name="arm_3_joint" />
    <joint name="arm_4_joint" />
    <joint name="arm_5_joint" />
    <joint name="arm_6_joint" />
    <joint name="gripper_centor_joint" />
</group>
<group name="gripper">
    <link name="gripper_1_link" />
    <link name="gripper_2_link" />
</group>
```

(2)\<group_state\>标签

保存 6.2.5 节"Robot Poses"步骤里预设好的机器人状态，包含状态的名字、对应的规划组以及规划组里每个 joint 的位置信息。下面是保存"Down"位置信息的\<group_state\>标签示例：

```
<group_state name="Down" group="xarm">
    <joint name="arm_1_joint" value="0" />
    <joint name="arm_2_joint" value="-1" />
    <joint name="arm_3_joint" value="0" />
    <joint name="arm_4_joint" value="-1.5" />
    <joint name="arm_5_joint" value="0" />
    <joint name="arm_6_joint" value="-0.55" />
</group_state>
```

(3)\<end_effector\>标签

保存 6.2.6 节"End Effectors"配置中添加的末端执行器，包含末端执行器名字、所在规划组、父 link 和父规划组信息：

```
<end_effector name="hand" parent_link="gripper_centor_link" group="gripper" parent_group="xarm" />
```

(4)\<virtual_joint\>标签

保存 6.2.3 节"Virtual Joints"步骤设置的虚拟关节，虚拟关节通常是连接机器人（机械臂）上的 link 和外部某 link 的关节：

```
<virtual_joint name="virtual_joint" type="fixed" parent_frame="world" child_link="base_link" />
```

(5)\<disable_collisions\>标签

6.2.2 节的"Self-Collisions"步骤中进行了自碰撞检测，\<disable_collisions\>标签用来保存机器

人上两 link 之间的碰撞关系。"Adjacent"表示两 link 相邻,"Never"表示两 link 永不会发生碰撞。做运动规划时可以避免对不会发生碰撞的 link 进行碰撞检测,以减少计算量:

```
<disable_collisions link1="arm_1_link" link2="arm_2_link" reason="Adjacent" />
<disable_collisions link1="arm_1_link" link2="arm_3_link" reason="Never" />
```

6.4.2 kinematics.yaml 文件

MoveIt!运动学求解器以插件的形式集成到 move_group 节点中。在配置助手里添加规划组时,我们为 xarm 规划组设置了运动学求解器 Kinematics,该设置保存在了 config 文件夹的 kinematics.yaml 文件中:

```
xarm:
  kinematics_solver: kdl_kinematics_plugin/KDLKinematicsPlugin
  kinematics_solver_search_resolution: 0.005
  kinematics_solver_timeout: 0.005
```

文件内容包含规划组名称、运动学求解器及参数。

① kinematics_solver:运动学求解器插件的名字,默认使用 KDL 求解器插件(kdl_kinematics_plugin/KDLKinematicsPlugin)。可修改插件名以选择使用其他求解器。

② kinematics_solver_search_resolution:在计算逆运动学时,指定在冗余度空间里搜索时的搜索分辨率。

③ kinematics_solver_timeout:为逆运动学解算器的每一次可能执行的内部迭代指定默认的搜索超时时间,单位为秒。

除了 KDL,也可使用 TRACLabs 开发的 TRAC-IK、OpenRAVE 软件中的 IKFast 或其他自定义的求解器。按照 MoveIt!官方教程安装好依赖库或软件后,只需修改 kinematics.yaml 文件中的 kinematics_solver 插件名,即可完成运动学求解器的替换。

TRAC-IK 官方教程:

http://docs.ros.org/en/melodic/api/moveit_tutorials/html/doc/trac_ik/trac_ik_tutorial.html

IKFast 官方教程:

http://docs.ros.org/en/melodic/api/moveit_tutorials/html/doc/ikfast/ikfast_tutorial.html

6.4.3 joint_limits.yaml 文件

在机械臂的 URDF 模型文件中,通常会通过<limit>属性指定各个 joint 的位置、速度限制。joint_limits.yaml 中允许根据需要,覆盖或增强 URDF 中指定的关节的动力学属性,可以通过 [max_position, min_position, max_velocity, max_acceleration]设置关节最大位置、最小位置、最大速度和最大加速度,可以通过设置[has_velocity_limits, has_acceleration_limits]选择开启(true)或关闭(false)速度限制和加速度限制。joint_limits.yaml 文件部分内容如下:

```
arm_1_joint:
  has_velocity_limits: true
  max_velocity: 0.35
  has_acceleration_limits: false
  max_acceleration: 0
```

6.4.4 ompl_planning.yaml 文件

OMPL（Open Motion Planning Library）是一个开源的运动规划库，MoveIt!使用该库中的运动规划器为默认规划器，ompl_planning.yaml 文件中保存着 OMPL 的相关配置。使用配置助手设置规划组时，我们为 xarm 组的规划器选择了 RRT 算法，在 ompl_planning.yaml 文件中可以看到此设置：

```yaml
xarm:
  default_planner_config: RRT
```

6.4.5 fake_controllers.yaml 文件

在 6.3 节启动 demo.launch 进行测试时，RViz 中的机械臂可以执行规划出的轨迹并反馈实时关节状态，在没有真实机械臂设备或 Gazebo 仿真时进行演示测试。这里用到了虚拟控制器，控制器的参数设置保存在 fake_controllers.yaml 文件中，文件内容如下：

```yaml
controller_list:
  -name: fake_xarm_controller
   type: $(arg execution_type)
   joints:
     -arm_1_joint
     -arm_2_joint
     -arm_3_joint
     -arm_4_joint
     -arm_5_joint
     -arm_6_joint
  -name: fake_gripper_controller
   type: $(arg execution_type)
   joints:
     -gripper_1_joint
initial:  # Define initial robot poses.
  -group: xarm
   pose: Home
  -group: gripper
   pose: Close_gripper
```

controller_list 中可以看到 xarm 规划组和 gripper 规划组各有一个控制器，initial 中设置了当 demo.launch 启动时，虚拟规划器中发布的规划组关节的初始状态。

6.4.6 demo.launch 启动文件

demo.launch 文件的主要内容分为以下几部分。

① 设置启用数据、数据库路径、调试模式、fake 虚拟控制器类型等参数。

```xml
<arg name="pipeline" default="ompl" />
<arg name="db" default="false" />
<arg name="db_path" default="$(find xarm_moveit_config)/default_warehouse_
```

```xml
mongo_db" />
    <arg name="debug" default="false" />
    <arg name="load_robot_description" default="true"/>
    <arg name="execution_type" default="interpolate" />
    <arg name="use_gui" default="false" />
    <arg name="use_rviz" default="true" />
    <!-- By default, we are not in debug mode -->
    <arg name="debug" default="false" />
    <!-- By default, we will load or override the robot_description -->
    <arg name="load_robot_description" default="true"/>
    <!-- Set execution mode for fake execution controllers -->
    <arg name="execution_type" default="interpolate" />
    <arg name="use_gui" default="false" />
    <arg name="use_rviz" default="true" />
```

② 在没有连接真实机械臂或 Gazebo 仿真机械臂的情况下，通过 fake 虚拟控制器发布关节状态/joint_states。

```xml
    <node name="joint_state_publisher" pkg="joint_state_publisher" type="joint_state_publisher" unless="$(arg use_gui)">
      <rosparam param="source_list">[move_group/fake_controller_joint_states]</rosparam>
    </node>
    <node name="joint_state_publisher" pkg="joint_state_publisher_gui" type="joint_state_publisher_gui" if="$(arg use_gui)">
      <rosparam param="source_list">[move_group/fake_controller_joint_states]</rosparam>
    </node>
```

③ 启动 robot_state_publisher 节点发布 TF。

```xml
<node name="robot_state_publisher" pkg="robot_state_publisher" type="robot_state_publisher" respawn="true" output="screen" />
```

④ 启动 move_group.launch 文件。

```xml
<include file="$(find xarm_moveit_config)/launch/move_group.launch">
    <arg name="allow_trajectory_execution" value="true"/>
    <arg name="fake_execution" value="true"/>
    <arg name="execution_type" value="$(arg execution_type)"/>
    <arg name="info" value="true"/>
    <arg name="debug" value="$(arg debug)"/>
    <arg name="pipeline" value="$(arg pipeline)"/>
    <arg name="load_robot_description" value="$(arg load_robot_description)"/>
</include>
```

在没有真实机器人或 Gazebo 仿真的情况下，fake_execution 参数为 true。

⑤ 启动 moveit_rviz.launch 文件，用以启动 RViz。

```xml
<include file="$(find xarm_moveit_config)/launch/moveit_rviz.launch" if="$(arg use_rviz)">
```

```xml
    <arg name="rviz_config" value="$(find xarm_moveit_config)/launch/moveit.rviz"/>
    <arg name="debug" value="$(arg debug)"/>
</include>
```

⑥ 如果数据库模式激活，启动 mongodb。

```xml
<include file="$(find xarm_moveit_config)/launch/default_warehouse_db.launch" if="$(arg db)">
    <arg name="moveit_warehouse_database_path" value="$(arg db_path)"/>
</include>
```

6.4.7 move_group.launch 文件

move_group.launch 文件是 MoveIt!核心节点 move_group 的启动文件，该文件会加载路径规划、轨迹执行、3D 传感器等配置参数传递给 move_group 节点并启动节点。

① 设置调试模式相关参数。

```xml
<!--GDB Debug Option -->
<arg name="debug" default="false" />
<arg unless="$(arg debug)" name="launch_prefix" value="" />
<arg     if="$(arg debug)" name="launch_prefix"
         value="gdb -x $(find xarm_moveit_config)/launch/gdb_settings.gdb --ex run --args" />

<!--Verbose Mode Option -->
<arg name="info" default="$(arg debug)" />
<arg unless="$(arg info)" name="command_args" value="" />
<arg     if="$(arg info)" name="command_args" value="--debug" />
```

② 设置 move_group 相关参数，如是否允许执行轨迹（allow_trajectory_execution）、启用 fake 虚拟控制器（fake_execution）等。

```xml
<arg name="pipeline" default="ompl" />
<arg name="allow_trajectory_execution" default="true"/>
<arg name="fake_execution" default="false"/>
<arg name="execution_type" default="interpolate"/> <!--set to 'last point' to skip intermediate trajectory in fake execution -->
<arg name="max_safe_path_cost" default="1"/>
<arg name="jiggle_fraction" default="0.05" />
<arg name="publish_monitored_planning_scene" default="true"/>
<arg name="capabilities" default=""/>
<arg name="disable_capabilities" default=""/>
```

③ 启动 planning_context.launch 文件，该文件中会加载 URDF、SRDF、joint_limits.yaml 和运动学求解设置 kinematics.yaml 等。

```xml
<arg name="load_robot_description" default="true" />
<!--load URDF, SRDF and joint_limits configuration -->
<include file="$(find xarm_moveit_config)/launch/planning_context.launch">
```

```xml
    <arg name="load_robot_description" value="$(arg load_robot_description)" />
</include>
```

④ 加载规划器模块相关参数配置，默认使用 OMPL 规划器。

```xml
<!--Planning Functionality -->
<include ns="move_group" file="$(find xarm_moveit_config)/launch/planning_pipeline.launch.xml">
    <arg name="pipeline" value="$(arg pipeline)" />
    <param name="capabilities" value="$(arg capabilities)"/>
    <param name="disable_capabilities" value="$(arg disable_capabilities)"/>
</include>
```

⑤ 加载轨迹执行模块相关参数配置。

```xml
<!--Trajectory Execution Functionality -->
<include ns="move_group" file="$(find xarm_moveit_config)/launch/trajectory_execution.launch.xml" if="$(arg allow_trajectory_execution)">
    <arg name="moveit_manage_controllers" value="true" />
    <arg name="moveit_controller_manager" value="xarm" unless="$(arg fake_execution)"/>
    <arg name="moveit_controller_manager" value="fake" if="$(arg fake_execution)"/>
    <arg name="execution_type" value="$(arg execution_type)" />
</include>
```

trajectory_execution.launch.xml 文件中可以设置机器人执行轨迹允许的时间（预期执行时间乘以 trajectory_execution/allowed_execution_duration_scaling 参数的值）、执行轨迹可允许的超时时间（trajectory_execution/allowed_goal_duration_margin）、允许的初始关节位置与轨迹第一点的容差（trajectory_execution/allowed_start_tolerance）等。考虑到实际机械臂的精度，可适当增大这几个参数的值。

⑥ 启动传感器模块。

```xml
<!--Sensors Functionality -->
<include ns="move_group" file="$(find xarm_moveit_config)/launch/sensor_manager.launch.xml" if="$(arg allow_trajectory_execution)">
    <arg name="moveit_sensor_manager" value="xarm" />
</include>
```

⑦ 启动 move_group 节点。

```xml
<!--Start the actual move_group node/action server -->
<node name="move_group" launch-prefix="$(arg launch_prefix)" pkg="moveit_ros_move_group" type="move_group" respawn="false" output="screen" args="$(arg command_args)">
    <!--Set the display variable, in case OpenGL code is used internally -->
    <env name="DISPLAY" value="$(optenv DISPLAY :0)" />
```

```xml
    <param name="allow_trajectory_execution" value="$(arg allow_trajectory_execution)"/>
    <param name="max_safe_path_cost" value="$(arg max_safe_path_cost)"/>
    <param name="jiggle_fraction" value="$(arg jiggle_fraction)" />
 <!--Publish the planning scene of the physical robot so that rviz plugin can know actual robot -->
    <param name="planning_scene_monitor/publish_planning_scene" value="$(arg publish_monitored_planning_scene)" />
    <param name="planning_scene_monitor/publish_geometry_updates" value="$(arg publish_monitored_planning_scene)" />
    <param name="planning_scene_monitor/publish_state_updates" value="$(arg publish_monitored_planning_scene)" />
    <param name="planning_scene_monitor/publish_transforms_updates" value="$(arg publish_monitored_planning_scene)" />
  </node>
```

6.4.8 setup_assistant.launch 文件

若想修改 xarm_moveit_config 的配置，除了直接修改功能包里对应的文件，还可启动 setup_assistant.launch 文件，重新加载 MoveIt!配置助手，修改配置后重新保存。

在终端输入以下命令启动 setup_assistant.launch：

```
$ roslaunch xarm_moveit_config setup_assistant.launch
```

启动后弹出配置助手界面如图 6.52 所示，可以看到"Start"页面已经自动选择了"Edit Existing MoveIt Configuration Package"按钮且在"Browse"处自动加载了"xarm_moveit_config"。

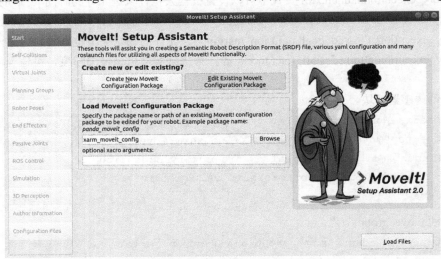

图 6.52　启动配置助手更改已有的配置包

点击右下角的"Load Files"按钮即可加载之前的配置并进行修改。修改完成后，可在最后一步"Configuration Files"页面点击"Generate Package"按钮将修改的内容自动保存到功能包的相关文件中。

6.5 MoveIt!控制真实机械臂

本节将以 XBot-Arm 机械臂的驱动功能包为例，介绍 MoveIt!与机械臂驱动节点的通信机制，以及如何设置 launch 文件启动 move_group 节点用以控制真实机械臂。

6.5.1 通信机制和系统架构

回顾图 6.3 所示的 move_group 架构图，与演示模式下对比不难发现，实现 MoveIt!对真实机械臂的控制，需在系统中添加机械臂（机器人）端节点，用来代替演示模式下的虚拟关节控制器。

机器人端节点需要满足以下三个条件。

① 能够与 MoveIt!进行通信，获取 MoveIt!规划出的轨迹。
② 能够驱动机械臂的关节执行轨迹。
③ 能够通过传感器获取机械臂的实时状态，发布到/joint_states 话题。

如果是购买厂家生产的机械臂产品，机械臂的 ROS 节点部分代码通常是已经写好的，我们只需要按照教程使用。如果是自行设计的机械臂，则需要自己实现这一部分代码。下面以机械臂 XBot-Arm 为例进行说明。机械臂驱动机构的底层控制不在本书讨论范围内，我们默认机械臂已经能够实现最基本的"点动"控制——每个关节都能以一定的速度运动到指定的关节位置。

机械臂 XBot-Arm 的驱动节点为 xarm_driver，与 MoveIt!的通信架构如图 6.53 所示。

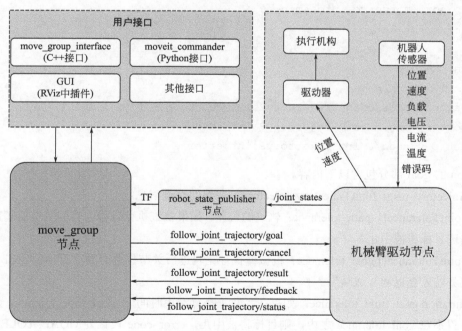

图 6.53 机械臂 XBot-Arm 的系统架构

MoveIt!的 move_group 节点与机械臂端通过 Action 进行通信。move_group 节点作为 Action 的客户端，会把综合碰撞检测、运动规划等模块后得到的轨迹结果 goal 发给服务端节点（机械臂端）。真实机械臂的 ROS 驱动节点作为 Action 的服务端，需要接收 move_group 发送的 goal 并进行处理，控制机械臂按照规划的轨迹运动到目标位置，并反馈轨迹执行过程和结果。

与此同时，机械臂节点还需获取传感器反馈的关节位置、速度、负载、电流、电压等信息，发布关节状态到/joint_states 话题。

MoveIt!官方给出的 Action 为 FollowJointTrajectoryAction，通常一个规划组对应一个 Action 通信，以<group_name>_controller/follow_joint_trajectory 的形式命名。xarm 规划组的 Action 为 xarm_controller/follow_joint_trajectory，gripper 规划组的 Action 为 gripper_controller/follow_joint_trajectory。

Action 的类型为 control_msgs/FollowJointTrajectory，定义如下：

```
trajectory_msgs/JointTrajectory trajectory
JointTolerance[] path_tolerance
JointTolerance[] goal_tolerance
duration goal_time_tolerance
---
int32 error_code
int32 SUCCESSFUL=0
int32 INVALID_GOAL=-1
int32 INVALID_JOINTS=-2
int32 OLD_HEADER_TIMESTAMP=-3
int32 PATH_TOLERANCE_VIOLATED=-4
int32 GOAL_TOLERANCE_VIOLATED=-5
string error_string
---
Header header
string[] joint_names
trajectory_msgs/JointTrajectoryPoint desired
trajectory_msgs/JointTrajectoryPoint actual
trajectory_msgs/JointTrajectoryPoint error
```

Action 的 goal 部分包含以下内容。

① trajectory_msgs/JointTrajectory trajectory：完整的轨迹信息。

② JointTolerance[] path_tolerance：轨迹的公差。如果轨迹执行过程中实际关节值超出公差范围，则轨迹目标将被中止。

③ JointTolerance[] goal_tolerance：机械臂执行完轨迹后关节位置必须在目标值 goal_tolerance 之内，服务端才会返回"成功"。

④ duration goal_time_tolerance：如果在"轨迹执行结束时间"+goal_time_tolerance 之后关节的实际位置不在 goal_tolerance 之内，则目标将被中止，error_code 设置为 GOAL_TOLERANCE_VIOLATED。

trajectory_msgs/JointTrajectory 消息的定义如图 6.54 所示，轨迹由一系列关节空间的位置（positions）、速度（velocities）、加速度（accelerations）和作用力（effort）组成。

图 6.55 是 xarm 规划组某次规划出的轨迹的部分截图。

```
robot@ros-arm:~$ rosmsg show trajectory_msgs/JointTrajectory
std_msgs/Header header
  uint32 seq
  time stamp
  string frame_id
string[] joint_names
trajectory_msgs/JointTrajectoryPoint[] points
  float64[] positions
  float64[] velocities
  float64[] accelerations
  float64[] effort
  duration time_from_start
```

图 6.54 tajectory_msgs/JointTrajectory 消息的定义

```
joint_trajectory:
  header:
    seq: 0
    stamp:
      secs: 0
      nsecs:         0
    frame_id: "base_link"
  joint_names: [arm_1_joint, arm_2_joint, arm_3_joint, arm_4_joint, arm_5_joint, arm_6_joint]
  points:
    -
      positions: [-1.8001538689713923, -1.8593821730593911, -1.1520775300066455, 0.12272623148565187, 1.21469458378749, 1.0197959035907407]
      velocities: [0.0, 0.0, 0.0, 0.0, 0.0, 0.0]
      accelerations: [1.008620155747388, 0.0, 0.0, 0.0, 0.0, 0.0]
      effort: []
      time_from_start:
        secs: 0
        nsecs:         0
    -
      positions: [-1.75546149444147, -1.826469979896219, -1.1424366215092792, 0.11077828343437936, 1.1951292060551029, 1.0096812475417054]
      velocities: [0.25006466359004326, 0.18415169473371523, 0.05394321884781822, -0.06685166410284184, -0.10947302872407991, -0.05659395117924683]
      accelerations: [0.9397166053435224, 0.6920226271038502, 0.2027129214069076, -0.2512214958738748, -0.41138808439531305, -0.2126740936589397]
      effort: []
      time_from_start:
        secs: 0
        nsecs: 297692499
    -
```

图 6.55 规划的轨迹示例

xarm 规划组有 6 个非 fixed 类型的关节，每个轨迹点中的 positions（位置）、velocities（速度）、accelerations（加速度）、effort（作用力）若存在数值，则长度一定为 6，与 joint_names 中的关节一一对应。

这样的一系列点组成了一条从规划的起始位置到目标位置的轨迹。如图 6.56 所示，虚影部分表示从起点位置到“Down”目标规划出的轨迹。

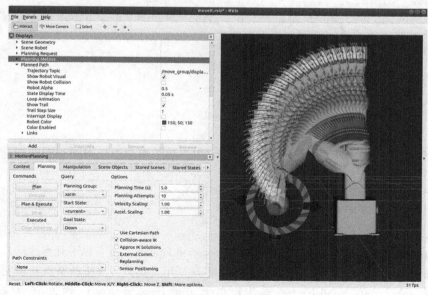

图 6.56 在 RViz 中可视化轨迹

6.5.2 添加 MoveIt!启动文件

为方便与演示模式下的 MoveIt!测试启动文件 demo.launch 区分，我们参考 demo.launch，在 xarm_moveit_config 功能包的 launch 文件夹中添加 xarm_moveit_planning_execution.launch 文件，文件内容如下：

```xml
<launch>
  <!--specify the planning pipeline -->
  <arg name="pipeline" default="ompl" />
  <!--Allow user to specify database location -->
  <arg name="db_path" default="$(find xarm_moveit_config)/default_warehouse_mongo_db" />
  <!--By default, we are not in debug mode -->
  <arg name="debug" default="false" />
  <!--By default, we will load or override the robot_description -->
  <arg name="load_robot_description" default="true"/>
  <arg name="use_gui" default="false" />
  <!--By default, we will not run Rviz -->
  <arg name="use_rviz" default="false" />

  <!--Run the main MoveIt! executable without trajectory execution (we do not have controllers configured by default) -->
  <include file="$(find xarm_moveit_config)/launch/move_group.launch">
    <arg name="allow_trajectory_execution" value="true"/>
    <arg name="fake_execution" value="false"/>
    <arg name="info" value="true"/>
    <arg name="debug" value="$(arg debug)"/>
    <arg name="pipeline" value="$(arg pipeline)"/>
    <arg name="load_robot_description" value="$(arg load_robot_description)"/>
  </include>

  <!--Run Rviz and load the default config to see the state of the move_group node -->
  <include file="$(find xarm_moveit_config)/launch/moveit_rviz.launch" if="$(arg use_rviz)">
    <arg name="rviz_config" value="$(find xarm_moveit_config)/launch/moveit.rviz" />
    <arg name="debug" value="$(arg debug)"/>
  </include>
</launch>
```

对比 demo.launch，xarm_moveit_planning_execution.launch 主要有以下几点改动。

① 删除了 joint_state_publisher 节点的启动。系统采用真实机械臂驱动节点发布/joint_states 话题，再通过 robot_state_publisher 节点计算机器人的正向运动学，通过/tf 发布计算结果

（robot_state_publisher 节点的启动放在了其他文件中），因此无需 joint_state_publisher 节点。

② move_group 节点的参数 fake_execution 的值改为 false，不再使用虚拟控制器。

③ use_rviz 参数默认值设为 false，启动时默认不启动 RViz。这一处修改非必须，读者可按照自己的习惯设置。

注意：在使用配置助手（Setup Assistant）自动生成的配置和启动文件中，有时会存在错误，需要在运行时根据错误手动修改相应的文件。

例如在参数 fake_execution 设为 false 时，在 trajectory_execution.launch.xml 文件中，需启动 xarm_moveit_controller_manager.launch.xml 文件：

```
<!--Load the robot specific controller manager; this sets the moveit_controller_manager ROS parameter -->
<arg name="moveit_controller_manager" default="xarm" />
<include file="$(find xarm_moveit_config)/launch/$(arg moveit_controller_manager)_moveit_controller_manager.launch.xml">
  <arg name="execution_type" value="$(arg execution_type)" />
</include>
```

但 xarm_moveit_controller_manager.launch.xml 文件中没有 execution_type 参数，因此我们需将 execution_type 参数的传入语句注释掉：

```
<arg name="moveit_controller_manager" default="xarm" />
<include file="$(find xarm_moveit_config)/launch/$(arg moveit_controller_manager)_moveit_controller_manager.launch.xml">
  <!--arg name="execution_type" value="$(arg execution_type)" /-->
</include>
```

考虑到真实机械臂控制的精度等问题，需打开 trajectory_execution.launch.xml 文件，适当修改轨迹执行相关参数的值。

① allowed_execution_duration_scaling：在确定一条轨迹预计执行时间时，将在允许可执行时间上乘以该系数因子，默认为 1.2。

② allowed_goal_duration_margin：在触发轨迹取消之前，允许超过预期的执行时间，默认 0.5s，可适当延长。

③ allowed_start_tolerance：允许轨迹的第一个点的关节位置与机器人当前位置的公差，默认 0.01，此数值必须大于机械臂的关节控制精度。

6.5.3 真实机械臂测试

设置好真实机械臂 MoveIt!的相关启动文件和参数后，可以在真实的机械臂上进行测试，以 XBot-Arm 机械臂为例，通常需启动以下几部分。

（1）机械臂 launch 文件

连接好机械臂后，可在终端输入以下命令启动 xarm_driver.launch：

```
$ roslaunch xarm_driver xarm_driver.launch
```

xarm_driver.launch 启动了机械臂驱动节点、加载了机械臂的 URDF 模型并启动了 robot_state_publisher 节点。

(2) MoveIt!相关节点

在终端输入以下命令启动 move_group 节点和相关配置文件。该文件默认没有启动 Rviz：

$ roslaunch xarm_moveit_config xarm_moveit_planning_execution.launch

若想启动 RViz，可在启动 xarm_moveit_planning_execution.launch 时设置 use_rviz 参数为 true：

$ roslaunch xarm_moveit_config xarm_moveit_planning_execution.launch use_rviz:=true

或者新开终端，单独启动 RViz：

$ roslaunch xarm_moveit_config moveit_rviz.launch

启动后，可以看到 RViz 界面显示的机械臂状态与实际机械臂的状态一致。

参考 6.3 节的内容，通过 "MotionPlanning" 面板与真实的机械臂 "互动"，如让机械臂运动到 "Down" 的位置，点击 "Commands" 标签内的 "Plan" 按钮进行路径规划。规划结束后，点击 "Execute" 执行按钮控制真实机械臂执行规划出的轨迹，机械臂会逐步运动到目标位姿。

在真实机械臂运动过程中，RViz 里的机械臂状态也会跟着更新，最终到达目标位置后，代表机械臂开始状态的绿色机械臂也会更新到目标位置处，如图 6.57 所示。

图 6.57 真实机械臂控制示意图

RViz 中的 MotionPlanning 插件，以及后面章节学习的命令行工具、MoveIt!接口编写的脚本等都可直接用在真实机械臂上。

6.6 使用 MoveIt!的命令行工具

本节将学习 MoveIt!提供给用户的命令行交互工具 moveit_commander_cmdline.py 的使用。

（1）启动命令行工具

在终端输入以下命令启动 demo.launch：

$ roslaunch xarm_moveit_config demo.launch

为了方便查看测试效果，可以在 MotionPlanning——Planning Request 下取消勾选"Query Start State"和"Query Goal State"。

新开终端，输入以下命令启动命令行工具脚本：

```
$ rosrun moveit_commander moveit_commander_cmdline.py
```

启动后可以看到">"标记的命令输入提示，如图 6.58 所示。

图 6.58 ">"标记的命令输入提示

根据提示在">"标记后输入"help"，可看到命令行工具提供的所有命令以及作用。表 6.1 中对几个常用命令的使用进行介绍。

表 6.1 MoveIt!命令行工具常用命令

命令	作用
use <group_name>	选择操作的规划组并加载
current	显示当前规划组的状态
go <goal_name>	规划并运动到目标状态
go rand	规划并运动到一个随机目标状态
plan <goal_name>	对到目标状态进行运动规划
execute	执行先前规划（plan）出的轨迹
record <name>	记录当前规划组状态到名为 name 的变量下
x=y	把 y 的值赋给 x
x=[v1 v2 ...]	给 x 赋一个向量值

（2）进行规划并执行轨迹

MoveIt!里的命令和操作都是针对设置好的规划组，需要先使用 use <group_name>命令选择规划组。在 Xbot_Arm 机械臂中可以选择 xarm 手臂组或 gripper 手爪组。

以 xarm 为例，">"后输入以下命令选择 xarm 规划组，如图 6.59 所示。

```
$ use xarm
```

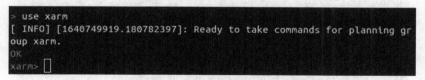

图 6.59 选择 xarm 手臂规划组

接下来可以对上述指定的 xarm 规划组进行操作。

6.2 节为 xarm 规划组预设了"Home""Down"的状态，在命令行工具终端输入以下命令可以让机械臂规划并运动到"Down"的目标状态，如图 6.60 所示。

```
$ go Down
```

图 6.60 执行 go Down 命令

如图 6.61 所示，可以看到 RViz 中的机械臂模型运动到了“Down”的状态。

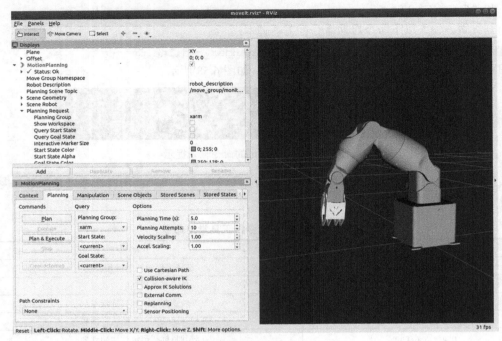

图 6.61　机械臂运动到 Down 目标

可以输入下面命令显示 xarm 规划组的当前状态：

$ current

如图 6.62 所示，joints 数组记录 xarm 规划组里所有非固定类型关节的位置，单位为弧度。

```
xarm> current
joints = [3.62937240861e-05 -0.999906963558 -2.28899823036e-05 -1.5000
0100359 6.44522983581e-05 -0.550065826445]
gripper_centor_link pose = [
header:
  seq: 0
  stamp:
    secs: 1640758029
    nsecs: 213701963
  frame_id: "base_link"
pose:
  position:
    x: 0.319802922057
    y: 0.000189906346139
    z: 0.116569040003
  orientation:
    x: -1.64726066562e-05
    y: 0.673982790224
    z: 6.20027291158e-06
    w: 0.738747046134 ]
gripper_centor_link RPY = [-0.0001746601432150074, 1.4791737923301616,
 -0.00014256217376277762]
xarm>
```

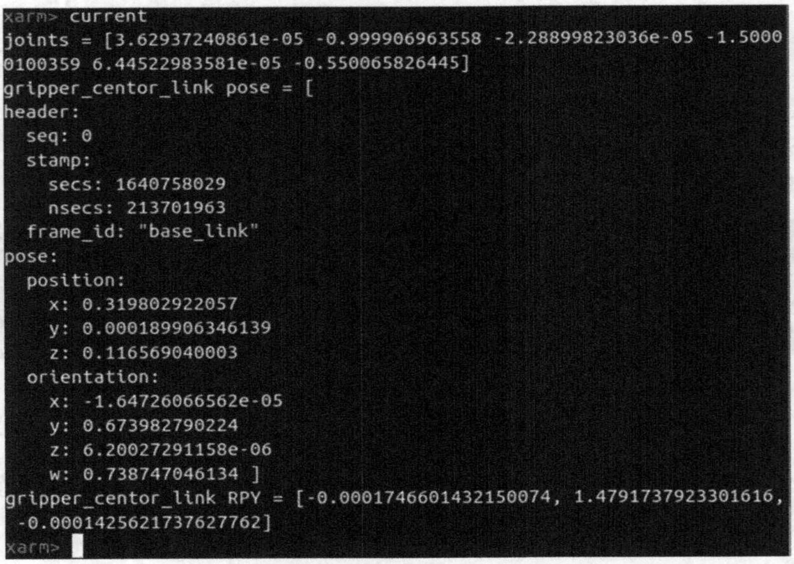

图 6.62　输入 current 获取规划组当前状态

由于设置了 xarm 规划组的最后一个关节是 gripper_centor_joint，所以运动规划时以 gripper_centor_link（手爪中心）的位置和姿态作为目标位姿。current 里显示的也是 gripper_centor_ link 的位姿 pose，由 xyz 表示的位置 position 和四元数表示的姿态 orientation 两部分组成。最后一行是以欧拉角 RPY（滚转、俯仰、偏航）表示的 gripper_centor_link 姿态（方向）。

输入以下命令可将 current 里的当前关节值保存到名为 "c" 的变量里：

```
$ record c
```

输入以下命令可将 c 的值复制到一个名为 goal 的新变量中：

```
$ goal=c
```

将 goal 的第二个关节的值修改为-0.5，goal 的第六个关节的值改为 0.8，作为新的目标：

```
$ goal[1]=-0.5
$ goal[5]=0.8
```

使用 plan 命令对目标 goal 进行运动规划：

```
$ plan goal
```

规划完成后，使用 execute 命令可执行规划出的轨迹：

```
$ execute
```

如图 6.63 所示，可以在 RViz 中看到机械臂运动到了 goal 的位置。

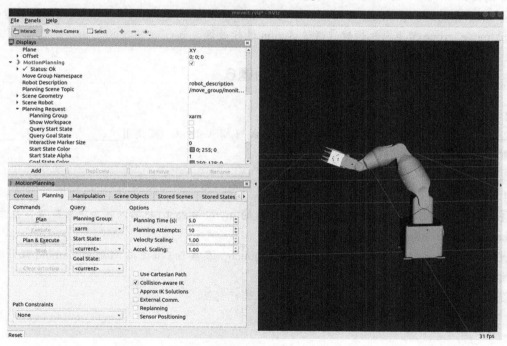

图 6.63　机械臂运动到 goal 位置

（3）控制手爪

输入以下命令可切换到手爪规划组进行操作：

```
$ use gripper
```

进入后可以按照 xarm 规划组类似的命令进行规划和动作。

输入以下命令可让机械臂张开手爪：

```
$ go Open_gripper
```

输入以下命令可让机械臂闭合手爪：

```
$ go Close_gripper
```

按"Ctrl +C"快捷键可退出命令行脚本。

更多命令的使用可输入 help 查看。

本章小结

本章介绍了 MoveIt!的系统架构和功能模块,学习了使用配置助手(Setup Assistant)配置机器人使用 MoveIt!的过程,通过 MoveIt!提供的 MotionPlanning 插件和命令行工具测试了运动规划、轨迹规划、导航避障等功能,并对真实机械臂的系统原理和通信机制进行了介绍。

① move_group 作为 MoveIt!的核心节点,集成了运动学求解、运动规划、规划场景、碰撞检测等功能。

② 配置助手(Setup Assistant)可用于配置机器人使用 MoveIt!,最终的配置结果通常保存在以 robot_name_moveit_config 命名的功能包中。

③ RViz 中的插件 MotionPlanning 能以交互的方式设置规划场景、创建目标位姿、测试规划器并可视化轨迹,以方便用户快速上手 MoveIt!。

④ 命令行交互工具 moveit_commander_cmdline.py 为用户提供了设置目标、规划执行等命令。

⑤ move_group 节点与机械臂端通过 Action 进行通信。

习题6

1. MoveIt!的核心节点是_____。

2. 逆运动学求解算法以 ROS 插件的形式集成到 MoveIt!中,可使用_____、_____、_____等求解器或编写自己的求解器插件。

3. SRDF 文件的常用标签有哪些?

4. 综合实践

① 参考 6.2 节,使用配置助手对第 5 章搭建的 myrobot.xacro 机器人模型进行配置,生成 myrobot_moveit_config 功能包。

② 启动 myrobot_moveit_config 里的 demo.launch,参考 6.3 节使用 MotionPlanning 插件测试机械臂的运动规划和控制执行。

③ 参考 6.6 节,使用命令行工具与 myrobot 进行交互。

第 7 章 MoveIt!的编程

第 6 章介绍了 MoveIt!的系统架构,并通过 GUI(Rviz 中的 MotionPlanning 插件)和命令行工具(moveit_commander_cmdline.py)实现了用户与 MoveIt!的交互。GUI 和命令行交互的方式虽然简单,但不能满足复杂任务的要求,本章将介绍编程调用 MoveIt!提供的 Python 和 C++接口,实现运动规划、控制机器人运动、在规划场景中添加/删除物体、附着/分离机器人上的物体、机械臂抓取和放置等功能。

MoveIt!提供的 API 接口通过 Topic、Service 和 Action 的方式与 move_group 节点进行通信。

① Python 接口 API 的完整列表可参考:

http://docs.ros.org/en/melodic/api/moveit_commander/html/namespacemoveit__commander.html

其中,MoveGroupCommander 类包含与机械臂规划组相关的操作,如设置目标、设置最大速度/加速度、规划、执行、抓取、放置、获取当前状态等;PlanningSceneInterface 类包含与规划场景相关的操作,如在规划场景中添加/删除物体、获取规划场景中的物体等。

② C++接口 API 的完整列表可参考:

http://docs.ros.org/en/melodic/api/moveit_ros_planning_interface/html/namespacemoveit_1_1planning__interface.html

其中,MoveGroupInterface 类包含与机械臂规划组相关的操作;PlanningSceneInterface 类包含与规划场景相关的操作。

下面将从让机械臂移动到某个目标为例,学习这些 API 的使用。

7.1 关节目标和位姿目标规划

关节目标(Joint Goal)是指设置规划组中每个关节的位置作为目标,通常用一个数组表示;位姿目标(Pose Goal)是指设置末端执行器或规划组最后一个关节的位姿作为目标,通常用 geometry_msgs/PoseStamped 消息类型表示。

当机械臂进行规划运动时,我们只考虑机械臂起点到目标点运动过程中的避障,不考虑机械臂各个关节以及末端在空间内的运动轨迹限制。

使用 Python 或 C++编程时通常包含以下几个步骤。

① 连接到想要控制的规划组,例如手臂部分规划组 xarm 或手爪规划组 gripper。

② 设置目标(关节目标、位姿目标)。

③ 设置运动约束(可选)。

④ 使用 MoveIt!规划一条可到达目标的轨迹。

⑤ 修改轨迹，如更改速度（可选）。
⑥ 执行规划出的轨迹。

7.1.1 演示模式下测试

本章示例代码位于 xarm_moveit_demo 功能包，功能包的 CMakeLists.txt 文件和 package.xml 文件中需添加 MoveIt!相关功能包的依赖。在学习具体编写代码前，本小节先在演示模式下对程序进行测试。

（1）启动 demo.launch

打开终端，输入以下命令启动 demo.launch，出现 RViz 界面：

```
$ roslaunch xarm_moveit_config demo.launch
```

为方便查看效果，可在 RViz 左侧栏 MotionPlanning—Planning Request 中取消勾选"Query Start State"和"Query Goal State"。

（2）测试关节目标规划示例节点

新开终端，可输入以下命令启动 Python 节点进行测试：

```
$ rosrun xarm_moveit_demo moveit_joint_pose_demo.py
```

或者输入以下命令启动 C++节点进行测试：

```
$ rosrun xarm_moveit_demo moveit_joint_pose_demo
```

程序运行后，可以在 RViz 界面看到机械臂的动作：当前位置—规划并运动到关节目标位置—张开手爪—闭合手爪—回到初始位置。RViz 中模型虚影是运动规划出的轨迹，实体机械臂的运动表示机械臂正在执行规划出的轨迹，如图 7.1 所示。

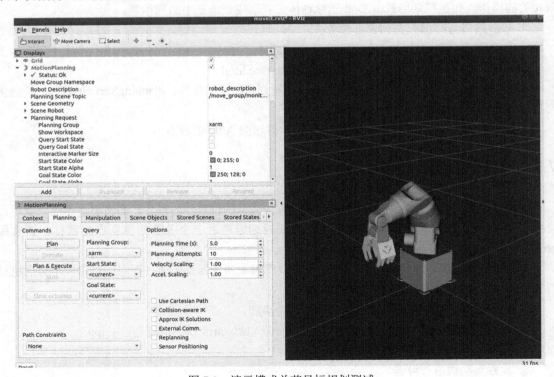

图 7.1 演示模式关节目标规划测试

（3）测试位姿目标规划示例节点

新开终端，可输入以下命令启动 Python 节点进行测试：

$ rosrun xarm_moveit_demo moveit_pose_demo.py

或者输入以下命令启动 C++节点进行测试：

$ rosrun xarm_moveit_demo moveit_pose_demo

程序运行后，可以在 RViz 界面看到机械臂的动作：当前位置—规划并运动到目标位置—向前移动 5cm—回到初始位置，如图 7.2 所示。

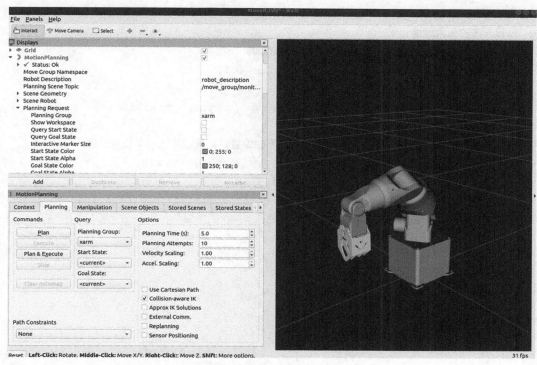

图 7.2　演示模式位姿目标规划测试

7.1.2　关节目标规划示例（Python）

（1）源码

源码位于 xarm_moveit_demo/scripts/moveit_joint_pose_demo.py，完整内容如下：

```python
#!/usr/bin/env python
# -*-coding: utf-8 -*-
import rospy, sys
import moveit_commander


def MoveitJointPoseDemo():
    # 初始化 Python API 依赖的 C++系统，需放在前面
    moveit_commander.roscpp_initialize(sys.argv)

    # 初始化 ROS 节点，节点名为'moveit_joint_pose_demo'
```

```python
rospy.init_node('moveit_joint_pose_demo', anonymous=True)

# 连接到规划组
arm=moveit_commander.MoveGroupCommander('xarm')
gripper=moveit_commander.MoveGroupCommander('gripper')

# 设置机械臂和夹爪的关节运动允许误差，单位为弧度
arm.set_goal_joint_tolerance(0.01)
gripper.set_goal_joint_tolerance(0.01)
# 设置允许的最大速度
arm.set_max_velocity_scaling_factor(0.8)
gripper.set_max_velocity_scaling_factor(0.8)

rospy.loginfo("Moveing to joint-space goal: joint_positions")

# 设置机械臂的目标位置，使用 xarm 组 6 个关节的位置数据进行描述（单位为弧度）
joint_positions=[-0.664, -0.775, 0.675, -1.241, -0.473, -1.281]
arm.set_joint_value_target(joint_positions)

# 规划出一条从当前位姿到目标位姿的轨迹，存放在 traj 变量里
traj=arm.plan()

# 执行规划好的轨迹
arm.execute(traj)
rospy.sleep(1)

rospy.loginfo("Open gripper ...")

# 设置手爪规划组 gripper 里两个关节的位置为 0.65，单位为弧度
joint_positions=[0.65, 0.65]
gripper.set_joint_value_target(joint_positions)

# 规划并执行，手爪张开
gripper.go()
rospy.sleep(1)
rospy.loginfo("Close gripper ...")

# 设置手爪规划组 gripper 的目标为 Close_gripper,手爪闭合
gripper.set_named_target('Close_gripper')
gripper.go()
rospy.sleep(1)
rospy.loginfo("Moving to pose: Home")
```

```python
    # 设置xarm目标位姿为Home，规划并执行
    arm.set_named_target('Home')
    arm.go()
    rospy.sleep(1)

    # 干净地关闭moveit_commander并退出程序
    moveit_commander.roscpp_shutdown()
    moveit_commander.os._exit(0)

if __name__ == "__main__":
    MoveitJointPoseDemo()
```

（2）解析

下面对源码进行详细解析。

```
import moveit_commander
```

导入 moveit_commander 模块，本示例中将使用该模块中提供的 MoveGroupCommander 类对规划组进行操作。

```
moveit_commander.roscpp_initialize(sys.argv)
```

MoveIt!的 Python API 依赖于 C++系统，需在代码前面添加上述语句进行初始化。

```
arm=moveit_commander.MoveGroupCommander('xarm')
gripper=moveit_commander.MoveGroupCommander('gripper')
```

创建针对规划组的 MoveGroupCommander 对象，arm 连接到 xarm 规划组，用来控制手臂，gripper 连接到 gripper 规划组，用来控制手爪。

```
arm.set_goal_joint_tolerance(0.01)
gripper.set_goal_joint_tolerance(0.01)
```

设置关节运动的允许误差，单位为弧度，即各关节运动到目标位置的 0.01rad 范围内时，可认为已到达目标。

```
arm.set_max_velocity_scaling_factor(0.8)
gripper.set_max_velocity_scaling_factor(0.8)
```

设置一个比例因子以选择性地降低最大关节速度限制，可取值范围为(0,1]。

```
joint_positions=[-0.664, -0.775, 0.675, -1.241, -0.473, -1.281]
arm.set_joint_value_target(joint_positions)
```

设置关节的目标位置。目标位置使用 xarm 组 6 个关节的位置数据进行描述，单位为弧度。每个位置对应着一个关节，joint_positions 里元素顺序与 SRDF 文件中关节顺序一一对应（详见 xarm_moveit_config/config/xarm.srdf 文件）。通过 set_joint_value_target()函数把一组关节位置设定成 xarm 规划组的目标。

```
traj=arm.plan()
arm.execute(traj)
```

设置好目标后，通过 plan()函数规划出一条从当前位置到目标的轨迹，保存到 traj 中。接着使用 execute()函数来命令机械臂执行轨迹 traj。

在真实机械臂上，execute()函数执行后，move_group 节点会通过 Action 与机械臂驱动节点进行通信。move_group 节点作为客户端，将包含轨迹在内的目标发送给机械臂驱动节点，机械臂驱动节点再与机械臂下位机通信，控制舵机运动，让机械臂执行轨迹。

```
joint_positions=[0.65, 0.65]
gripper.set_joint_value_target(joint_positions)
```

与 xarm 规划组的操作类似，这里同样使用 set_joint_value_target()函数设置了 gripper 规划组的一个目标位置。gripper 规划组只包含两个转动关节，所以代表目标位置的数组（列表）里只有两个元素，单位为弧度。

```
gripper.go()
```

使用 go()函数进行轨迹规划并执行。go()函数没有使用中间的轨迹对象，让代码更简洁。在不需要对 plan()函数生出的轨迹进行二次修改时，可使用 go()代替 plan() +execute()。

```
gripper.set_named_target('Close_gripper')
gripper.go()
arm.set_named_target('Home')
arm.go()
```

在第 6 章使用 Setup Assistant 配置助手时，预先定义了几个位姿，其中包括代表机械臂初始位置的"Home"位置、手爪闭合的位置"Close_gripper"。这里通过 set_named_target()函数设置 gripper 规划组的目标为"Close_gripper"，设置 xarm 规划组的目标为"Home"，然后通过 go()函数使手爪闭合、机械臂回到初始位置。

```
moveit_commander.roscpp_shutdown()
moveit_commander.os._exit(0)
```

干净地关闭 moveit_commander 并退出程序。

7.1.3 关节目标规划示例（C++）

（1）源码

源码位于 xarm_moveit_demo/src/moveit_joint_pose_demo.cpp，完整内容如下：

```cpp
#include <iostream>
#include <ros/ros.h>
#include <moveit/move_group_interface/move_group_interface.h>
int main(int argc, char **argv){
  ros::init(argc, argv, "moveit_joint_pose_demo");
  ros::NodeHandle nh;
  ros::AsyncSpinner spinner(1);
  spinner.start();
  moveit::planning_interface::MoveGroupInterface arm("xarm");
  moveit::planning_interface::MoveGroupInterface gripper("gripper");
```

```cpp
  arm.setGoalJointTolerance(0.01);
  gripper.setGoalJointTolerance(0.01);
  arm.setMaxVelocityScalingFactor(0.8);
  gripper.setMaxVelocityScalingFactor(0.8);

  ROS_INFO("Moveing to joint-space goal: joint_positions");

  std::vector<double> arm_joint_positions={-0.664, -0.775, 0.675, -1.241, -0.473, -1.281};
  arm.setJointValueTarget(arm_joint_positions);
  moveit::planning_interface::MoveGroupInterface::Plan plan;
  bool success=(arm.plan(plan) == moveit::planning_interface::MoveItErrorCode::SUCCESS);
  ROS_INFO_NAMED("moveit_joint_pose_demo", "Visualizing plan 1 (joint space goal) %s", success ? "" : "FAILED");
  if(success){
    arm.execute(plan);
  }
  ROS_INFO("Open gripper ...");
  std::vector<double> gripper_joint_positions={0.65,0.65};
  gripper.setJointValueTarget(gripper_joint_positions);
  gripper.move();
  ROS_INFO("Close gripper ...");
  gripper.setNamedTarget("Close_gripper");
  gripper.move();
  ROS_INFO("Moving to pose: Home");
  arm.setNamedTarget("Home");
  arm.move();
  ros::shutdown();
  return 0;
}
```

(2) 解析

MoveIt!的 C++接口的命名和行为与 Python 基本一致,略有不同。这里只对关键内容进行解析。

```cpp
#include <moveit/move_group_interface/move_group_interface.h>
```

引用 move_group_interface.h 头文件,我们将用到头文件中的 MoveGroupInterface 类来对规划组进行操作。

```cpp
moveit::planning_interface::MoveGroupInterface arm("xarm");
moveit::planning_interface::MoveGroupInterface gripper("gripper");
```

传入规划组名创建规划组的 MoveGroupInterface 对象。用 arm 连接 xarm 规划组,gripper 连接 gripper 规划组。

```cpp
arm.setGoalJointTolerance(0.01);
gripper.setGoalJointTolerance(0.01);
```

设置关节运动的允许误差，单位为弧度。

```cpp
arm.setMaxVelocityScalingFactor(0.8);
gripper.setMaxVelocityScalingFactor(0.8);
```

设置一个比例因子以选择性地降低最大关节速度限制，可取值范围为(0,1]。

```cpp
std::vector<double> arm_joint_positions={-0.664, -0.775, 0.675, -1.241, -0.473, -1.281};
arm.setJointValueTarget(arm_joint_positions);
```

使用 setJointValueTarget() 函数设置 xarm 规划组的关节目标。

```cpp
moveit::planning_interface::MoveGroupInterface::Plan plan;
bool success=(arm.plan(plan) == moveit::planning_interface::MoveItErrorCode::SUCCESS);
ROS_INFO_NAMED("moveit_joint_pose_demo", "Visualizing plan 1 (joint space goal) %s", success ? "" : "FAILED");
if(success){
  arm.execute(plan);
}
```

使用 plan() 函数进行运动规划，获得规划出的轨迹保存到 plan 中。若规划成功（success 为 true），则使用 execute() 函数执行规划出的轨迹。

```cpp
std::vector<double> gripper_joint_positions={0.65,0.65};
gripper.setJointValueTarget(gripper_joint_positions);
gripper.move();
```

setJointValueTarget() 函数用于设置 gripper 规划组的关节目标，并使用 move() 函数规划并执行轨迹。move() 函数类似 Python 中的 go() 函数，可以规划并执行轨迹。

```cpp
ROS_INFO("Close gripper ...");
gripper.setNamedTarget("Close_gripper");
gripper.move();
ROS_INFO("Moving to pose: Home");
arm.setNamedTarget("Home");
arm.move();
```

通过 setNamedTarget() 函数设置 gripper 规划组的目标为"Close_gripper"，设置 xarm 规划组的目标为"Home"，然后通过 move() 使手爪闭合、机械臂回到初始位置。

可以看到，除接口的命名方式不同外，C++接口和 Python 接口的使用流程基本一致。

7.1.4 位姿目标规划示例（Python）

（1）源码

源码位于 xarm_moveit_demo/scripts/moveit_pose_demo.py，完整内容如下：

```python
#!/usr/bin/env python
# -*-coding: utf-8 -*-
```

```python
import rospy, sys
from math import pi
import moveit_commander
from geometry_msgs.msg import PoseStamped, Pose
from tf_conversions import transformations

class MoveItPoseDemo:
    def __init__(self):
        # 初始化 Python API 依赖的 C++系统,需放在前面
        moveit_commander.roscpp_initialize(sys.argv)
        # 初始化 ROS 节点,节点名为 moveit_pose_demo
        rospy.init_node('moveit_pose_demo')

        # 把 arm 连接到规划组 xarm
        arm=moveit_commander.MoveGroupCommander('xarm')

        planning_frame=arm.get_planning_frame()
        rospy.loginfo("Planning frame: %s", planning_frame)
        eef_link=arm.get_end_effector_link()
        rospy.loginfo("End effector link: %s", eef_link)

        # 当运动规划失败后,允许重新规划
        arm.allow_replanning(True)

        # 设置位置(单位为米)和姿态(单位为弧度)的允许误差
        arm.set_goal_position_tolerance(0.02)
        arm.set_goal_orientation_tolerance(0.03)

        # 设置允许的最大速度
        arm.set_max_velocity_scaling_factor(0.8)

        # 设置末端执行器的目标位姿,参考坐标系为 base_link
        target_pose=PoseStamped()
        target_pose.header.frame_id=planning_frame
        target_pose.header.stamp=rospy.Time.now()
        # 末端位置通过 xyz 设置
        target_pose.pose.position.x=0.3
        target_pose.pose.position.y=0.1
        target_pose.pose.position.z=0.25
        # 末端姿态,四元数表示。通过 quaternion_from_euler()函数将 RPY 欧拉角转化为四元数
        quaternion=transformations.quaternion_from_euler(0,pi/2,0)
        target_pose.pose.orientation.x=quaternion[0]
        target_pose.pose.orientation.y=quaternion[1]
```

```python
            target_pose.pose.orientation.z=quaternion[2]
            target_pose.pose.orientation.w=quaternion[3]

            # 设置机械臂当前的状态作为运动初始状态
            arm.set_start_state_to_current_state()

            # 设置机械臂终端运动的目标位姿
            rospy.loginfo("Moving to target_pose ...")
            arm.set_pose_target(target_pose)
            arm.go()
            rospy.sleep(1)

            # 获取当前的位姿信息
            current_pose=arm.get_current_pose(eef_link)

            # 获取当前 6 个关节的位置信息
            current_joint_positions=arm.get_current_joint_values()

            # 末端执行器在 base_link 坐标系下，沿着 X 轴正方向移动 5cm
            rospy.loginfo("Move forward 5 cm ...")
            arm.shift_pose_target(0,0.05,eef_link)
            arm.go()
            rospy.sleep(1)

            # 控制机械臂回到初始化位置
            rospy.loginfo("Moving to pose: Home")
            arm.set_named_target('Home')
            arm.go()

            # 干净地关闭 moveit_commander 并退出程序
            moveit_commander.roscpp_shutdown()
            moveit_commander.os._exit(0)

if __name__ == "__main__":
    MoveItPoseDemo()
```

（2）解析

```python
arm=moveit_commander.MoveGroupCommander('xarm')
```

把 arm 连接到 xarm 规划组。

```python
planning_frame=arm.get_planning_frame()
rospy.loginfo("Planning frame: %s", planning_frame)
```

获取 xarm 规划组的规划参考系，通常为机械臂的基坐标系，xarm 规划组的参考坐标系为 base_link。

```
eef_link=arm.get_end_effector_link()
rospy.loginfo("End effector link: %s", eef_link)
```

获取末端执行器的 link。在使用配置助手时，连接到 xarm 规划组的末端执行器为 hand，hand 的 parent_link 为 gripper_centor_link，所以 eef_link 为 gripper_centor_link。

```
arm.allow_replanning(True)
```

若 allow_replanning() 参数为 True，则 MoveIt!在一次规划失败后进行重新规划；若参数为 False，则只会尝试一次。通常设置为 True。

```
arm.set_goal_position_tolerance(0.02)
arm.set_goal_orientation_tolerance(0.03)
```

设置运动到目标时的位置和姿态的容忍误差。第一句设置了位置容忍误差为 0.02m，第二句设置了姿态容忍误差为 0.03rad。

```
target_pose=PoseStamped()
target_pose.header.frame_id=planning_frame
target_pose.header.stamp=rospy.Time.now()
target_pose.pose.position.x=0.3
target_pose.pose.position.y=0.1
target_pose.pose.position.z=0.25
quaternion=transformations.quaternion_from_euler(0,pi/2,0)
target_pose.pose.orientation.x=quaternion[0]
target_pose.pose.orientation.y=quaternion[1]
target_pose.pose.orientation.z=quaternion[2]
target_pose.pose.orientation.w=quaternion[3]
```

使用 geometry_msgs/PoseStamped 消息类型设置机械臂的目标位姿。参考系为 base_link，时间戳为当前时间，设置目标的位置 xyz 和四元数表示的姿态。这个目标通常指末端执行器 link 的目标位置和姿态。

```
arm.set_start_state_to_current_state()
```

把目标位姿发给逆运动学（IK）求解器之前，显式地把开始状态设置为机械臂的当前状态。

```
arm.set_pose_target(target_pose)
arm.go()
```

使用 set_pose_target() 函数设置目标位姿，使用 go() 函数规划并移动机械臂到目标处。

```
current_pose=arm.get_current_pose(eef_link)
```

获取末端执行器当前的位姿。

```
current_joint_positions=arm.get_current_joint_values()
```

获取机械臂 6 个关节当前的位置。

```
arm.shift_pose_target(0,0.05,eef_link)
arm.go()
```

通过 shift_pose_target() 函数只在某个方向改变机械臂末端的位置和姿态，并作为机械臂的目标位姿。函数第一个参数决定了在哪个轴上平移或在哪个方向上旋转，按照 0、1、2、3、4、5 的顺序依次定义 x、y、z、r、p、y 轴，其中 r、p、y 分别代表滚转、俯仰和偏航。第二个参数为移动的距离或旋转的角度。上面代码设定了新的目标为当前位置的正前方（X轴正向）5cm处。

7.1.5 位姿目标规划示例（C++）

源码位于 xarm_moveit_demo/src/moveit_pose_demo.cpp，完整内容如下：

```cpp
#include <iostream>
#include <ros/ros.h>
#include <moveit/move_group_interface/move_group_interface.h>
#include <geometry_msgs/PoseStamped.h>
#include <tf2/LinearMath/Quaternion.h>

int main(int argc, char **argv){
  ros::init(argc, argv, "moveit_pose_demo");
  ros::NodeHandle nh;
  ros::AsyncSpinner spinner(1);
  spinner.start();
  // 创建对象 arm 连接到 xarm 规划组
  moveit::planning_interface::MoveGroupInterface arm("xarm");
  // 获取 xarm 规划组的规划参考坐标系
  std::string planning_frame=arm.getPlanningFrame();
  ROS_INFO_STREAM("Planning frame : "<< planning_frame);
  // 获取末端执行器的 link
  std::string eef_link=arm.getEndEffectorLink();
  ROS_INFO_STREAM("End effector link : "<< eef_link);
  // 若 allowReplanning() 参数为 true，则 MoveIt!在一次规划失败后进行重新规划
  arm.allowReplanning(true);
  // 设置运动到目标时的位置(单位为米)和姿态的容忍误差(单位为弧度)
  arm.setGoalPositionTolerance(0.02);
  arm.setGoalOrientationTolerance(0.03);
  // 设置一个比例因子以选择性地降低最大关节速度限制，可取值为(0,1]
  arm.setMaxVelocityScalingFactor(0.8);

  // 使用 geometry_msgs/PoseStamped 消息类型设置机械臂的目标位姿
  geometry_msgs::PoseStamped target_pose;
  target_pose.header.frame_id=planning_frame;
  target_pose.header.stamp=ros::Time::now();
  target_pose.pose.position.x=0.3;
  target_pose.pose.position.y=0.1;
  target_pose.pose.position.z=0.25;
  tf2::Quaternion quaternion;
  quaternion.setRPY(0, 3.1415926/2.0,0);
  target_pose.pose.orientation.x=quaternion.x();
  target_pose.pose.orientation.y=quaternion.y();
  target_pose.pose.orientation.z=quaternion.z();
```

```cpp
    target_pose.pose.orientation.w=quaternion.w();
    // 显示地把开始状态设置为机械臂的当前状态
    arm.setStartStateToCurrentState();
    ROS_INFO("Moving to target_pose ...");
    // 设置目标位姿
    arm.setPoseTarget(target_pose);
    // 使用plan()函数进行运动规划
    moveit::planning_interface::MoveGroupInterface::Plan plan;
    bool success=(arm.plan(plan) == moveit::planning_interface::MoveItErrorCode::SUCCESS);
    ROS_INFO_NAMED("moveit_pose_demo", "Visualizing plan 1 (joint space goal) %s", success ? "" : "FAILED");
    // 若规划成功,则使用execute()函数执行规划出的轨迹
    if(success){
      arm.execute(plan);
    }
    // 获取末端执行器当前的位姿
    geometry_msgs::PoseStamped current_pose=arm.getCurrentPose();
    // 获取机械臂6个关节当前的位置
    std::vector<double> current_joint_positions = arm.getCurrentJointValues();
    // 设定新的目标为当前位置的正前方（X轴正向）5cm处的位置
    ROS_INFO("Move forward 5 cm ...");
    target_pose=current_pose;
    target_pose.pose.position.x += 0.05;
    arm.setPoseTarget(target_pose);
    arm.move();

    ROS_INFO("Moving to pose: Home");
    arm.setNamedTarget("Home");
    arm.move();
    ros::shutdown();
    return 0;
}
```

C++接口与Python类似，代码解析可参考代码注释或Python接口的说明，不再赘述。

7.2 笛卡儿路径规划

在进行笛卡儿路径规划时，需考虑机械臂末端执行器在运动过程中的轨迹以及关节间的联合运动，例如让机械臂末端走一条直线或圆弧。MoveIt!为笛卡儿路径的规划提供了 compute_cartesian_path（Python 接口）和 computeCartesianPath（C++接口）来计算笛卡儿路径。

编程实现机械臂笛卡儿路径规划的关键步骤如下。

① 创建规划组的控制对象。

② 添加一系列路径点 waypoints，例如走一条线段的话可以只添加两个端点，三角形运动可

以添加三个顶点，弧线运动可以进行微分后用一条条小线段近似弧线等。

③ 路径点 waypoints 作为输入参数之一，使用 compute_cartesian_path()函数或 computeCartesianPath()函数计算笛卡儿路径，得到规划的轨迹 plan 以及轨迹规划覆盖率 fraction。

④ 若轨迹规划覆盖率 fraction 为 1，说明全部规划成功，可使用 execute()函数让机械臂执行上一步得到的轨迹 plan。

本节提供了直线运动和圆弧运动的规划示例，学习代码前，我们要在演示模式下对示例节点进行测试。

7.2.1 演示模式下测试

（1）启动 demo.launch

打开终端，输入以下命令启动 demo.launch，出现 RViz 界面：

$ `roslaunch xarm_moveit_config demo.launch`

若 RViz 中没有添加 RobotModel 插件，需点击"Add"按钮添加 RobotModel。

在"RobotModel"插件的"Links"下找到"gripper_centor_link"，点击左侧小三角展开，勾选"Show Trail"，可以显示运动过程中 gripper_centor_link 走过的轨迹，如图 7.3 所示。

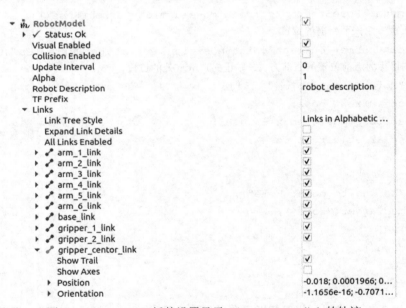

图 7.3　RobotModel 插件设置显示 gripper_centor_link 的轨迹

（2）测试直线运动

新开终端，可输入以下命令启动 moveit_beeline_demo 的 Python 节点：

$ `rosrun xarm_moveit_demo moveit_beeline_demo.py`

或者输入以下命令启动 C++节点：

$ `rosrun xarm_moveit_demo moveit_beeline_demo`

程序运行后，可在 RViz 中看到机械臂的动作：从初始位置移动到三角形的第一个点，然后开始走一个三角形，最后回到初始位置。如图 7.4 所示，蓝绿色的轨迹线表示机械臂末端 gripper_centor_link 走过的轨迹。

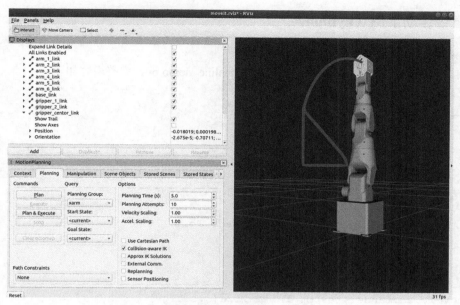

图 7.4　笛卡儿空间的直线运动

（3）测试圆弧运动

新开终端，可以输入以下命令启动 moveit_arcline_demo 的 Python 节点：

$ rosrun xarm_moveit_demo moveit_arcline_demo.py

或者输入以下命令启动 C++ 节点：

$ rosrun xarm_moveit_demo moveit_arcline_demo

程序运行后，可以在 RViz 中看到机械臂的动作：从初始位置移动到第一个点，这个点作为圆心，然后走直线平移到左侧，开始走圆弧运动，最后回到初始位置。如图 7.5 所示，蓝绿色的轨迹线表示机械臂末端 gripper_centor_link 走过的轨迹。

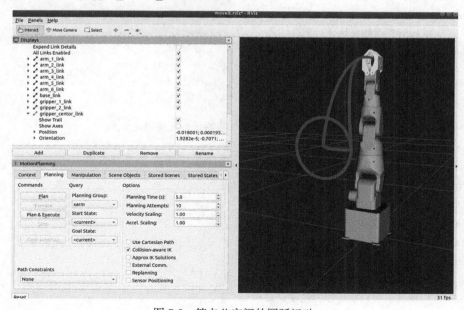

图 7.5　笛卡儿空间的圆弧运动

7.2.2 直线运动示例（Python）

（1）源码

源码位于 xarm_moveit_demo/scripts/moveit_beeline_demo.py，完整内容如下：

```python
#!/usr/bin/env python
# -*-coding: utf-8 -*-
import rospy, sys
import moveit_commander
from moveit_commander import MoveGroupCommander
from geometry_msgs.msg import Pose
from copy import deepcopy
from geometry_msgs.msg import PoseStamped, Pose

class MoveItBeelineDemo:
    def __init__(self):
        moveit_commander.roscpp_initialize(sys.argv)
        rospy.init_node('moveit_beeline_demo', anonymous=True)

        # 初始化需要控制的规划组
        arm=MoveGroupCommander('xarm')
        # 允许重新规划
        arm.allow_replanning(True)
        # 设置位置(单位为米)和姿态（单位为弧度）的允许误差
        arm.set_goal_position_tolerance(0.005)
        arm.set_goal_orientation_tolerance(0.005)
        # 设置允许的最大速度
        arm.set_max_velocity_scaling_factor(0.8)
        # 控制机械臂先回到初始化位置
        arm.set_named_target('Home')
        arm.go()
        rospy.sleep(1)

        # 设置三角形第一个顶点的位姿，让机械臂从初始状态运动到这个点
        target_pose=PoseStamped()
        target_pose.header.frame_id="base_link"
        target_pose.header.stamp=rospy.Time.now()
        target_pose.pose.position.x=0.4
        target_pose.pose.position.y=0.0
        target_pose.pose.position.z=0.5
        target_pose.pose.orientation.w=1

        # 设置机械臂当前的状态作为运动初始状态
        arm.set_start_state_to_current_state()
```

```python
# 设置机械臂终端运动的目标位姿
arm.set_pose_target(target_pose)
# 规划并执行
traj=arm.go()
rospy.sleep(1)

# 获取当前位置并保存到 start_pose 里，可以用来作为路径点的起点和终点
start_pose=arm.get_current_pose().pose
end_pose=deepcopy(start_pose)
# 初始化路点列表
waypoints=[]
# 设置第一个路径点为 start_pose
wpose=deepcopy(start_pose)
# 将 start_pose 加入路点列表
waypoints.append(start_pose)
# 设置第二个路径点，把第二个路径点加入路点列表
wpose.position.z -= 0.2
waypoints.append(deepcopy(wpose))
# 设置第三个路径点,把第三个路径点加入路点列表
wpose.position.y += 0.2
waypoints.append(deepcopy(wpose))
# 把第四个路径点（end_pose,与第一个路径点重合）加入路点列表
waypoints.append(deepcopy(end_pose))


fraction=0.0      # 路径规划覆盖率
maxtries=100      # 最大尝试规划次数
attempts=0        # 已经尝试规划次数
# 设置机械臂当前的状态作为运动初始状态
arm.set_start_state_to_current_state()
# 尝试规划一条笛卡儿路径，依次通过所有路点
while fraction < 1.0 and attempts < maxtries:
    (plan, fraction)=arm.compute_cartesian_path (
                    waypoints,
# waypoint poses, 路点列表，这里是 4 个点
                    0.01,
# eef_step, 终端步进值，每隔 0.01m 计算一次逆解判断能否可达
                    0.0,
# jump_threshold, 跳跃阈值，设置为 0 代表不允许跳跃
                    True)
# avoid_collisions, 避障规划
    # 尝试次数累加
    attempts += 1
    # 打印运动规划进程
    if attempts % 100 == 0:
        rospy.loginfo("Still trying after " + str(attempts) + " attempts...")
```

```python
        # 如果路径规划成功（覆盖率100%），则开始控制机械臂运动
        if fraction == 1.0:
            rospy.loginfo("Path computed successfully. Moving the arm.")
            arm.execute(plan)
            rospy.loginfo("Path execution complete.")
        # 如果路径规划失败，则打印失败信息
        else:
            rospy.loginfo("Path planning failed with only " + str(fraction) +
" success after " + str(maxtries) + " attempts.")
        rospy.sleep(1)

        # 控制机械臂先回到初始化位置
        arm.set_named_target('Home')
        arm.go()
        rospy.sleep(1)

        moveit_commander.roscpp_shutdown()
        moveit_commander.os._exit(0)

if __name__ == "__main__":
    try:
        MoveItBeelineDemo()
    except rospy.ROSInterruptException:
        pass
```

（2）解析

本节主要对笛卡儿路径规划部分的代码进行分析。

```python
        target_pose=PoseStamped()
        target_pose.header.frame_id="base_link"
        target_pose.header.stamp=rospy.Time.now()
        target_pose.pose.position.x=0.4
        target_pose.pose.position.y=0.0
        target_pose.pose.position.z=0.5
        target_pose.pose.orientation.w=1

        arm.set_start_state_to_current_state()

        arm.set_pose_target(target_pose)

        traj=arm.go()
        rospy.sleep(1)
```

使用 set_pose_target()函数设置了目标点 target_pose，并使用 go()函数让机械臂运动到该目标点。这一段没有使用笛卡儿路径规划，所以在 RViz 中显示末端轨迹时是一条曲线。该点作为三角形的第一个顶点。

```
start_pose=arm.get_current_pose().pose
end_pose=deepcopy(start_pose)
```

机械臂移动到 target_pose 后，使用 get_current_pose()函数获取当前的位姿并保存到 start_pose 和 end_pose 里，在后面的代码中作为第一个路径点和最后一个路径点来使用。

```
# 初始化路点列表
waypoints=[]
# 设置第一个路径点为 start_pose
wpose=deepcopy(start_pose)
# 将 start_pose 加入路点列表
waypoints.append(start_pose)
# 设置第二个路径点，把第二个路径点加入路点列表
wpose.position.z -= 0.2
waypoints.append(deepcopy(wpose))
# 设置第三个路径点，把第三个路径点加入路点列表
wpose.position.y += 0.2
waypoints.append(deepcopy(wpose))
# 把第四个路径点（end_pose,与第一个路径点重合）加入路点列表
waypoints.append(deepcopy(end_pose))
```

初始化路点列表 waypoints，用来保存需要使用笛卡儿路径的路径点。按照顺序依次在路点列表中添加三角形的顶点。上述代码只是加入了 4 个路径点，没有进行轨迹规划和执行。

```
fraction=0.0
maxtries=100
attempts=0
```

fraction 表示路径规划覆盖率，即能够规划出的路径占总路径的百分比。最大尝试规划次数 maxtries 为 100，已经尝试规划次数 attempts 为 0。

```
while fraction < 1.0 and attempts < maxtries:
    (plan, fraction)=arm.compute_cartesian_path (
                    waypoints,
                    0.01,
                    0.0,
                    True)
    attempts += 1
    if attempts % 100 == 0:
        rospy.loginfo("Still trying after " + str(attempts) + " attempts...")
```

调用 compute_cartesian_path()函数计算轨迹。函数的 4 个输入参数如下。
① waypoints：想让机械臂末端执行器经过的路径点列表。
② eef_step：轨迹上两个连续的位置之间，末端执行器允许的最大步进，单位为米。

③ jump_threshold：跳跃阈值，每一步规划时，是否有无法规划出的点跳过，0 表示不允许跳过。

④ avoid_collisions：规划时是否考虑避障，通常设置为 True。

compute_cartesian_path() 函数返回两个值。

① plan：规划出的轨迹。

② fraction：表示规划路径的覆盖率，范围在 0～1，fraction 为 1 表示路径规划成功。假如想让机械臂末端走一条 10cm 长的直线轨迹，由于机械臂的设计限制或障碍物阻挡，可能规划出的轨迹只能直线行进 6cm，那么 fraction 参数的值就为 0.6。

前面这一部分代码包含在一个 while 循环中，循环终止的条件是 fraction 为 1（规划成功）或尝试规划次数用尽。

```
        if fraction == 1.0:
            rospy.loginfo("Path computed successfully. Moving the arm.")
            arm.execute(plan)
            rospy.loginfo("Path execution complete.")
        else:
            rospy.loginfo("Path planning failed with only " + str(fraction) + "
success after " + str(maxtries) + " attempts.")
```

如果规划成功，则使用 execute() 函数执行规划出的笛卡儿路径 plan；否则，打印输出失败信息。

7.2.3 直线运动示例（C++）

（1）源码

源码位于 xarm_moveit_demo/src/moveit_beeline_demo.cpp，完整内容如下：

```cpp
#include <iostream>
#include <ros/ros.h>
#include <moveit/move_group_interface/move_group_interface.h>
int main(int argc, char **argv){
  ros::init(argc, argv, "moveit_beeline_demo");
  ros::NodeHandle nh;
  ros::AsyncSpinner spinner(1);
  spinner.start();
  moveit::planning_interface::MoveGroupInterface arm("xarm");
  arm.allowReplanning(true);
  arm.setMaxVelocityScalingFactor(0.8);

  ROS_INFO("Moving to pose: Home");
  arm.setNamedTarget("Home");
  arm.move();
  // 设置三角形第一个顶点的位姿，让机械臂从初始状态运动到这个点
  ROS_INFO("Moving to pose: target_pose");
  geometry_msgs::PoseStamped target_pose;
  target_pose.header.frame_id="base_link";
  target_pose.header.stamp=ros::Time::now();
```

```cpp
    target_pose.pose.position.x=0.4;
    target_pose.pose.position.y=0.0;
    target_pose.pose.position.z=0.5;
    target_pose.pose.orientation.w=1;

    arm.setStartStateToCurrentState();
    arm.setPoseTarget(target_pose);
    arm.move();
    // 获取当前位置并保存到 start_pose 里,可以用来作为路径点的起点和终点
    geometry_msgs::Pose start_pose=arm.getCurrentPose().pose;
    geometry_msgs::Pose end_pose=start_pose;
    // 初始化路点列表 waypoints,用来保存需要使用笛卡儿路径的路径点
    // 按照顺序依次在路点列表中添加三角形的顶点
    std::vector<geometry_msgs::Pose> waypoints;
    waypoints.push_back(start_pose);
    geometry_msgs::Pose wppose=start_pose;
    wppose.position.z -= 0.2;
    waypoints.push_back(wppose);
    wppose.position.y += 0.2;
    waypoints.push_back(wppose);
    waypoints.push_back(end_pose);
    // 尝试规划一条笛卡儿路径,依次通过所有路点
    moveit_msgs::RobotTrajectory trajectory;
    const double jump_threshold=0.0;
    const double eef_step=0.01;
    double fraction=arm.computeCartesianPath(waypoints, eef_step, jump_threshold, trajectory);
    ROS_INFO_NAMED("moveit_beeline_demo", "Visualizing plan (Cartesian path) (%.2f%% acheived)", fraction * 100.0);
    // 如果路径规划成功(覆盖率 100%),则开始控制机械臂运动
    if(fraction == 1.0){
      arm.execute(trajectory);
    }
    ROS_INFO("Moving to pose: Home");
    arm.setNamedTarget("Home");
    arm.move();
    ros::shutdown();
    return 0;
}
```

(2)解析

整个程序流程和逻辑与 Python 节点一致。

```
moveit_msgs::RobotTrajectory trajectory;
const double jump_threshold=0.0;
const double eef_step=0.01;
double fraction=arm.computeCartesianPath(waypoints, eef_step, jump_threshold,
trajectory);
ROS_INFO_NAMED("moveit_beeline_demo", "Visualizing plan (Cartesian path) (%.2
f%% acheived)", fraction * 100.0);
```

使用 computeCartesianPath()函数计算笛卡儿路径，函数完整声明如下：

```
double computeCartesianPath(const std::vector<geometry_msgs::Pose>& waypoints,
double eef_step, double jump_threshold, moveit_msgs::RobotTrajectory& trajectory,
bool avoid_collisions=true, moveit_msgs::MoveItErrorCodes* error_code=NULL);
```

computeCartesianPath()函数的输入参数如下。

① waypoints：想让机械臂末端执行器经过的路径点列表。
② eef_step：轨迹上两个连续的位置之间，末端执行器允许的最大步进，单位为米。
③ jump_threshold：跳跃阈值，每一步规划时，是否有无法规划出的点跳过，0 表示不允许跳过。
④ trajectory：规划出的轨迹。
⑤ avoid_collisions：规划时是否考虑避障，通常设置为 true。
⑥ error_code：错误码。

compute_cartesian_path()函数返回一个范围在 0 到 1 之间的数表示规划路径的覆盖率，1 表示路径规划全部成功。当规划出现错误时，返回-1。

```
if(fraction == 1.0){
  arm.execute(trajectory);
}
```

若完全规划成功，则控制机械臂开始运动。

图 7.6 圆弧切分

7.2.4 圆弧运动示例（Python）

MoveIt!提供的笛卡儿路径接口只能计算两点之间的直线运动，不能计算弧线。我们可以把弧线进行"微分"，如图 7.6 所示，每一段圆弧都可以用线段近似，切分越多，越接近圆弧。

源码位于 xarm_moveit_demo/scripts/moveit_arcline_demo.py 中，完整代码如下：

```python
#!/usr/bin/env python
# -*-coding: utf-8 -*-
import rospy, sys
import moveit_commander
from moveit_commander import MoveGroupCommander
from geometry_msgs.msg import Pose, PoseStamped
from copy import deepcopy
import math
import numpy
```

```python
class MoveItArclineDemo:
    def __init__(self):

        # 初始化 Python API 依赖的 C++系统, 需放在前面
        moveit_commander.roscpp_initialize(sys.argv)

        # 初始化 ROS 节点
        rospy.init_node('moveit_arcline_demo', anonymous=True)

        # 连接到想要控制的规划组 xarm
        arm=MoveGroupCommander('xarm')

        # 当运动规划失败后, 允许重新规划
        arm.allow_replanning(True)

        # 设置允许的最大速度
        arm.set_max_velocity_scaling_factor(0.8)

        # 设置位置(单位为米)和姿态(单位为弧度)的允许误差
        arm.set_goal_position_tolerance(0.001)
        arm.set_goal_orientation_tolerance(0.001)


        # 控制机械臂先回到初始化位置
        arm.set_named_target('Home')
        arm.go()
        rospy.sleep(1)

        # 设置圆弧中心为 target_pose,先让机械臂运动到这个点
        target_pose=PoseStamped()
        target_pose.header.frame_id="base_link"
        target_pose.header.stamp=rospy.Time.now()
        target_pose.pose.position.x=0.4
        target_pose.pose.position.y=0.0
        target_pose.pose.position.z=0.45
        target_pose.pose.orientation.w=1
        arm.set_pose_target(target_pose)
        arm.go()
        rospy.sleep(1)
        # 初始化路径点列表
        waypoints=[]
```

```python
# 在y-z平面内做圆弧运动,按照0.015弧度对圆进行切分,用一个个线段近似圆弧轨迹
# y=圆心的y坐标 + 半径×cos(th), z=圆心的z坐标 + 半径×sin(th)
centerA=target_pose.pose.position.y
centerB=target_pose.pose.position.z
radius=0.1
# 把切分后的圆弧上的一系列路径点加入到waypoints中
for th in numpy.arange(0, math.pi*2, 0.015):
    target_pose.pose.position.y=centerA + radius * math.cos(th)
    target_pose.pose.position.z=centerB + radius * math.sin(th)
    wpose=deepcopy(target_pose.pose)
    waypoints.append(deepcopy(wpose))

# 设置规划相关参数
fraction=0.0     #路径规划覆盖率
maxtries=100     #最大尝试规划次数
attempts=0       #已经尝试规划次数

# 设置机械臂当前的状态作为运动初始状态
arm.set_start_state_to_current_state()

# 尝试规划一条笛卡儿空间下的路径,依次通过所有路点
while fraction < 1.0 and attempts < maxtries:
    # 规划路径,fraction返回1代表规划成功
    (plan, fraction)=arm.compute_cartesian_path (
                        waypoints,
    # waypoint poses, 路点列表,这里是5个点
                        0.01,
    # eef_step, 终端步进值,每隔0.01m计算一次逆解判断能否可达
                        0.0,
    # jump_threshold, 跳跃阈值,设置为0代表不允许跳跃
                        True)
    # avoid_collisions, 避障规划
    # 尝试规划次数累加
    attempts += 1
    # 打印运动规划进程
    if attempts % 100 == 0:
        rospy.loginfo("Still trying after " + str(attempts) + " attempts...")

# 如果路径规划成功(覆盖率100%),则开始控制机械臂运动
if fraction == 1.0:
    rospy.loginfo("Path computed successfully. Moving the arm.")
    arm.execute(plan)
    rospy.loginfo("Path execution complete.")
# 如果路径规划失败,则打印失败信息
```

```
            else:
                rospy.loginfo("Path planning failed with only " + str(fraction) + " success after " + str(maxtries) + " attempts.")

            rospy.sleep(1)

            # 控制机械臂先回到初始化位置
            arm.set_named_target('Home')
            arm.go()
            rospy.sleep(1)

            # 干净地关闭moveit_commander并退出程序
            moveit_commander.roscpp_shutdown()
            moveit_commander.os._exit(0)

if __name__ == "__main__":
    try:
        MoveItArclineDemo()
    except rospy.ROSInterruptException:
        pass
```

圆弧与直线运动不同的地方在于路径点的设置。在 y-z 平面内做圆弧运动时，可以按照 0.015 弧度的间隔对圆弧进行切分，依次把切分后每条线段的点加入路径列表 waypoints。路径点的 x 坐标保持一致，姿态一致，y 坐标和 z 坐标可以按照圆弧的方程进行计算：

y＝圆心的 y 坐标 ＋半径×cos(0.015)

z＝圆心的 z 坐标 ＋半径×sin(0.015)

类似的方式还可以让机械臂末端"画画""写字"等。

7.2.5 圆弧运动示例（C++）

源码位于 xarm_moveit_demo/src/moveit_arcline_demo.cpp，完整内容如下：

```cpp
#include <iostream>
#include <cmath>
#include <ros/ros.h>
#include <moveit/move_group_interface/move_group_interface.h>
int main(int argc, char **argv){
  ros::init(argc, argv, "moveit_arcline_demo");
  ros::NodeHandle nh;
  ros::AsyncSpinner spinner(1);
  spinner.start();
  moveit::planning_interface::MoveGroupInterface arm("xarm");
  arm.allowReplanning(true);
  arm.setMaxVelocityScalingFactor(0.5);
```

```cpp
ROS_INFO("Moving to pose: Home");
arm.setNamedTarget("Home");
arm.move();
geometry_msgs::PoseStamped target_pose;
target_pose.header.frame_id="base_link";
target_pose.header.stamp=ros::Time::now();
target_pose.pose.position.x=0.4;
target_pose.pose.position.y=0.0;
target_pose.pose.position.z=0.45;
target_pose.pose.orientation.w=1;
arm.setStartStateToCurrentState();
arm.setPoseTarget(target_pose);
arm.move();
// 在y-z平面内做圆弧运动，按照0.015弧度对圆进行切分，用一个个线段近似圆弧轨迹
// y=圆心的y坐标 + 半径×cos(th)，z=圆心的z坐标 + 半径×sin(th)
std::vector<geometry_msgs::Pose> waypoints;
double centerA=target_pose.pose.position.y;
double centerB=target_pose.pose.position.z;
double radius=0.1;
for(double th=0;th<=(3.141526*2);th+=0.015){
  target_pose.pose.position.y=centerA + radius * cos(th);
  target_pose.pose.position.z=centerB + radius * sin(th);
  waypoints.push_back(target_pose.pose);
}
// 尝试规划一条笛卡儿路径，依次通过所有路点
moveit_msgs::RobotTrajectory trajectory;
const double jump_threshold=0.0;
const double eef_step=0.01;
double fraction=arm.computeCartesianPath(waypoints, eef_step, jump_threshold, trajectory);
ROS_INFO_NAMED("moveit_beeline_demo", "Visualizing plan (Cartesian path) (%.2f%% acheived)", fraction * 100.0);
// 如果路径规划成功（覆盖率100%），则开始控制机械臂运动
if(fraction == 1.0){
  arm.execute(trajectory);
}
ROS_INFO("Moving to pose: Home");
arm.setNamedTarget("Home");
arm.move();
ros::shutdown();
return 0;
}
```

程序逻辑和 Python 节点一致，代码解析可参考代码注释，这里不再赘述。

7.3 避障规划

MoveIt!主要通过规划场景监听器维护规划场景（Planning Scene），可以通过以下三种方式将环境障碍物信息发布给规划场景监听器。

① 在 RViz 界面里通过 MotionPlanning 插件添加。

② 通过程序（C++/Python）编程进行添加。

③ 通过机器人的外部传感器，例如将 Realsense 深度相机实时检测到的信息加入到场景中。

本节主要学习如何编程实现规划场景的更新，包括添加障碍物、删除障碍物、把物体附着在机械臂上、将物体与机械臂分离。

MoveIt!提供了用于更新规划场景的 API——PlanningSceneInterface，用户只需要调用 API，即可方便快捷地更新规划场景。

下面在演示模式下对示例进行测试。

7.3.1 演示模式下测试

（1）启动 demo.launch

打开终端，输入以下命令启动 demo.launch，出现 RViz 界面：

```
$ roslaunch xarm_moveit_config demo.launch
```

（2）测试规划避障示例节点

新开终端，可输入以下命令启动 moveit_planning_scene_demo 节点的 Python 程序：

```
$ rosrun xarm_moveit_demo moveit_planning_scene_demo.py
```

或输入以下命令启动 C++程序：

```
$ rosrun xarm_moveit_demo moveit_planning_scene_demo
```

注意：在 Python 程序中，为方便查看测试效果，需要根据如图 7.7 所示的终端提示，一步步按下键盘的"Enter"键进行测试。

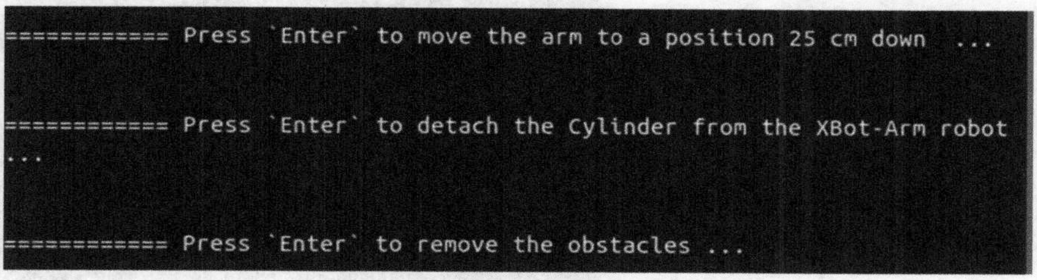

图 7.7 Python 节点终端提示

程序运行后，可以在 RViz 界面看到机械臂的动作和规划场景的变化。

① 机械臂回到初始位置。

② 在规划场景里添加桌面、长方体和圆柱体，如图 7.8 所示。

③ 机械臂张开手爪，运动到圆柱体中心位置，微微闭合手爪，如图 7.9 所示。

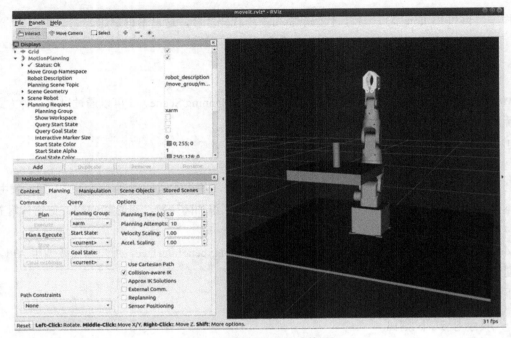

图 7.8 添加物体到规划场景

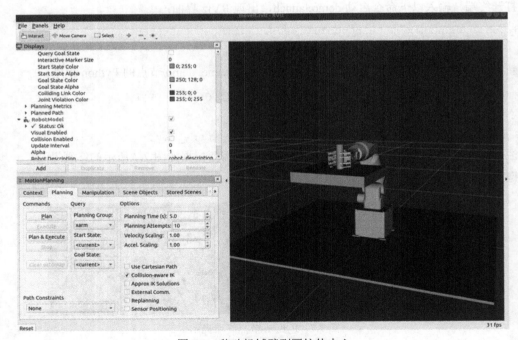

图 7.9 移动机械臂到圆柱体中心

④ 将圆柱体附着到机械臂（末端）上，可看到圆柱体变成了紫色，如图 7.10 所示。

⑤ 机械臂运动到长方体下方的位置，可看到运动过程中附着在机械臂上的圆柱体会跟着运动，且避开了障碍物（长方体）。若勾选了"MotionPlaning"—"Planned Path"—"Show Trail"，可看到规划出的轨迹明显绕开了长方体，如图 7.11 所示。

第7章 MoveIt!的编程

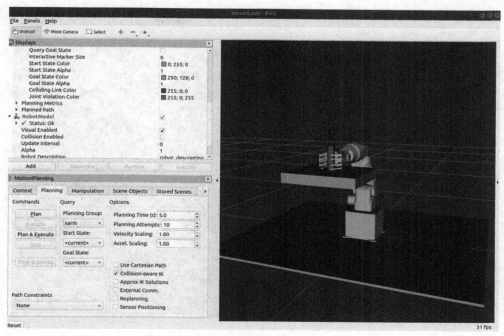

图 7.10 附着圆柱体到机械臂（末端）上

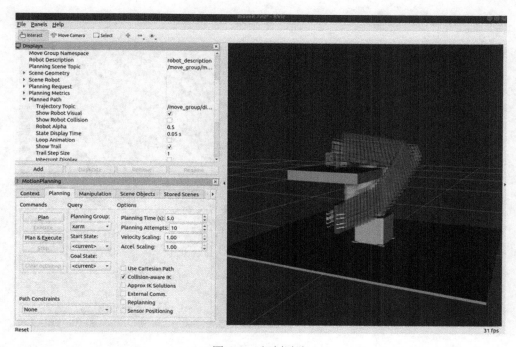

图 7.11 规划避障

⑥ 运动到目标位置后将圆柱体与机械臂（末端）分离，可看到圆柱体从紫色变回绿色，如图 7.12 所示。

⑦ 删除规划场景里的长方体和圆柱体，如图 7.13 所示。

⑧ 机械臂回到初始位置，退出程序。

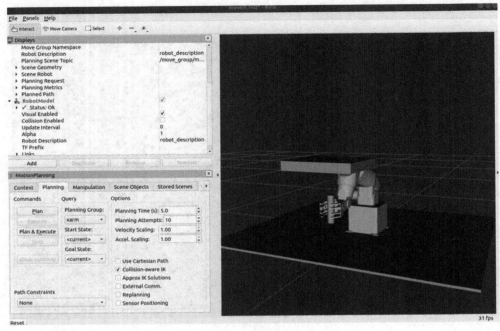

图 7.12　放置过程截图

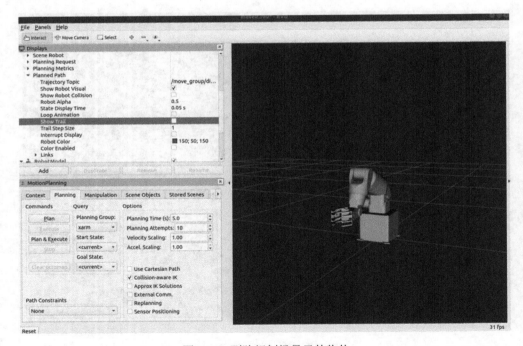

图 7.13　删除规划场景里的物体

7.3.2　避障规划示例（Python）

源码位于 xarm_moveit_demo/scripts/moveit_planning_scene_demo.py。由于篇幅限制，读者可去代码仓库查看程序完整内容。下面只对程序中关键内容进行解析：

```
from moveit_commander import MoveGroupCommander, PlanningSceneInterface
from moveit_msgs.msg import CollisionObject, AttachedCollisionObject
```

导入需要的模块：PlanningSceneInterface 提供了规划场景有关的操作。moveit_msgs 功能包中定义了障碍物（CollisionObject）、附着物体（AttachedCollisionObject）等消息类型用来设置规划场景里的物体。

```
scene=PlanningSceneInterface()
```

创建 PlanningSceneInterface 对象 scene，用来对规划场景进行操作。

```
print "============ Press `Enter` to add objects to the planning scene ..."
raw_input()
```

打印输出提示语句，并在按下"Enter"键后继续运行后面的程序。

```
table_id='table'
table_size=[1.0, 1.2, 0.01]
table_pose=PoseStamped()
table_pose.header.frame_id='base_link'
table_pose.pose.position.x=0.0
table_pose.pose.position.y=0.0
table_pose.pose.position.z = -table_size[2]/2
table_pose.pose.orientation.w=1.0
```

设置需要添加到规划场景中的物体：规划场景中的每个物体都有唯一标识的 ID，第一句设置桌子的 ID 为 table。第二句设置了桌子（长方体）的尺寸 table_size[长、宽、高]。接着设置了桌子的位姿 table_pose。

由于长方体的坐标系中心位于长方体中心，为了用这个长方体代表机械臂放置的桌面，我们设置了桌子中心的 z 的位置位于 base_link 之下，这样桌子的上表面刚好与机械臂的 base_link 的 x-y 平面重合，符合实际安装尺寸。

```
scene.add_box(table_id, table_pose, table_size)
```

add_box()函数用于将桌子添加到规划场景中。函数参数为表示物体名称的字符串、长方体的位姿和长方体的尺寸。

```
# 判断是否已经将 table 添加到规划场景中
if self.wait_for_state_update(table_id,scene,obstacle_is_known=True):
    rospy.loginfo("The Table has been successfully added.")
else:
    rospy.loginfo("Failed to add the Table.")
```

添加物体到规划场景中需要一定的时间，这里我们通过自定义的 wait_for_state_update()函数来判断规划场景是否更新成功。

wait_for_state_update()函数的具体内容如下：

```
# 判断是否已成功添加物体到规划场景，或是否成功把物体附着到机械臂上
def wait_for_state_update(self,obstacle_name,scene,obstacle_is_known=False,
object_is_attached=False, timeout=4):
    start=rospy.get_time()
```

```
        seconds=rospy.get_time()
        # 在4s的时间内，循环判断我们想要的规划场景状态是否更新成功，若成功，返回True
        while (seconds -start < timeout) and not rospy.is_shutdown():
            # 判断物体是否attach成功
            attached_objects=scene.get_attached_objects([obstacle_name])
            is_attached=len(attached_objects.keys()) > 0
            # 判断传入的物体是否已经在规划场景中，即物体是否添加成功
            is_known=obstacle_name in scene.get_known_object_names()
            # 判断是否是我们想要的规划场景更新状态
            if (object_is_attached == is_attached) and (obstacle_is_known == is_known):
                return True

            # sleep0.1s，为物体添加或附着留出时间
            rospy.sleep(0.1)
            seconds=rospy.get_time()
            return False
```

判断是否已成功添加物体到规划场景传入参数包括：物体的名字字符串，规划场景 scene，obstacle_is_know，object_is_attached 以及 timeout 时长（默认 4s）。

若要检测某物体是否被添加到规划场景中，obstacle_is_know 参数设为 True，使用 get_known_object_names()函数获取当前规划场景中存在的物体的名字。在 4s 的时间内，每隔 0.1s 判断一下添加的物体是否已经在规划场景中。若存在，则说明添加成功，退出循环，函数返回 True。若在 4s 内没有跳出循环，函数返回 False。

若要检测某物体是否被附着到了机械臂上，object_is_attached 参数设为 True，循环中用 get_attached_objects()函数获取由给定物体 ID 列表标识的附着对象，若没有给定物体 ID，get_attached_objects()函数返回所有被附着的物体。

除了 add_box()函数，PlanningSceneInterface 还提供了 add_cylinder()函数添加圆柱体、add_sphere()函数添加圆球、add_mesh()函数添加设计的物体的三维模型到规划场景中。这些接口都是对特定形状物体添加的简化，更常用的方式是使用 add_object()函数添加 moveit_msgs/CollisionObject 消息类型的物体，以下面的圆柱体添加为例：

```
    cylinder_object=CollisionObject()
    cylinder_object.header.frame_id="base_link"
    cylinder_object.id="cylinder"
    cylinder_primitive=SolidPrimitive()
    cylinder_primitive.type=cylinder_primitive.CYLINDER
    cylinder_primitive.dimensions=[0.12, 0.015]
    cylinder_pose=Pose()
    cylinder_pose.position.x=0.4
    cylinder_pose.position.y=0
    cylinder_pose.position.z=cylinder_primitive.dimensions[0]/2.0+box_size[2]/2 + 0.37
    cylinder_pose.orientation.w=1.0
```

```
        cylinder_object.primitives =[cylinder_primitive]
        cylinder_object.primitive_poses =[cylinder_pose]
        cylinder_object.operation=cylinder_object.ADD
```

首先创建 moveit_msgs/CollisionObject 消息类型的对象用来表示被添加的物体。moveit_msgs/CollisionObject 消息的定义如下：

```
# 对象相关操作
byte ADD=0      # 将对象添加到规划场景中。如果对象以前存在，则会将其替换
byte REMOVE=1   # 从环境中完全删除对象（与指定 ID 匹配的所有内容）
byte APPEND=2   # 附加到规划场景中已存在的对象。如果对象不存在，则添加该对象
byte MOVE=3     # 如果场景中已存在对象，则可以发送新位姿
# 设置对象位姿的参考坐标系 frame_id
std_msgs/Header header
# 对象的位姿
geometry_msgs/Pose pose
# 对象的 ID, MoveIt!中用来作为对象的唯一标识
string id
# 已知对象数据库中的对象类型
object_recognition_msgs/ObjectType type
# 定义与对象关联的长方体、球体、圆柱体、圆锥体的形状和位姿
shape_msgs/SolidPrimitive[] primitives
geometry_msgs/Pose[] primitive_poses
# 定义三维模型网格（meshes）的形状和位姿
shape_msgs/Mesh[] meshes
geometry_msgs/Pose[] mesh_poses
# 定义边界平面
shape_msgs/Plane[] planes
geometry_msgs/Pose[] plane_poses
# 定义对象上的子帧
string[] subframe_names
geometry_msgs/Pose[] subframe_poses
# 定义待执行的操作
byte operation
```

在示例代码中，我们设置了待添加对象的 ID 为"cylinder"，形状为圆柱体（cylinder_primitive.CYLINDER），待操作为添加到规划场景中（cylinder_object. ADD）。

```
        # 将一个圆柱体添加到规划场景中
        scene.add_object(cylinder_object)
        if self.wait_for_state_update(cylinder_object.id,scene,obstacle_is_known
=True):
            rospy.loginfo("The Cylinder has been successfully added.")
        else:
            rospy.loginfo("Failed to add the Cylinder.")
```

设置好待添加对象后,使用 add_object() 函数将对象添加到规划场景中,并等待规划场景更新。
下面学习如何将一个物体附着到机械臂上:

```
# 使用 attach_object() 函数把 cylinder 附着到机械臂末端执行器上
attach_object=AttachedCollisionObject()
attach_object.link_name="gripper_centor_link"
attach_object.object=cylinder_object
scene.attach_object(attach_object)
```

attach_object() 函数的参数为 moveit_msgs/AttachedCollisionObject 消息类型的对象。代码中我们设置了附着对象 attach_object 的 link_name 为 gripper_centor_link,object 为之前添加到规划场景里的 cylinder_object。设置好后使用 attach_object() 函数将附着对象附着到机械臂的 gripper_centor_link 上。在 RViz 中,被附着到机械臂上的物体通常会变为紫色。

moveit_msgs/AttachedCollisionObject 消息定义如下:

```
# 对象(object)将通过 Fixed 类型的关节连接到此 link 上,通常会设为机械臂末端执行器的 link
string link_name
# 被附着到机械臂上的对象
moveit_msgs/CollisionObject object
# 允许附着对象发生触碰的 link 集
string[] touch_links
# 为让对象保持附着,某些关节需维持的特定的位置
trajectory_msgs/JointTrajectory detach_posture
# 附着对象的重量
float64 weight
```

圆柱体附着成功后,让机械臂运动到长方体下方的位置,可以看到附着对象会随着机械臂运动。整个过程中的规划都会考虑附着对象以及规划场景里的桌面和长方体,以避免发生碰撞。

使用 remove_attached_object() 函数将圆柱体与机械臂分离:

```
scene.remove_attached_object("gripper_centor_link", cylinder_object.id)
```

remove_attached_object() 函数包含两个参数。

① link_name:机器人 link 的名字,若不给定 object_name,则分离附着在该 link 上的所有对象物体。

② object_name:附着对象的名字,若 link_name 和 object_name 都为 None,则分离规划场景里的所有附着对象。

分离成功后,可以在 RViz 中看到圆柱体从紫色变为绿色,此时的圆柱体与之前的球体和桌子一样,只是规划场景中的一个物体,不再跟着机械臂运动。

若要删除规划场景里的物体对象,可使用 remove_world_object() 函数:

```
scene.remove_world_object(table_id)
scene.remove_world_object(box_id)
scene.remove_world_object(cylinder_object.id)
rospy.sleep(1)
```

remove_world_object() 函数的参数为规划场景中的对象的 ID(字符串类型),若为 None,则删除规划场景里的所有物体。最后等待 1s 为规划场景里物体的删除留出时间。

7.3.3 避障规划示例（C++）

源码位于 xarm_moveit_demo/src/moveit_planning_scene_demo.cpp，读者可去代码仓库查看程序完整内容。C++示例程序的逻辑与 Python 程序一致，但一些接口差别较大。下面对程序中关键内容进行解析：

```cpp
#include <moveit/move_group_interface/move_group_interface.h>
#include <moveit/planning_scene_interface/planning_scene_interface.h>
#include <moveit_msgs/AttachedCollisionObject.h>
#include <moveit_msgs/CollisionObject.h>
```

添加头文件的引用。

```cpp
moveit::planning_interface::PlanningSceneInterface scene;
```

创建 PlanningSceneInterface 对象 scene 用来对规划场景进行操作。

以添加底部桌面为例，介绍对象物体的设置：

```cpp
# 设置桌面对象的形状和位姿
moveit_msgs::CollisionObject table_object;
table_object.header.frame_id="base_link";
table_object.id="table";
shape_msgs::SolidPrimitive table_primitive;
table_primitive.type=table_primitive.BOX;
table_primitive.dimensions.resize(3);
table_primitive.dimensions[0]=1.0;
table_primitive.dimensions[1]=1.2;
table_primitive.dimensions[2]=0.01;
geometry_msgs::Pose table_pose;
table_pose.position.x=0;
table_pose.position.y=0;
table_pose.position.z=-table_primitive.dimensions[2]/2.0;
table_pose.orientation.w=1.0;
table_object.primitives.push_back(table_primitive);
table_object.primitive_poses.push_back(table_pose);
table_object.operation=table_object.ADD;
```

创建 moveit_msgs::CollisionObject 消息类型的对象 table_object，设置对象位姿的参考坐标系为 base_link，唯一标识 ID 为 table，对象的形状设置为 BOX（长方体），同时设置对象的位姿，以及待操作类型为 ADD（向规划场景里添加物体）。

以类似的方式设置长方体对象 box_object、圆柱体对象 cylinder_object。

C++的 PlanningSceneInterface 中没有类似 Python 的 add_box()函数、add_cylinder()函数等直接添加几何形状物体的接口，C++程序向规划场景里添加对象物体可使用 addCollisionObjects()函数、applyCollisionObject()函数和 applyCollisionObjects()函数接口。

```cpp
std::vector<moveit_msgs::CollisionObject> collision_objects;
collision_objects.push_back(table_object);
collision_objects.push_back(box_object);
```

```
collision_objects.push_back(cylinder_object);
scene.addCollisionObjects(collision_objects);
scene.applyCollisionObjects(collision_objects);
```

创建 moveit_msgs::CollisionObject 类型的 vector 变量 collision_objects，向 collision_objects 中添加之前建立好的 table_object、box_object 和 cylinder_object，使用 addCollisionObjects() 将 collision_objects 里的对象物体全部添加到规划场景中，需保证每个对象的 operation 类型为 ADD。若想在物体添加后能"直接"可见，可使用 applyCollisionObjects() 函数代替 addCollisionObjects() 函数。

物体添加到规划场景后，使用自定义的 waitForStateUpdate() 函数判断物体是否已成功添加，函数定义如下：

```
bool waitForStateUpdate(std::string obstacle_name, moveit::planning_interface::
PlanningSceneInterface& scene, bool obstacle_is_known=false, bool object_is_attac
hed=false, double  timeout=4){
 ros::Time start_time=ros::Time::now();
 ros::Time seconds=ros::Time::now();
 bool is_attached, is_known;
 while(seconds -start_time <ros::Duration(timeout) && !ros::isShuttingDown()){
   std::vector<std::string> attached_object_ids;
   attached_object_ids.push_back(obstacle_name);
   auto attached_objects=scene.getAttachedObjects(attached_object_ids);
   is_attached=attached_objects.size();
   std::vector<std::string> world_object_names=scene.getKnownObjectNames();
   if(std::find(world_object_names.begin(),world_object_names.end(), obstacle_
name) != world_object_names.end()){
     is_known =true;
   }
   else {
     is_known =false;
   }
   if(object_is_attached == is_attached && obstacle_is_known == is_known)
     return true;
   usleep(100000);
   seconds=ros::Time::now();
 }
 return false;
}
```

waitForStateUpdate() 函数中用到了 getKnownObjectNames() 函数来获取规划场景中已有的所有物体的 ID，保存到字符串类型的 vector 中，并且用到了 getAttachedObjects() 函数获取由指定 ID 列表标记的附着对象物体。

在规划场景里添加对象物体后，让机械臂运动到圆柱体中心附近位姿处，将圆柱体附着在机械臂上：

```
arm.attachObject(cylinder_object.id);
```

attachObject()函数的第一个参数为对象物体的ID；第二个参数为附加到的机械臂link的名字，若不指定，则使用末端执行器的 link，若没有末端执行器，则使用规划组的第一个 link，这里为 gripper_centor_link；第三个参数为允许对象物体碰触的link的集（std::vector<std::string>）。

注意：附着/分离物体的 C++接口位于 MoveGroupInterface 类中，而 Python 接口位于 PlanningSceneInterface 类中。

让机械臂运动到当前位置下方25cm处后，让圆柱体与机械臂分离：

```
arm.detachObject(cylinder_object.id);
```

detachObject()函数同样位于 MoveGroupInterface 类中。参数为附着对象的 ID，若不指定且只有一个附着对象，则该对象会被分离。若没有识别出要分离的对象，则函数报错。

下面移除规划场景中的物体：

```
std::vector<std::string> object_ids;
object_ids.push_back(table_object.id);
object_ids.push_back(box_object.id);
object_ids.push_back(cylinder_object.id);
scene.removeCollisionObjects(object_ids);
sleep(1);
```

使用 removeCollisionObjects()函数可以删除规划场景中的对象物体，参数为对象 ID 组成的 vector。

7.4 物品抓取与放置

MoveIt!为物体的抓取提供了 pick 接口，为物体的放置提供了 place 接口，能够让机械臂的末端执行器（夹爪）抓住工作空间内的某个物体，并放置到工作空间内的另一个位置，可用于物品分拣、码垛、物体搬运等工作，是机械臂中比较常用的功能。

本节将学习 pick 和 place 的使用，让机械臂抓取前方的一个长方体并放置到桌面的另一个位置，长方体的位置事先已知。

7.4.1 演示模式下测试

可先在演示模式下测试抓取放置示例。

（1）启动 demo.launch

打开终端，输入以下命令启动 demo.launch，出现 RViz 界面：

```
$ roslaunch xarm_moveit_config demo.launch
```

（2）测试节点

新开终端，可以输入以下命令启动 moveit_pick_place_demo 节点的 Python 程序：

```
$ rosrun xarm_moveit_demo moveit_pick_place_demo.py
```

或者输入以下命令启动 moveit_pick_place_demo 节点的 C++程序：

```
$ rosrun xarm_moveit_demo moveit_pick_place_demo
```

程序启动后，通过 RViz，可以看到如下过程。

① 在规划场景里添加一张桌子和一个长方体。

② 添加成功后，机械臂开始执行"抓取"任务的过程：先运动到目标物体后方的一个位置，手爪水平，张开手爪（图 7.14），接着沿着 X 轴正向移动一小段距离到达抓取位置，此时目标物体在手爪中心，闭合手爪，抓取成功，物品由绿色变为紫色（图 7.15），机械臂末端向上移动一小段距离，完成抓取。

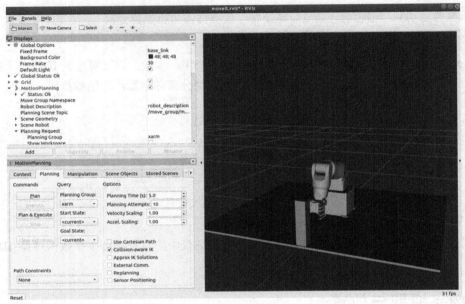

图 7.14　抓取过程截图（一）

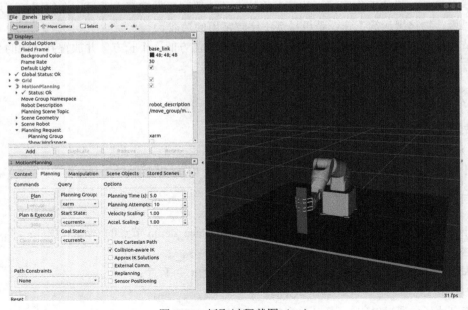

图 7.15　抓取过程截图（二）

③ 抓取完成后机械臂开始执行"放置"任务的过程：机械臂向右移动到放置点的上方，然后向下移动一段距离到达放置点（图 7.16），张开手爪，物品从紫色的附着状态变为绿色，与机械臂分离。放置完成后机械臂向上移动一段距离撤退（图7.17）。

④ 放置完成后，机械臂回到初始状态，闭合手爪。

⑤ 删除规划场景里的桌面和长方体目标，程序结束。

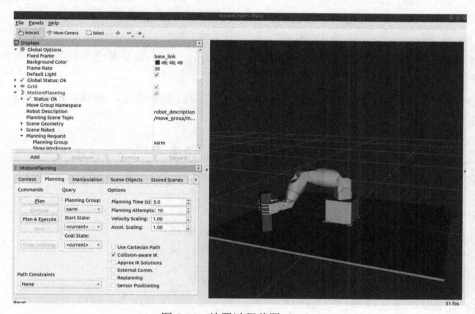

图 7.16　放置过程截图（一）

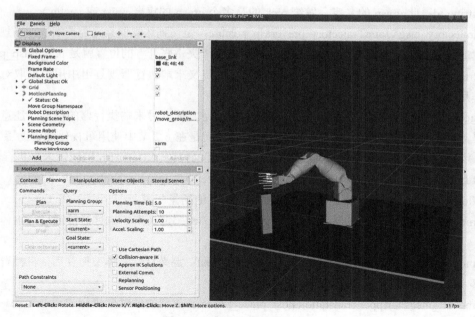

图 7.17　放置过程截图（二）

7.4.2 pick 和 place 编程接口

在 Python 中，pick 和 place 接口由 MoveGroupCommander 类提供：

http://docs.ros.org/en/melodic/api/moveit_commander/html/classmoveit__commander_1_1move__group_1_1MoveGroupCommander.html

C++中由 MoveGroupInterface 类提供：

http://docs.ros.org/en/melodic/api/moveit_ros_planning_interface/html/classmoveit_1_1planning__interface_1_1MoveGroupInterface.html

（1）pick 和 moveit_msgs/Grasp.msg

pick()函数主要有两个参数：要抓取的物体的 ID(string 类型)以及需要尝试的抓取列表 grasp，其中最关键的是 grasp 列表的创建和定义。

grasp 列表由一个个 moveit_msgs/Grasp.msg 消息类型的变量组成。moveit_msgs/Grasp.msg 消息类型包含对"抓取"的描述，完整定义如下：

```
string id
trajectory_msgs/JointTrajectory pre_grasp_posture
trajectory_msgs/JointTrajectory grasp_posture
geometry_msgs/PoseStamped grasp_pose
float64 grasp_quality
moveit_msgs/GripperTranslation pre_grasp_approach
moveit_msgs/GripperTranslation post_grasp_retreat
moveit_msgs/GripperTranslation post_place_retreat
float32 max_contact_force
string[] allowed_touch_objects
```

下面对消息里的关键部分进行说明。

① string id：此 grasp 的名字。发给 pick 的是多个 grasp 的集合（list 或 vector）。

② trajectory_msgs/JointTrajectory pre_grasp_posture：定义到达抓取点之前末端执行器规划组的姿势，例如夹爪在抓取物品前，通常需要先把夹爪张开，"夹爪张开"的位置就是 pre_grasp_posture。

③ trajectory_msgs /JointTrajectory grasp_posture：定义末端执行器规划组中用于抓取对象时的位置和作用力。

④ geometry_msgs/PoseStamped grasp_pose：用于定义抓取时末端执行器的位姿。注意：这个位姿不是末端执行器规划组中任何一个 link 的位姿，而是在 6.2 节中使用可视化配置助手（Setup Assistant）配置末端执行器时，末端执行器的 Parent Link 的位姿。XBot-Arm 机械臂末端执行器 hand 的 Parent Link 为 gripper_centor_link，设置的 grasp_pose 即为 gripper_centor_link 的位姿。

⑤ float64 grasp_quality：此 grasp 的成功概率或其他衡量标准。

⑥ moveit_msgs/GripperTranslation pre_grasp_approach：定义末端执行器接近目标物体的方向和距离。

⑦ moveit_msgs/GripperTranslation post_grasp_retreat：定义目标物体被抓住后，机械臂末端执行器从哪个方向撤离以及行进距离。

⑧ moveit_msgs/GripperTranslation post_place_retreat：放置物体时要执行的后退运动。该信息对于抓取本身不是必需的。

⑨ float32 max_contact_force：抓握时要使用的最大接触力（≤0 表示禁用）。
⑩ string[] allowed_touch_objects：定义在抓取过程中可以接触、推动或移动的障碍物列表。

下面以带手爪的 XBot-Arm 机械臂的一个完整的抓取过程为例进行说明：到达抓取点附近某个位置（该位置由 grasp_pose 和 pre_grasp_approach 决定）—张开手爪（pre_grasp_posture）—按照 pre_grasp_approach 定义的移动方向移动一段距离（笛卡儿路径）到达 grasp_pose 处—闭合手爪抓握（grasp_posture），抓取成功后，物品会变为紫色，表示被附着到末端执行器上—按照 post_grasp_retreat 定义的方向和距离撤退（笛卡儿路径）—完成抓取任务。

（2）place 和 moveit_msgs/PlaceLocation.msg

place()函数的参数通常为需要放置的物体的 ID（string 类型）以及放置的位姿。代表放置位姿的参数的类型可以是 geometry_msgs/PoseStamped 或 moveit_msgs/PlaceLocation 等。这里我们重点学习一下 moveit_msgs/PlaceLocation 消息类型的定义和使用。

该消息类型完整定义如下：

```
string id
trajectory_msgs/JointTrajectory post_place_posture
geometry_msgs/PoseStamped place_pose
float64 quality
moveit_msgs/GripperTranslation pre_place_approach
moveit_msgs/GripperTranslation post_place_retreat
string[] allowed_touch_objects
```

下面对消息内容进行具体说明。

① string id：名字标记。

② trajectory_msgs / JointTrajectory post_place_posture：抓握物品时末端执行器的关节位置和关节作用力（通常可不用设置）。

③ geometry_msgs/PoseStamped place_pose：定义放置点的位姿。需要注意的是，在设置抓取位姿时，设置的是末端执行器关联的父 link（gripper_centor_link）的位姿。但在这里设置放置位姿时，place_pose 代表的是已经被抓取成功的目标物体本身的位姿，而不是 gripper_centor_link 的位姿。

④ moveit_msgs/GripperTranslation pre_place_approach：定义从哪个方向靠近放置点以及移动的距离。

⑤ moveit_msgs/GripperTranslation post_place_retreat：机械臂放置物品后，从哪个方向撤离以及行进的距离。

⑥ string[] allowed_touch_objects：定义在放置过程中可以接触、推动或移动的障碍物列表。

以 XBot-Arm 机械臂为例，一个完整的放置过程通常如下：到达放置点附近某个位置（该位置由 place_pose 和 pre_place_approach 决定）—按照 pre_place_approach 定义的移动方向移动一段距离（笛卡儿路径）到达 place_pose 处—张开手爪释放物品，物品从紫色变为绿色—按照 post_place_retreat 定义的方向和距离撤退（笛卡儿路径）—完成放置任务。

（3）抓取和放置的编程步骤

编程实现物体抓取的一般步骤如下。

① 设置抓取目标的 ID、尺寸和位置，添加到规划场景中，同时可在规划场景里添加其他物体，例如供抓取操作的桌面。

② 设置抓取位姿 Grasp 列表。主要需要设置 Grasp 里的 pre_grasp_posture、grasp_posture、grasp_pose、pre_grasp_approach、post_grasp_retreat。

③ 使用 pick()函数尝试抓取操作，通常循环尝试多次，以避免逆运动学算法的干扰导致一次规划失败的情况。

编程实现物体放置的一般步骤如下。

① 设置放置位姿。

② 若放置位姿的类型为 moveit_msgs/PlaceLocation，可以设置 place_pose、pre_place_approach、post_place_retreat。

③ 使用 place()函数进行放置操作。

下面以 moveit_pick_place_demo 节点为例，学习如何编程实现抓取和放置任务。

7.4.3 编程实现物品抓取与放置(Python)

源码位于 xarm_moveit_demo/scripts/moveit_pick_place_demo.py，读者可去代码仓库查看程序完整内容。下面对程序中关键内容进行解析。

（1）初始化设置并添加物体

```
from moveit_msgs.msg import Grasp,PlaceLocation,GripperTranslation,
MoveItErrorCodes
```

从 moveit_msgs.msg 导入相关消息类型。

```
GRIPPER_JOINT_NAMES=['gripper_1_joint','gripper_2_joint']
GRIPPER_OPEN=[0.65,0.65]
GRIPPER_GRASP=[0.1,0.1]
BASE_LINK='base_link'
TABLE_ID="table"
TARGET_ID="target"
```

为了方便，定义一些全局变量保存 gripper 规划组里的关节名、手爪张开和抓握时的位置、基坐标系名、对象物体 ID。GRIPPER_GRASP 表示抓握目标物体时 gripper 规划组里两个关节的位置，这是一个经验值，可以根据被抓取对象的尺寸来确定。

```
        self.scene=PlanningSceneInterface()
        rospy.sleep(1)
        self.add_collision_object()
```

在规划场景中添加底部的桌面和待抓取的目标物体，add_collision_object()函数内容如下：

```
def add_collision_object(self):
    table_size=[1.0, 1.2, 0.01]
    table_pose=PoseStamped()
    table_pose.header.frame_id=BASE_LINK
    table_pose.pose.position.x=0.0
    table_pose.pose.position.y=0.0
    table_pose.pose.position.z=-table_size[2] / 2.0
    table_pose.pose.orientation.w=1.0
    self.scene.add_box(TABLE_ID, table_pose, table_size)
    target_size=[0.05, 0.05, 0.22]
    target_pose=PoseStamped()
```

```
target_pose.header.frame_id=BASE_LINK
target_pose.pose.position.x=0.47
target_pose.pose.position.y=0.0
target_pose.pose.position.z = target_size[2] / 2.0
target_pose.pose.orientation.w=1.0
self.scene.add_box(TARGET_ID, target_pose, target_size)
rospy.sleep(1)
```

设置了桌面的 ID 为 TABLE_ID（table），目标物体 ID 为 TARGET_ID（target），这两个 ID 在后面还会用到。此部分内容可参考 7.3 节的解析。

```
    self.xarm_group.set_support_surface_name(TABLE_ID)
```

设置桌子 table 为抓取和放置操作的支撑面，使 MoveIt!忽略物体放到桌子上时产生的碰撞警告。

（2）设置抓取列表 grasps

```
    grasps=self.make_grasps();
```

MoveIt!抓取接口 pick 的主要参数是 moveit_msgs/Grasp 的抓取列表，本示例中通过 make_grasps()函数生成抓取列表，该函数的具体内容如下：

```
def make_grasps(self):
    # 初始化抓取列表
    grasps=[]
    grasp=Grasp()
    # 设置抓取的位姿 grasp_pose
    grasp.grasp_pose.header.frame_id=BASE_LINK
    grasp.grasp_pose.pose.position.x=0.47
    grasp.grasp_pose.pose.position.y=0
    grasp.grasp_pose.pose.position.z=0.14
    q=quaternion_from_euler(0, 0, 0)
    grasp.grasp_pose.pose.orientation.x=q[0]
    grasp.grasp_pose.pose.orientation.y=q[1]
    grasp.grasp_pose.pose.orientation.x=q[2]
    grasp.grasp_pose.pose.orientation.w=q[3]
    # 设置 pre_grasp_approach,沿着 X 轴正向靠近,移动的最小距离为 0.1m,期望距离为 0.12m
    grasp.pre_grasp_approach.direction.header.frame_id=BASE_LINK
    grasp.pre_grasp_approach.direction.vector.x=1.0
    grasp.pre_grasp_approach.min_distance=0.1
    grasp.pre_grasp_approach.desired_distance=0.12
    # 设置 post_grasp_retreat,抓取物体后沿着 Z 轴正向撤离,距离最小 0.08m,期望距离 0.1m
    grasp.post_grasp_retreat.direction.header.frame_id=BASE_LINK
    grasp.post_grasp_retreat.direction.vector.z=1.0;
    grasp.post_grasp_retreat.min_distance=0.08;
    grasp.post_grasp_retreat.desired_distance=0.1;
    # 设置夹爪在抓取物品前的位姿为张开的状态
```

```
    grasp.pre_grasp_posture=self.make_gripper_posture(GRIPPER_OPEN);
    # 设置夹爪用于抓取对象时的位置
    grasp.grasp_posture=self.make_gripper_posture(GRIPPER_GRASP);
    grasps.append(deepcopy(grasp))
    return grasps
```

函数返回的 grasps 列表中只包含一个成员，即我们只设置了一种抓取方式。

抓取位姿 grasp_pose 的位置为目标长方体中心的上方 3cm 处；抓取时，gripper_centor_link 的姿态 RPY（0，0，0），手爪水平向前，类似图 7.18 所示。

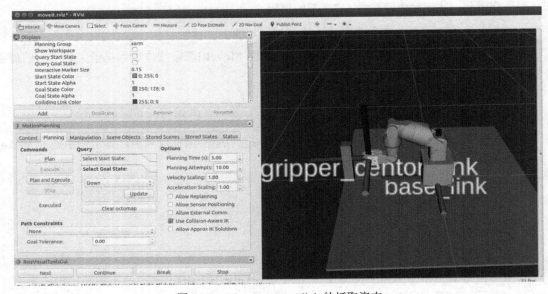

图 7.18　gripper_centor_link 的抓取姿态

pre_grasp_approach 定义末端执行器接近目标物体的方向和距离，方向通过参考坐标系和 vector 向量的 xyz 表示，同时设置了期望的移动距离 desired_distance 和最小移动距离 min_distance。post_grasp_retreat 定义抓握成功后的撤离方向和距离。抓取前的 gripper 规划组姿势 pre_grasp_posture 和抓握时的姿势 grasp_posture 用 make_gripper_posture() 函数确定。

（3）尝试抓取

```
    max_pick_attempts=5
    result=None
    n_attempts=0
    rospy.loginfo("Try to pick up the box. ")
    # 循环尝试抓取操作直到抓取成功或最大尝试次数用尽
    while result != MoveItErrorCodes.SUCCESS and n_attempts < max_pick_attempts:
        n_attempts += 1
        rospy.loginfo("Pick attempt: " + str(n_attempts))
        result=self.xarm_group.pick(TARGET_ID, grasps)
        rospy.sleep(0.2)
```

使用抓取列表 grasps 来进行抓取操作。在抓取成功或最大抓取次数用尽前，每隔 0.2s 调用 pick() 函数进行抓取操作。

在每次调用 pick() 函数时，会遍历整个抓取列表 grasps 里的成员。由于逆运动学解算可能失败，所以我们设置了多次尝试。

（4）设置放置位姿列表 places

先定义抓取成功后物品被放置的位姿 place_pose。

注意：place_pose 表示目标物体期望被放置的位姿，我们希望物体被放在桌面上，因此 place_pose.pose.position.z 的值为物体高度的一半（物体中心），而非 gripper_centor_link 抓取时的高度 0.14m。

物体放置的姿态由欧拉角（0，0，-math.pi/4）转换成四元数所得。通过抓取时物体的位姿和 gripper_centor_link 的位姿，在设置好物体放置位姿时，MoveIt! 会自动推算出放置时 gripper_centor_link 的位姿用于逆运动学解算。

```
# 设置一个放置目标位姿
place_pose=PoseStamped()
place_pose.header.frame_id=BASE_LINK
place_pose.pose.position.x=0.32
place_pose.pose.position.y=-0.32
place_pose.pose.position.z=0.22 / 2.0
q=quaternion_from_euler(0, 0, -math.pi/4)
place_pose.pose.orientation.x=q[0]
place_pose.pose.orientation.y=q[1]
place_pose.pose.orientation.z=q[2]
place_pose.pose.orientation.w=q[3]
```

上面代码定义了物品被放在右侧一个位置。

```
# 生成一系列放置位姿
places=self.make_places(place_pose)
```

通过自定义的 make_places() 函数生成一系列放置物体的候选位姿，这些候选位姿在我们设定的 place_pose 附近，函数具体内容如下：

```
# 生成一系列可能的放置点位姿
def make_places(self, init_pose):
    # 创建 moveit_msgs/PlaceLocation 消息的对象 place
    place=PlaceLocation()
    # 设置放置位姿
    place.place_pose=init_pose
    # 设置靠近放置点的方向、最小移动距离和期望距离，这里设置为沿着 Z 轴向下移动 0.1m
    place.pre_place_approach.direction.header.frame_id=BASE_LINK
    place.pre_place_approach.direction.vector.z=-1.0
    place.pre_place_approach.min_distance=0.08
    place.pre_place_approach.desired_distance=0.1
    # 设置放置完成后机械臂的撤离方向、移动最小距离和期望距离
    place.post_place_retreat.direction.header.frame_id=BASE_LINK
```

```
            place.post_place_retreat.direction.vector.z=1.0
            place.post_place_retreat.min_distance=0.12
            place.post_place_retreat.desired_distance=0.15

            # 可尝试的 x 位置偏移量
            x_vals=[0, 0.005, 0.01, -0.005, -0.01]
            # 初始化放置位姿列表
            places=[]
            # 在放置位置附近生成其他可放置位置，并添加到放置位姿列表
            for x in x_vals:
                place.place_pose.pose.position.x=init_pose.pose.position.x + x
                places.append(deepcopy(place))
            # 返回放置列表
            return places
```

设置过程与 make_grasps()方法类似，可参考代码注释。

（5）尝试放置任务

```
        if result == MoveItErrorCodes.SUCCESS:
            rospy.loginfo("Picked up successfully. Try to place the box. ")
            max_place_attempts=5
            result=None
            n_attempts=0
            # 循环放置直到成功或超过最大尝试次数
            while result != MoveItErrorCodes.SUCCESS and n_attempts < max_place_att
empts:
                n_attempts += 1
                rospy.loginfo("Place attempt: " + str(n_attempts))
                for place in places:
                    result=self.xarm_group.place(TARGET_ID, place)
                    if result == MoveItErrorCodes.SUCCESS:
                        break
                rospy.sleep(0.2)
```

不同于 pick()函数会自动遍历 grasps 列表里的所有抓取姿态，place()函数只接受一个放置位姿作为参数，所以需手动遍历。

（6）抓取-放置操作全部完成后，机械臂会闭合手爪，回到初始位置，删除规划场景里添加的物体。

```
        # 回到初始位姿
        self.xarm_group.set_named_target('Home')
        self.xarm_group.go()
        # 闭合手爪
        self.gripper_group.set_named_target('Close_gripper')
        self.gripper_group.go()
```

```python
    rospy.sleep(1)
    # 删除规划场景里物体
    rospy.loginfo("Remove objects. ")
    self.scene.remove_world_object(TABLE_ID)
    self.scene.remove_world_object(TARGET_ID)
```

7.4.4 编程实现物品抓取与放置（C++）

源码位于 xarm_moveit_demo/src/moveit_pick_place_demo.cpp，与 Python 程序的逻辑基本一致。下面对关键内容进行解析。

（1）添加障碍物和目标物体

代码位于 **addCollisionObjects()** 函数中，在机械臂底部添加了一个桌面，在桌面上方添加了一个长方体，将长方体作为目标物体用于抓取。这部分代码的解析可参考 7.3 节。

（2）设置抓取姿态

```cpp
std::vector<moveit_msgs::Grasp> grasps;
makeGrasps(grasps);
```

通过自定义的 makeGrasps() 函数设置抓取姿态，函数具体内容如下：

```cpp
void makeGrasps(std::vector<moveit_msgs::Grasp>& grasps){
  // 设置 grasps 里只包含一个元素
  grasps.resize(1);
  // 设置抓取的位姿 grasp_pose
  grasps[0].grasp_pose.header.frame_id=BASE_LINK;
  grasps[0].grasp_pose.pose.position.x=0.47;
  grasps[0].grasp_pose.pose.position.y=0;
  grasps[0].grasp_pose.pose.position.z=0.14;
  tf2::Quaternion orientation;
  orientation.setRPY(0, 0, 0);
  grasps[0].grasp_pose.pose.orientation=tf2::toMsg(orientation);
  // 设置 pre_grasp_approach,沿着 X 轴正向靠近抓取点,最小距离为 0.1m, 期望距离为 0.12m
  grasps[0].pre_grasp_approach.direction.header.frame_id=BASE_LINK;
  grasps[0].pre_grasp_approach.direction.vector.x=1.0;
  grasps[0].pre_grasp_approach.min_distance=0.1;
  grasps[0].pre_grasp_approach.desired_distance=0.12;
  // 设置 post_grasp_retreat,抓取物体后, 沿着 Z 轴正向撤离
  grasps[0].post_grasp_retreat.direction.header.frame_id=BASE_LINK;
  grasps[0].post_grasp_retreat.direction.vector.z=1.0;
  grasps[0].post_grasp_retreat.min_distance=0.08;
  grasps[0].post_grasp_retreat.desired_distance=0.1;
  // 设置夹爪抓取前的位姿和抓取时的位姿
  makeGripperPosture(grasps[0].pre_grasp_posture, GRIPPER_OPEN);
  makeGripperPosture(grasps[0].grasp_posture, GRIPPER_GRASP);
}
```

设置抓取姿态向量（vector）grasps。本示例中，让 grasps 里只包含了一个元素，并对该元素进行了设置。设置了 grasp_pose、pre_grasp_posture、grasp_posture、pre_grasp_approach、post_grasp_retreat，关于这些变量详细说明可参考 7.4.2 节里 moveit_msgs/Grasp 的说明。

（3）尝试进行抓取

```
moveit::planning_interface::MoveItErrorCode result;
int max_pick_attempts=5;
int n_attempts=0;
while(result != moveit::planning_interface::MoveItErrorCode::SUCCESS &&
n_attempts < max_pick_attempts ){
  n_attempts++;
  result=xarm_group.pick(TARGET_ID, grasps);
  ros::WallDuration(0.2).sleep();
}
```

在设置好 grasps 抓取向量后，可以通过 pick()函数尝试进行抓取，函数的第一个参数为目标物体的 ID，第二个参数为 grasps 抓取向量，返回抓取错误码。pick()函数会尝试对 grasps 中的所有抓取姿态进行解算和规划，若规划成功，则控制机械臂按照规划的轨迹进行抓取操作。若失败，则返回错误码。由于逆运动学解算可能失败，所以我们设置了多次尝试。

（4）设置放置位姿

```
geometry_msgs::PoseStamped place_pose;
place_pose.header.frame_id=BASE_LINK;
place_pose.pose.position.x=0.32;
place_pose.pose.position.y=-0.32;
place_pose.pose.position.z=0.22 / 2.0;
tf2::Quaternion orientation;
orientation.setRPY(0, 0, -M_PI / 4);
place_pose.pose.orientation=tf2::toMsg(orientation);
std::vector<moveit_msgs::PlaceLocation> place_locations;
makePlaces(place_locations, place_pose);
```

与 Python 一致，这里的放置位姿指的是目标物体的期望放置位姿，而非机械臂末端执行器 link 的位姿（gripper_centor_link）。makePlaces()函数具体内容如下：

```
void makePlaces(std::vector<moveit_msgs::PlaceLocation> &place_locations,
geometry_msgs::PoseStamped init_pose){
  // 创建 moveit_msgs/PlaceLocation 消息的对象 place
  moveit_msgs::PlaceLocation place;
  // 设置放置位姿
  place.place_pose=init_pose;
  // 设置靠近放置点的方向、最小移动距离和期望距离
  place.pre_place_approach.direction.header.frame_id=BASE_LINK;
  place.pre_place_approach.direction.vector.z=-1.0;
  place.pre_place_approach.min_distance=0.08;
  place.pre_place_approach.desired_distance=0.1;
```

```cpp
// 设置放置完成后机械臂的撤离方向、移动最小距离和期望距离
place.post_place_retreat.direction.header.frame_id=BASE_LINK;
place.post_place_retreat.direction.vector.z=1.0;
place.post_place_retreat.min_distance=0.12;
place.post_place_retreat.desired_distance=0.15;
// 可尝试的 x 位置偏移量
std::vector<double> x_vals={0, 0.005, 0.01, -0.005, -0.01};
// 在放置位置附近生成其他可放置位置，并添加到放置位姿列表 place_locations
for (auto x:x_vals) {
  place.place_pose.pose.position.x=init_pose.pose.position.x + x;
  place_locations.push_back(place);
}
}
```

（5）尝试放置任务

若抓取成功，则尝试物体放置：

```cpp
if(result == moveit::planning_interface::MoveItErrorCode::SUCCESS){
  ROS_INFO("Picked up successfully. Try to place the box.");
  int max_place_attempts=5;
  n_attempts=0;
  result=0;
  while(result != moveit::planning_interface::MoveItErrorCode::SUCCESS && n_attempts < max_place_attempts ){
     n_attempts++;
     result=xarm_group.place(TARGET_ID, place_locations);
     ros::WallDuration(0.2).sleep();
  }
}
```

place()函数的第一个参数为目标物体的 ID，第二个参数为可放置位置向量（vector）。

（6）闭合手爪并回到初始位置

```cpp
ROS_INFO("Close gripper ...");
gripper_group.setNamedTarget("Close_gripper");
gripper_group.move();
ROS_INFO("Moving to pose: Home");
xarm_group.setNamedTarget("Home");
xarm_group.move();
```

（7）删除规划场景里的桌面和目标物体

```cpp
std::vector<std::string> object_ids={TABLE_ID, TARGET_ID};
planning_scene_interface.removeCollisionObjects(object_ids);
ros::WallDuration(1.0).sleep();
```

本章小结

本章学习了编程调用 MoveIt!提供的 Python 和 C++接口，实现机械臂的关节目标规划、位姿目标规划、笛卡儿路径规划、在规划场景中添加/删除物体、附着/分离机器人上的物体、机械臂抓取和放置等复杂任务。本章提供的示例节点均可应用在真实机械臂上。

习题7

1. 创建 exercise_seven 功能包。
2. 在功能包内编写 pose_plan 节点，在节点内实现以下功能。

① 让 XBot-Arm 机械臂规划并运动到 target_pose 目标处。target_pose 的位置 xyz 为(0.3, −0.3, 0.3)，姿态用 RPY 欧拉角表示为（0,0,-pi/4）。

② 让机械臂规划并运动到 target_joint_positions 目标处。target_joint_positions 中 6 个关节的位置为[−0.9, −1.0, 0.2, 0.9, −0.76, 1.5]。

③ 控制机械臂回到初始位置。

3. 在功能包内编写 pick_place 节点，在节点内实现以下功能。

① 在规划场景中添加桌面 table 和目标物体 box。目标物体为边长 6cm 的正方体，位于桌面上方，位置 xyz 为(0.4,0,0.03)，姿态用 RPY 欧拉角表示为（0,0,0）。

② 让机械臂对目标 box 进行抓取，抓取时，手爪竖直向下。

③ 自行设计放置位置，抓取成功后，将目标 box 放置到放置点。

④ 控制机械臂回到初始位置并删除规划场景中的物体。

第8章 机械臂的视觉系统

8.1 视觉系统概述

在第 7 章使用机械臂进行抓取或放置时，目标物体的形状和位姿是已知的。但在大多数应用场景下，机械臂的操作对象是什么，以及操作对象的位姿往往是未知的。通常，我们会为机器人添加视觉系统，用来模拟人眼的功能，进行测量和判断。

机器人的视觉系统一般由图像采集系统和图像处理系统两部分组成，有的视觉系统会包含机器人的运动控制部分。系统的硬件包含视觉传感器组（光源、相机、镜头等）、图像采集卡、计算机以及相应的通信模块，软件一般安装在计算机端，包含图像处理软件以及一些更复杂的计算算法。

视觉系统在机器人领域主要可应用在以下几个方面。

① 检测。检测目标是否存在缺陷、裂纹，工件安装是否错误或是否有安全隐患，提高检测效率，非接触式检测也可提高系统的安全性和稳定性。

② 识别。识别二维码、条形码、颜色、形状等，或者通过特征匹配以及人工智能算法进行物体识别。

③ 定位。对目标物体进行定位，或通过视觉 SLAM 算法对机器人本身进行定位。

目前已有不少软硬件一体的视觉系统应用在工业机器人上，用于视觉分拣、视觉装配、安全检查、质量检查、视觉监测、定位引导等。

ROS 中为摄像头的驱动、图像处理、目标检测等功能模块提供了许多开源功能包，本书主要以 USB 摄像头和 RealSense D415 深度摄像头为例，讲解如何利用 ROS 的开源功能包搭建一个简易的机械臂视觉系统并实现颜色检测、目标识别跟踪以及视觉抓取等功能。

8.2 ROS 图像接口和相机驱动

ROS 的 sensor_msgs 功能包中定义了一些用来存储传感器数据和参数的通用消息类型，其中包含与图像、点云、相机校准参数等视觉传感器有关的消息类型。同时，ROS 中为相机驱动提供了开源功能包，能够驱动相机并将视觉信息发布到相应的话题上。本节将介绍 ROS 中常用的消息类型和驱动包。

8.2.1 使用 usb_cam 功能包测试 USB 摄像头

摄像头能够通过镜头捕捉视频信号和图像，转换成计算机所能识别的数字信号后，通过串/并行接口、USB（Universal Serial Bus，通用串行总线）、红外接口（IrDA）等传输到计算机进行应用。

USB 摄像头使用 USB 进行传输，是市场上一种常见的视频采集设备，使用方便。ROS 功能包 usb_cam 为 Linux V4L 设备提供驱动，能够驱动 USB 摄像头并发布图像信息。usb_cam 的官方 wiki 链接如下：

http://wiki.ros.org/usb_cam

下面学习 usb_cam 功能包的安装和测试。

（1）安装 usb_cam

可以采用 apt 安装或源码安装两种安装方式，在不需要修改 usb_cam 源码的时候，一般采用 apt 安装方式即可。

① apt 方式安装 usb_cam。

打开终端，输入以下两条命令即可安装 usb_cam 功能包：

```
$ sudo apt-get update
$ sudo apt-get install ros-melodic-usb-cam
```

以上命令是在 ROS Melodic Morenia 下安装，若在其他 ROS 版本下安装，需将 ros-melodic-usb-cam 修改为对应的版本。

② 源码安装 usb_cam。

当需要修改 usb_cam 源码以满足更多要求时，需要采用源码下载安装的方式。

打开终端，输入以下命令进入 ROS 工作空间下的 src 目录：

```
$ cd ~/tutorial_ws/src/
```

在终端输入以下命令下载 usb_cam 源码：

```
$ git clone https://github.com/ros-drivers/usb_cam.git
```

在终端输入以下命令编译 usb_cam 源码：

```
$ cd ~/tutorial_ws/
$ catkin_make
```

（2）usb_cam 节点

usb_cam 节点使用 libusb_cam 与标准摄像头对接，将图像发布到 sensor_msgs/Image.msg 消息类型的话题上，并使用 image_transport 库允许压缩图像传输。

usb_cam 节点发布的话题如下。

① ~<camera_name>/image_raw (sensor_msgs/Image)：发布图像数据。

② ~<camera_name>/image_raw/compressed (sensor_msgs/CompressedImage)：发布压缩图像数据。

usb_cam 节点的参数如下。

① ~video_device (string, default: "/dev/video0")：摄像头的设备号。

② ~image_width (integer, default: 640)：图像分辨率中的横向分辨率。

③ ~image_height (integer, default: 480)：图像分辨率中的纵向分辨率。

④ ~pixel_format (string, default: "mjpeg")：像素编码，可取的值为 mjpeg、yuyv 或 uyvy。

⑤ ~io_method (string, default: "mmap")：视频采集方式，可取的值为 mmap、read 或 userptr。
⑥ ~camera_frame_id (string, default: "head_camera")：相机的坐标系名。
⑦ ~framerate (integer, default: 30)：帧率。
⑧ ~contrast (integer, default: 32)：图像对比度（0～255）。
⑨ ~brightness (integer, default: 32)：图像的亮度（0～255）。
⑩ ~saturation (integer, default: 32)：图像的饱和度（0～255）。
⑪ ~sharpness (integer, default: 22)：图像的清晰度（0～255）。
⑫ ~autofocus (boolean, default: false)：启用相机的自动对焦。
⑬ ~camera_info_url (string, default:)：CameraInfoManager 类将读取的相机校准文件的路径。
⑭ ~camera_name (string, default: head_camera)：摄像机名称。该名称必须与相机校准文件中的名称匹配。

（3）测试 usb_cam 节点

usb_cam 功能包内提供了启动 usb_cam 节点的示例文件 usb_cam-test.launch。可以直接使用该 launch 文件驱动摄像头，也可参考该 launch 文件内容编写自己的 launch 文件放于其他功能包内，以方便参数的修改。

本书参考 usb_cam-test.launch，在 xarm_vision 功能包的 launch 文件夹中创建了 usb_cam.launch 启动文件，内容如下：

```xml
<launch>
  <node name="usb_cam" pkg="usb_cam" type="usb_cam_node" output="screen" >
    <param name="video_device" value="/dev/video0" />
    <param name="image_width" value="640" />
    <param name="image_height" value="480" />
    <param name="pixel_format" value="yuyv" />
    <param name="camera_frame_id" value="usb_cam" />
    <param name="io_method" value="mmap"/>
  </node>
</launch>
```

将 USB 摄像头插入计算机进行测试。如果使用笔记本电脑，可用笔记本电脑内置摄像头进行测试。

可先在终端中输入以下命令查看当前有几个摄像头设备：

```
$ ls /dev | grep video*
```

如图 8.1 所示，会显示摄像头设备号，笔记本电脑自带的摄像头设备通常为 video0。

图 8.1 摄像头设备查询

修改 usb_cam.launch 里的 video_device 参数为摄像头设备号，关闭其他程序，在终端输入以下命令启动 usb_cam.launch：

```
$ roslaunch xarm_vision usb_cam.launch
```

程序运行无 ERROR 时，新开一个终端，输入以下命令启动 rqt 工具箱里的 rqt_image_view 工具查看图像话题的信息：

```
$ rosrun rqt_image_view rqt_image_view
```

启动后会弹出 "rqt_image_view" 窗口，在 "image_view" 下面的长条框里通过下拉列表选择 usb_cam 节点发布的图像话题，可以看到该话题对应的图像信息。/usb_cam/image_raw 话题对应的图像信息如图 8.2 所示。

在选择图像话题时，可以看到不止 /usb_cam/image_raw 一个话题，其中 /usb_cam/image_raw/compressed 话题上发布的是压缩图像消息，消息类型为 sensor_msgs/CompressedImage，选择话题为此话题时，可看到压缩图像信息。

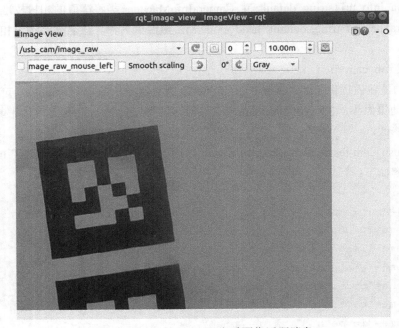

图 8.2　rqt_image_view 查看图像话题消息

8.2.2　Image 和 CompressedImage 图像消息

在前面的测试中，我们用到了两种图像消息类型 sensor_msgs/Image 和 sensor_msgs/CompressedImage。

sensor_msgs/Image 消息用来存储未压缩的图像信息。使用 rosmsg show 命令查看 sensor_msgs/Image 消息的具体内容如图 8.3 所示。

```
robot@ros-arm:~$ rosmsg show sensor_msgs/Image
std_msgs/Header header
  uint32 seq
  time stamp
  string frame_id
uint32 height
uint32 width
string encoding
uint8 is_bigendian
uint32 step
uint8[] data
```

图 8.3　sensor_msgs/Image 消息

① header：消息头，包含消息序列、时间戳和坐标系信息。
② height：图像的纵向分辨率。
③ width：图像的横向分辨率。
④ encoding：图像编码格式，不包含压缩图像。
⑤ is_bigendian：图像数据是否是大端对齐。
⑥ step：一行图像数据的字节数量，作为数据的步长参数。
⑦ data：图像数据的存储数组，大小为 step×height 个字节。

sensor_msgs/CompressedImage 消息用来存储压缩图像信息，使用 rosmsg show 命令查看 sensor_msgs/CompressedImage 消息的具体内容如图 8.4 所示。

```
robot@ros-arm:~$ rosmsg show sensor_msgs/CompressedImage
std_msgs/Header header
  uint32 seq
  time stamp
  string frame_id
string format
uint8[] data
```

图 8.4 sensor_msgs/CompressedImage 消息

① header：消息头，包含消息序列、时间戳和坐标系信息。
② format：图像的压缩编码格式（jpeg、png、bmp）。
③ data：压缩图像数据的存储数组。

8.2.3 RealSense 相机的驱动安装和测试

在机器人应用中，常使用单目、双目和深度相机进行识别、定位、建图。通常各个相机厂家会为相机提供 ROS 驱动包，按照官方教程安装即可。深度相机可通过结构光（structured-light）、ToF（Time of Fly）等方法获取深度信息，常见的深度相机有 Kinect、RealSense 等。

Intel RealSense D415 是一款深度相机，能获取图像信息和深度信息，具有非常适合 3D 扫描等高精度应用场景的标准视场角。本节以 Ubuntu18.04 +ROS Melodic Morenia 环境为例，介绍 RealSense SDK 和 ROS 驱动封装包的安装过程以及测试。

（1）安装 RealSense SDK

SDK 可参考官方提供的说明文档进行安装：

https://github.com/IntelRealSense/librealsense/blob/master/doc/distribution_linux.md

安装过程如下。

① 注册服务器公钥。

在终端输入以下命令注册服务器公钥：

```
$ sudo apt-key adv --keyserver keyserver.ubuntu.com --recv-key F6E65AC044F831AC80A06380C8B3A55A6F3EFCDE || sudo apt-key adv --keyserver hkp://keyserver.ubuntu.com:80 --recv-key F6E65AC044F831AC80A06380C8B3A55A6F3EFCDE
```

成功后如图 8.5 所示。

图 8.5 注册服务器公钥

② 将服务器添加到仓库列表中。

在终端输入以下命令将服务器添加到仓库列表：

$ sudo add-apt-repository "deb https://librealsense.intel.com/Debian/apt-repo $(lsb_release -cs) main" -u

③ 安装 librealsense2 库。

$ sudo apt-get install librealsense2-dkms

$ sudo apt-get install librealsense2-utils

④ 安装开发和调试包。

$ sudo apt-get install librealsense2-dev

$ sudo apt-get install librealsense2-dbg

⑤ 验证是否安装成功。

重新插拔 RealSense 摄像头，在终端输入以下命令启动 Viewer 窗口：

$ realsense-viewer

Viewer 窗口启动成功后如图 8.6 所示。

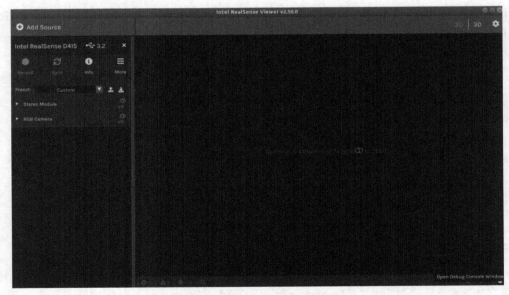

图 8.6 Viewer 运行成功界面

打开左侧栏的"Stereo Modules"和"RGB Camera"，可以在右侧看到 2D 图像画面，说明驱动安装成功，如图 8.7 所示。

图 8.7 Viewer 查看图像画面

⑥ 验证内核是否已更新。

在终端输入以下命令,若内核已更新,应包含"realsense"版本的输出,如图 8.8 所示:

```
$ modinfo uvcvideo | grep "version:"
```

图 8.8 验证内核版本界面

(2) 源码安装 RealSense 的 ROS 包

RealSense D415 深度相机的 ROS 驱动包安装可参考下列官方教程:

https://github.com/IntelRealSense/realsense-ros

可以采用 apt 方式安装:

```
$ sudo apt-get install ros-$ROS_DISTRO-realsense2-camera
```

也可采用源码方式安装(推荐)。

下面以源码方式安装为例进行说明。

①下载功能包。

进入已建好的 ROS 工作空间的 src 目录:

```
$ cd ~/tutorial_ws/src/
```

输入下列命令下载 ROS 功能包:

```
$ git clone https://github.com/IntelRealSense/realsense-ros.git
$ cd realsense-ros/
$ git checkout `git tag | sort -V | grep -P "^2.\d+\.\d+" | tail -1`
```

②安装 rgbd_launch 功能包:

```
$ sudo apt-get install ros-$ROS_DISTRO-rgbd-launch
```

③编译 ROS 包:

```
$ cd ~/tutorial_ws/
```

```
$ rosdep install --from-paths src --ignore-src -r -y
$ catkin_make clean
$ catkin_make -DCATKIN_ENABLE_TESTING=False -DCMAKE_BUILD_TYPE=Release
```

（3）测试 RealSense D415 深度相机

启动 realsense2_camera 功能包里的 launch 文件，测试驱动的安装和深度相机的使用是否正常。计算机连接深度相机后，打开终端，输入以下命令启动相机驱动：

```
$ roslaunch realsense2_camera rs_rgbd.launch
```

打开终端，输入以下命令启动 rqt_image_view：

```
$ rosrun rqt_image_view rqt_image_view
```

选择话题为"/camera/color/image_raw"，可以在窗口看到该话题的二维图像信息。

新开一个终端，输入以下命令启动 RViz 用来查看点云话题信息：

```
$ rviz
```

RViz 启动后，修改"Global Options"—"Fixed Frame"为"camera_link"；点击"Add"按钮，添加 PointCloud2 插件用来显示点云信息，话题名为/camera/depth_registered/points，如图 8.9 所示：

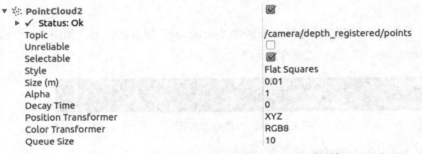

图 8.9　RViz 中添加 PointCloud2 插件

继续点击"Add"按钮，添加两个 Camera 插件用来查看图像信息和深度信息。话题选择如图 8.10 所示。

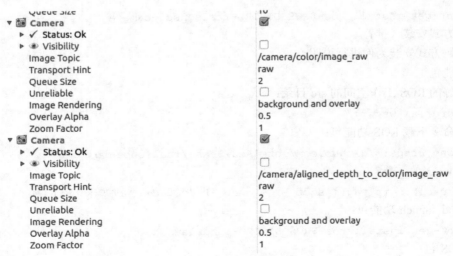

图 8.10　RViz 中添加两个 Camera 插件

若深度相机正常启动，可看到如图 8.11 所示的 RViz 界面，右侧显示的是点云信息，左下角两个 Camera 页面分别显示图像和深度图。

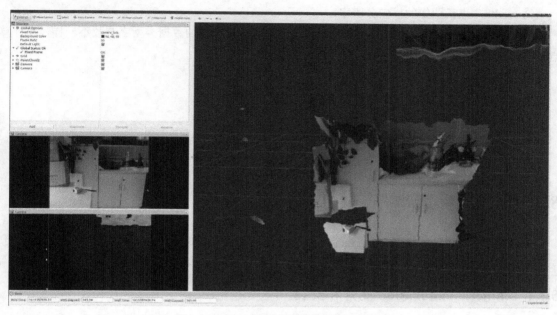

图 8.11　RViz 界面查看图像和点云信息

8.2.4　PointCloud2 点云消息

sensor_msgs/PointCloud2 是 ROS 中标准的点云消息类型，具体内容如图 8.12 所示。

```
robot@ros-arm:~/tutorial_ws$ rosmsg show sensor_msgs/PointCloud2
std_msgs/Header header
  uint32 seq
  time stamp
  string frame_id
uint32 height
uint32 width
sensor_msgs/PointField[] fields
  uint8 INT8=1
  uint8 UINT8=2
  uint8 INT16=3
  uint8 UINT16=4
  uint8 INT32=5
  uint8 UINT32=6
  uint8 FLOAT32=7
  uint8 FLOAT64=8
  string name
  uint32 offset
  uint8 datatype
  uint32 count
bool is_bigendian
uint32 point_step
uint32 row_step
uint8[] data
bool is_dense
```

图 8.12　PointCloud2 点云消息

① header：消息头，包含消息序列、时间戳和坐标系信息。
② height：点云图像的纵向分辨率，如果点云是无序的，height 为 1，宽度为点云的长度。
③ width：点云图像的横向分辨率。
④ fields：每个点的数据类型，INT8、FLOAT32 等，不同的数据类型字节数不一样，在计算点云数据大小时也不一样。
⑤ is_bigendian：图像数据是否是大端对齐。
⑥ point_step：单点的数据字节步长。
⑦ row_step：一行数据的字节步长。
⑧ data：点云数据的存储数组，大小为 row_step×height 个字节。
⑨ is_dense：是否有无效点。

8.3 相机的标定

ROS 提供了 camera_calibration 功能包用于单目和双目相机的标定，本节将介绍该功能包的安装测试，并介绍标定过程。

8.3.1 camera_calibration 简介和安装

相机成像系统中，可以将世界坐标系下的物体通过刚体变换矩阵变换到相机坐标系下，再通过透视投影变换到归一化图像坐标系，最后通过仿射变换，变换到像素坐标系下进行成像。从相机坐标系到像素坐标系的变换矩阵称为内参（Camera Intrinsics）矩阵，与相机自身特性相关，如相机的焦距、像素大小等。

通常认为相机的内参在出厂后是不变的，有的厂商会提供相机内参，有的需要我们自己进行标定。另外，相机的镜头会对成像产生径向畸变和切向畸变，为了消除畸变的影响，也需对相机进行标定。

标定原理不是本书重点，本书主要介绍如何使用 camera_calibration 功能包对相机进行标定。如果使用的相机在出厂前已经进行了标定，也可直接使用出厂时带的矫正参数，不用再进行标定。

camera_calibration 功能包的 wiki 链接如下：

http://wiki.ros.org/camera_calibration

打开终端，输入以下命令使用 apt 安装方式安装 camera_calibration 功能包：

```
$ sudo apt-get install ros-melodic-camera-calibration
```

下面我们将以单目摄像头为例，介绍标定过程。

8.3.2 camera_calibration 的相机标定

（1）准备标定板

在相机标定过程中，需要用到图 8.13 所示的黑白棋盘标定板。

标定板可自行制作或购买，也可从以下链接下载打印：

http://wiki.ros.org/camera_calibration/Tutorials/MonocularCalibration?action=AttachFile&do=view&target=check-108.pdf

打印出来后，将标定板贴在一张硬纸板上，测量一个小方格的实际边长，单位为米，用 A4 纸打印后方格边长通常为 0.0245m。按照图 8.14 中的圆圈标记确定标定板的 size，示例中一共有 6 行，每行 8 个角点，所以 size 为 8×6。

图 8.13　黑白棋盘标定板

图 8.14　确定标定板的 size 示意图

（2）启动相机

启动相机的 ROS 驱动节点，确定图像话题名称。这里以 USB 摄像头为例，介绍相机的内参标定。

连接 USB 摄像头，修改 xarm_vision/launch/usb_cam.luanch 文件里的设备号为对应的摄像头设备，打开终端，输入以下命令驱动 USB 摄像头：

```
$ roslaunch xarm_vision usb_cam.launch
```

新开终端，运行以下命令查看发布的话题有哪些，确定彩色图像的对应话题。

```
$ rostopic list
```

usb_cam 发布的彩色图像对应的话题一般为/usb_cam/image_raw。

（3）启动相机标定节点

camera_calibration 功能包提供了 cameracalibrator.py 节点用于相机标定，节点的主要设置参数如下。

① size：标定棋盘格的内部角点个数，本示例中使用的 size 为 8×6。

② square：每个小棋盘格的边长，本示例中边长为 0.0245m。

③ image：相机发布的彩色图像话题名，本示例中为/usb_cam/image_raw。

④ camera：相机的名字。

根据设置的参数，在终端输入以下命令启动标定节点：

```
$ rosrun camera_calibration cameracalibrator.py --size 8x6 --square 0.0245 image:=/usb_cam/image_raw camera:=/usb_cam
```

正常启动后，会弹出"display"窗口，窗口右侧的"CALIBRATE"按钮、"SAVE"按钮和"COMMIT"按钮此时都是灰色不可选状态。

（4）采集样本数据

如图 8.15 所示，将标定板放到摄像头视野范围内。为了得到一个好的标定结果，应该使标定板尽量出现在摄像头视野的各个位置。

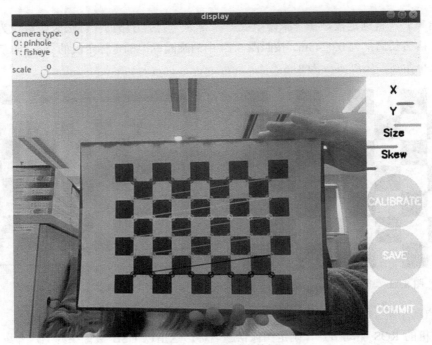

图 8.15　采集样本数据

"display"窗口右侧的"X""Y""Size"和"Skew"表示棋盘格在视野中的位置、远近和旋转,当下面的进度条变为绿色时,说明已有足够的采样数据。为了得到足够多的采样数据,可在视野范围内上下、左右、前后倾斜和旋转标定板。当采集的样本足够时,"CALIBRATE"按钮从灰色变为绿色,如图 8.16 所示。

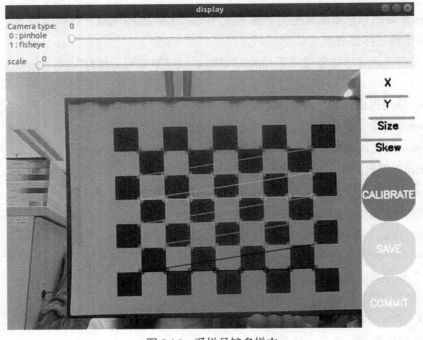

图 8.16　采样足够多样本

（5）计算标定结果并保存

此时可点击"CALIBRATE"按钮，等待几分钟进行计算。计算完成后，"display"窗口里的"SAVE"和"COMMIT"按钮变为绿色，并可在终端看到输出的标定结果，如图8.17所示。

```
**** Calibrating ****
D = [0.04486582916115846, -0.2497011577551076, -0.00046776267217229795, 0.004615109173061
385, 0.0]
K = [693.9396867175225, 0.0, 335.32182920018903, 0.0, 689.146252912102, 217.3699218399764
3, 0.0, 0.0, 1.0]
R = [1.0, 0.0, 0.0, 0.0, 1.0, 0.0, 0.0, 0.0, 1.0]
P = [691.923583984375, 0.0, 337.85500340860744, 0.0, 0.0, 690.8151245117188, 217.07969187
29593, 0.0, 0.0, 0.0, 1.0, 0.0]
None
# oST version 5.0 parameters

[image]

width
640

height
480

[narrow_stereo]

camera matrix
693.939687 0.000000 335.321829
0.000000 689.146253 217.369922
0.000000 0.000000 1.000000

distortion
0.044866 -0.249701 -0.000468 0.004615 0.000000

rectification
1.000000 0.000000 0.000000
0.000000 1.000000 0.000000
0.000000 0.000000 1.000000

projection
691.923584 0.000000 337.855003 0.000000
0.000000 690.815125 217.079692 0.000000
0.000000 0.000000 1.000000 0.000000
```

图 8.17　启动 cameracalibrator.py 的终端显示标定结果

在"display"窗口点击"SAVE"按钮保存标定结果，根据启动 cameracalibrator.py 的终端提示，标定结果保存到了 tmp 文件夹中，如图 8.18 所示。

```
('Wrote calibration data to', '/tmp/calibrationdata.tar.gz')
```

图 8.18　终端提示计算结果保存路径

相机标定结束，可关闭启动的所有程序。

（6）使用标定结果

解压 tmp 文件夹中的标定结果压缩文件，可以看到 calibrationdata 文件夹里有一张张采样的图片以及 ost.txt 和 ost.yaml 文件。其中，ost.yaml 文件是我们需要的文件，可以把这个文件重命名后复制出来使用。示例中将文件放到了 xarm_vision 功能包的 param 文件夹中，文件重命名为 usb_camera_calibration.yaml，文件内容如图 8.19 所示。

参数意义如下。

① image_width、image_height 代表图片的尺寸。

```
image_width: 640
image_height: 480
camera_name: narrow_stereo
camera_matrix:
  rows: 3
  cols: 3
  data: [ 693.93969,      0.      , 335.32183,
              0.      , 689.14625 , 217.36992,
              0.      ,      0.   ,     1.    ]
camera_model: plumb_bob
distortion_coefficients:
  rows: 1
  cols: 5
  data: [0.044866, -0.249701, -0.000468, 0.004615, 0.000000]
rectification_matrix:
  rows: 3
  cols: 3
  data: [ 1., 0., 0.,
          0., 1., 0.,
          0., 0., 1.]
projection_matrix:
  rows: 3
  cols: 4
  data: [ 691.92358,      0.     , 337.855  ,  0.   ,
              0.     , 690.81512 , 217.07969,  0.   ,
              0.     ,      0.   ,      1.  ,  0.   ]
```

图 8.19 usb_camera_calibration.yaml 文件内容

② camera_name 为摄像头名字，使用时需要自行修改为与摄像头名称对应的名子。

③ camera_matrix 规定了摄像头的内部参数矩阵。

④ camera_model 指定了畸变模型。

⑤ distortion_coefficients 指定畸变模型的系数。

⑥ rectification_matrix 为矫正矩阵，一般为单位阵。

⑦ projection_matrix 为外部世界坐标到像素平面的投影矩阵。

在 xarm_vision 中，已经新建了一个 usb_cam_with_calibration.launch 文件，对比 usb_cam.launch，里面新设置了两个参数 camera_name 和 camera_info_url。camera_name 参数需要和标定文件里的 camera_name 对应，这里都改为 usb_cam。camera_info_url 参数加载了标定文件的路径。

修改好参数后，在终端输入以下命令启动 usb_cam_with_calibration.launch：

```
$ roslaunch xarm_vision usb_cam_with_calibration.launch
```

程序运行无 ERROR 时，新开一个终端，在终端启动 rqt_image_view 查看图像话题的信息：

```
$ rosrun rqt_image_view rqt_image_view
```

启动 rqt_image_view 后会弹出 image_view 的窗口，选择话题为 /usb_cam/image_raw 可以查看校正后的图像。

新开一个终端，输入 rostopic list 命令查看发布的所有话题列表：

```
$ rostopic list
```

可以看到名为 /usb_cam/camera_info 的话题，此话题的消息类型为 sensor_msgs/CameraInfo.msg，存储了相机的标定参数。标定前参数都为 0，标定后参数的值与 camera_info_url 加载的标定文件里的内容一致。

标定结果的完整说明可参考官方 wiki 教程：

http://wiki.ros.org/image_pipeline/CameraInfo

在物体检测、识别定位等应用中，有时除了需要图像话题，还需要此标定参数的话题。

8.4 cv_bridge 功能包

8.4.1 cv_bridge 安装和测试

OpenCV（Open Source Computer Vision Library，网址 http://opencv.org）是一个包含数百种计算机视觉算法的开源软件库，提供了图像处理、视频分析、特征检测、相机标定、3D 重建、目标检测等多个模块。ROS 中使用 sensor_msgs/Image 消息类型传递图像信息。为了能够使用 OpenCV 强大的功能处理图像和视频，ROS 提供了 cv_bridge 功能包，能够实现 OpenCV 图像和 ROS 图像消息格式之间的转换。

可通过以下命令安装 cv_bridge 功能包：

```
$ sudo apt-get install ros-melodic-cv-bridge
```

本节示例 cv_bridge_demo 中使用 CvBridge 将 ROS 图像转化为 OpenCV 中能处理的图像格式，将 OpenCV 图像转化为 ROS 格式并通过话题发布出来。在学习 cv_bridge_demo 的代码前，可先使用 USB 摄像头或其他相机测试程序。

这里以 USB 摄像头为例进行说明。

打开终端，输入以下命令启动 usb_cam.launch 驱动 USB 摄像头，发布的图像话题一般为 /usb_cam/image_raw：

```
$ roslaunch xarm_vision usb_cam.launch
```

新开一个终端，启动 rqt_image_view：

```
$ rosrun rqt_image_view rqt_image_view
```

选择话题为摄像头驱动发布的原始图像话题，可以看到 rqt_image_view 窗口显示的图像如图 8.20 所示，没有橙色长方形。

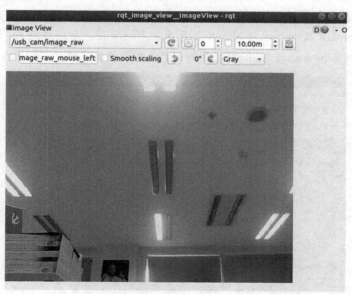

图 8.20 rqt_image_view 窗口显示原始图像

可在终端输入以下命令启动 cv_bridge_demo 的 Python 节点：

```
$ rosrun xarm_vision cv_bridge_demo.py ~camera_image:=/usb_cam/image_raw
```

或输入以下命令启动 C++节点：

```
$ rosrun xarm_vision cv_bridge_demo ~camera_image:=/usb_cam/image_raw
```
注意：在启动节点时，通过重映射（remapping）机制，修改了节点订阅的话题（~camera_image）为摄像头发布的图像话题（/usb_cam/image_raw）。

程序运行成功后，会弹出一个"Image window"窗口，这是用 OpenCV 生成的图像显示窗口，如图 8.21 所示，可以看到图像左上角比原始图像多了一个橙色的长方形。

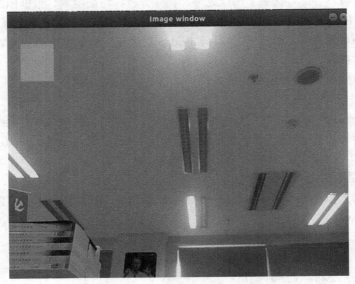

图 8.21 "Image window"窗口显示长方形

cv_bridge_demo 节点中，cv_bridge 将 ROS 图像转换为 OpenCV 图像格式后，OpenCV 对图像进行了简单处理（添加长方形），再通过 cv_bridge 转换为 sensor_msgs/Image 的 ROS 消息格式，发布到了话题/cv_bridge_demo/image_show。如图 8.22 所示，在之前启动的 rqt_image_view 窗口选择话题为/cv_bridge_demo/image_show，可看到左上角有橙色长方形。

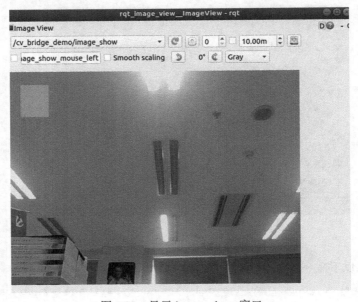

图 8.22 显示 image_show 窗口

下面我们对 cv_bridge_demo 节点的 Python 和 C++代码进行讲解。

8.4.2 cv_bridge 的使用示例（Python）

（1）源码

源码位于 xarm_vision/scripts/cv_bridge_demo.py，详细内容如下：

```python
#!/usr/bin/env python
# -*-coding: utf-8 -*-
import rospy, sys, cv2
from sensor_msgs.msg import Image
from cv_bridge import CvBridge, CvBridgeError

class cvBridgeDemo():
    def __init__(self):
        rospy.init_node("cv_bridge_demo"e)
        # 创建 cv_bridge 对象
        self.bridge=CvBridge()
        # 订阅图像话题
        self.image_sub=rospy.Subscriber("~camera_image", Image, self.image_callback)
        # 创建图像话题的发布端，用来发布将 OpenCV 图像转化成 sensor_msgs/Image 的图像
        self.image_pub=rospy.Publisher("~image_show",Image, queue_size=10)
        rospy.loginfo("cv_bridge_demo Python demo is ready ......")

    def image_callback(self, data):
        # 使用 cv_bridge()将 ROS 图像转换成 OpenCV 格式
        try:
            cv_image=self.bridge.imgmsg_to_cv2(data, "bgr8")
        except CvBridgeError as e:
            print (e)
        # 获取图像像素的行数、列数和通道数
        (rows,cols,channels)=cv_image.shape
        # 判断图像是否有足够的区域用来画一个长方形，若有，则在图像上画一个橙色长方形
        if cols > 120 and rows > 130:
            # 圆边界限的粗细，单位为像素，若等于-1 表示以指定的颜色填充整个长方形
            thickness=-1
            # 在图像上画一个橙色长方形
            cv2.rectangle(cv_image, (30,30) ,(90,100) ,(0, 140, 255),thickness)
        # 打开一个窗口显示图像
        cv2.imshow("Image window", cv_image)
        cv2.waitKey(3)
```

```
    # 将画上长方形的图像转换回 ROS 图像消息格式，并发布到/cv_bridge_demo/image_show 话题
    try:
        self.image_pub.publish(self.bridge.cv2_to_imgmsg(cv_image, "bgr8"))
    except CvBridgeError as e:
        print(e)

if __name__ == '__main__':
    try:
        cvBridgeDemo()
        rospy.spin()
    except KeyboardInterrupt:
        print ("Shutting down cv_bridge_demo node.")
```

（2）解析

下面对代码中的关键内容进行解析：

```
import rospy, sys, cv2
from sensor_msgs.msg import Image
from cv_bridge import CvBridge, CvBridgeError
```

导入需要的库。从 cv2 库导入需要的 OpenCV 模块。为了实现 ROS 图像和 OpenCV 图像的转化，导入 cv_bridge。

```
    self.bridge=CvBridge()
```

创建 CvBridge 对象，后面会用里面的函数进行图像格式转换。

```
    self.image_sub=rospy.Subscriber("~camera_image", Image, self.image_callback)
```

创建图像话题的订阅端 image_sub，话题名需要根据实际发布的图像话题名进行修改，或在启动时通过重映射的方式传入，话题回调函数为 image_callback()。

```
    self.image_pub=rospy.Publisher("~image_show",Image, queue_size=10)
```

创建图像话题发布端，话题名为 image_show，消息类型为 sensor_msgs/Image，后面用来发布将 OpenCV 图像转化后的 ROS 图像。

下面看一下图像话题回调函数 image_callback()里的具体内容：

```
    try:
        cv_image=self.bridge.imgmsg_to_cv2(data, "bgr8")
    except CvBridgeError as e:
        print (e)
```

使用 imgmsg_to_cv2()函数将 ROS 图像消息转换为 cv::Mat 格式。函数的第一个参数为图像消息数据，第二个参数为图像编码格式。若第二个参数图像编码格式使用默认值"passthrough"，则目标图像编码将与图像消息编码相同。

对于图像编码，CvBridge 将根据需要选择进行颜色或像素深度转换。要使用此功能，请指定编码为以下字符串之一。

① mono8：CV_8UC1，灰度图像。
② mono16：CV_16UC1，16 位的灰度图像。
③ bgr8：CV_8UC3，彩色图像，颜色顺序为蓝—绿—红。
④ rgb8：CV_8UC3，彩色图像，颜色顺序为红—绿—蓝。
⑤ bgra8：CV_8UC4，带有 Alpha 通道的 BGR 彩色图像。
⑥ rgba8：CV_8UC4，带有 Alpha 通道的 RGB 彩色图像。

```
(rows,cols,channels)=cv_image.shape
```

获取图像像素的行数 rows、列数 cols 和通道数 channels。

```
if cols > 120 and rows > 130:
    thickness=-1
    cv2.rectangle(cv_image, (30,30) ,(90,100) ,(0, 140, 255),thickness)
```

判断图像是否有足够的空间用来画长方形，若有，使用 rectangle()函数在图像上画一个长方形。函数的第一个参数为图像；第二个参数是长方形的左上角顶点的像素坐标；第三个参数为长方形右下角的顶点的像素坐标；第四个参数代表长方形边框的颜色，一般用 RGB 值指定，这里设为深橙色；最后一个参数为矩形边框的厚度，单位为像素，若值设为–1，表示以指定的颜色填充整个长方形。

```
cv2.imshow("Image window", cv_image)
cv2.waitKey(3)
```

imshow()函数打开了一个窗口显示图像，第一个参数是窗口的名字，第二个参数是需要显示的图像。

```
try:
    self.image_pub.publish(self.bridge.cv2_to_imgmsg(cv_image, "bgr8"))
except CvBridgeError as e:
    print(e)
```

使用 cv2_to_imgmsg()函数将 OpenCV 格式的图像 cv_image 转化成 ROS 图像消息格式 sensor_mags/Image。第二个参数为图像编码格式。转换后将图像发布到 image_show 话题。

8.4.3 cv_bridge 的使用示例（C++）

（1）源码

源码位于 xarm_vision/src/cv_bridge_demo.cpp，详细内容如下：

```cpp
#include <ros/ros.h>
#include <cv_bridge/cv_bridge.h>
#include <opencv2/opencv.hpp>
#include <opencv2/highgui/highgui.hpp>
#include <sensor_msgs/Image.h>
class CvBridgeDemo{
public:
    CvBridgeDemo():nh_("~"){
```

```cpp
    image_sub_=nh_.subscribe("camera_image", 100, &CvBridgeDemo::imageCallBack, this);
    image_pub_=nh_.advertise<sensor_msgs::Image>("image_show", 10);
    ROS_INFO("cv_bridge_demo C++ demo is ready ......");
  }
  ~CvBridgeDemo(){}
private:
  ros::NodeHandle nh_;
  ros::Publisher image_pub_;
  ros::Subscriber image_sub_;
  void imageCallBack(const sensor_msgs::ImageConstPtr data){
    // 使用 cv_bridge()函数将 ROS 图像转换成 OpenCV 格式
    cv_bridge::CvImagePtr cv_image_ptr;
    try {
      cv_image_ptr=cv_bridge::toCvCopy(data, sensor_msgs::image_encodings::BGR8);
    } catch (cv_bridge::Exception e) {
      ROS_ERROR_STREAM("Cv_bridge Exception:"<<e.what());
      return;
    }
    // 获取图像像素的行数、列数
    int rows=cv_image_ptr->image.rows;
    int cols=cv_image_ptr->image.cols;
    // 判断图像是否有足够的区域用来画一个长方形，若有，则在图像上画一个橙色长方形
    if(rows>130 && cols>120){
      cv::rectangle(cv_image_ptr->image,cvPoint(30,30),cvPoint(90,100),cv::Scalar(0, 140, 255),-1 );
    }
    cv::imshow("Image window", cv_image_ptr->image);
    cv::waitKey(3);

    // 将画上长方形的图像转换回 ROS 图像消息格式，并发布到/cv_bridge_demo/image_show 话题
    try {
      image_pub_.publish(cv_image_ptr->toImageMsg());
    } catch (cv_bridge::Exception e) {
      ROS_ERROR_STREAM("Cv_bridge Exception:"<<e.what());
      return;
    }
  }
};
int main(int argc, char **argv){
```

```
ros::init(argc, argv, "cv_bridge_demo");
CvBridgeDemo cv_bridge_demo;
ros::spin();
return 0;
}
```

（2）解析

代码的逻辑与 Python 一致，订阅图像话题 camera_image 后，进入话题回调函数 imageCallBack，下面看一下回调函数中的关键内容。

```
cv_bridge::CvImagePtr cv_image_ptr;
try {
  cv_image_ptr=cv_bridge::toCvCopy(data, sensor_msgs::image_encodings::BGR8);} catch (cv_bridge::Exception e) {
  ROS_ERROR_STREAM("Cv_bridge Exception:"<<e.what());
  return;
}
```

cv_bridge 中提供了 CvImage 类用来保存可与 sensor_msgs/Image 消息数据互相转化的图像数据，类中保存了 ROS 消息头（header）、编码格式（encoding）和 cv::Mat 类型的图像数据（image）。CvImagePtr 是 CvImage 类的指针。可以通过 cv_bridge 中的 toCvCopy 函数将 ROS 图像转换成 OpenCV 图像，保存到 CvImagePtr 类型的变量 cv_image_ptr 中。

```
int rows=cv_image_ptr->image.rows;
int cols=cv_image_ptr->image.cols;
```

获取 cv:Mat 图像的行数和列数。

```
if(rows>130 && cols>120){
   cv::rectangle(cv_image_ptr->image,cvPoint(30,30),cvPoint(90,100),
cv::Scalar(0, 140, 255),-1 );
   }
```

判断图像上是否有足够的空间用来画长方形，如有，使用 OpenCV 中的 rectangle()函数在图像左上方绘制长方形。第一个参数为图像；第二个参数为长方形左上角的顶点；第三个参数为长方形对角线上的顶点；第四个参数为 RGB 颜色值；第五个参数为图形的线条的粗细程度，取负值时函数绘制填充了色彩的长方形。

```
cv::imshow("Image window", cv_image_ptr->image);
cv::waitKey(3);
```

使用 imshow()函数在窗口中显示图像，第一个参数为窗口的名称，第二个参数为图像数据。

```
try {
  image_pub_.publish(cv_image_ptr->toImageMsg());
} catch (cv_bridge::Exception e) {
  ROS_ERROR_STREAM("Cv_bridge Exception:"<<e.what());
  return;
}
```

要转换 CvImage 类为 ROS 图像消息，可以使用 toImageMsg()函数。将画上长方形的图像转化成 sensor_msgs/Image 消息后，再发布到 image_show 话题。

8.5 颜色检测

8.5.1 HSV 颜色检测和测试

颜色除用 RGB（红绿蓝）值描述外，还可通过色相（Hue）、饱和度（Saturation）和明亮度（Value）来表示，即 HSV 模型。表 8.1 是常见色对应的 HSV 值的经验范围。

表 8.1 常见颜色对应的 HSV 值的经验范围

项目	黑	灰	白	红		橙	黄	绿	青	蓝	紫
H_min	0	0	0	0	156	11	26	35	78	100	125
H_max	180	180	180	10	180	25	34	77	99	124	155
S_min	0	0	0	43		43	43	43	43	43	43
S_max	255	43	30	255		255	255	255	255	255	255
V_min	0	46	221	46		46	46	46	46	46	46
V_max	46	220	255	255		255	255	255	255	255	255

本节编写了一个颜色检测示例程序 color_detection_demo，基于 HSV 颜色模型，能够在复杂背景下识别不同的颜色。在学习 color_detection_demo 程序的代码前，可先使用 USB 摄像头或其他相机测试程序运行结果。下面以 USB 摄像头为例进行说明。

输入以下命令启动 usb_cam.launch 驱动 USB 摄像头：

```
$ roslaunch xarm_vision usb_cam.launch
```

在终端输入以下命令启动 color_detection_demo 的 Python 节点：

```
$ rosrun xarm_vision color_detection_demo.py ~camera_image:=/usb_cam/image_raw
```

或输入以下命令启动 C++节点：

```
$ rosrun xarm_vision color_detection_demo ~camera_image:=/usb_cam/image_raw
```

color_detection_demo 节点启动后，会在屏幕左侧弹出"Mask"和"ColorTest"两个窗口。如果相机视野内没有目标颜色（默认参数设为绿色），那么这两个窗口会漆黑一片，如图 8.23 所示。

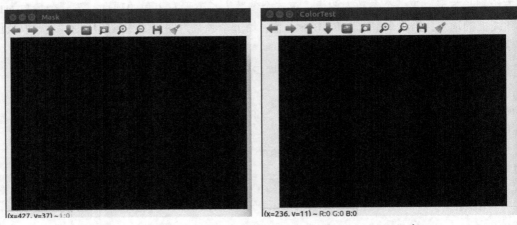

图 8.23 视野内没有目标颜色时的"Mask"和"ColorTest"窗口

若视野内有 HSV 值设定的绿色物体，在"Mask"窗口和"ColorTest"窗口会看到检测结果如图 8.24 所示。

图 8.24　视野内有目标颜色时的"Mask"和"ColorTest"窗口

新开一个终端，输入以下命令启动 rqt_image_view：

```
$ rosrun rqt_image_view rqt_image_view
```

在 rqt_image_view 窗口选择"/color_test_result"话题，则可看到绿色的识别结果，如图 8.25 所示。红色的线为识别的颜色的具体轮廓，蓝色线框为轮廓的最小包围矩形，蓝色的圆点代表矩形的中心点。

图 8.25　rqt_image_view 窗口查看识别结果

新开一个终端，输入以下命令启动 rqt_reconfigure：

```
$ rosrun rqt_reconfigure rqt_reconfigure
```

在 rqt_reconfigure 窗口点击左侧栏选择"color_detection_demo"节点，可看到如图 8.26 所示的动态参数配置界面。color_detection_demo 节点共有 6 个动态参数，默认值如图 8.26 所示，可以用来识别绿色。

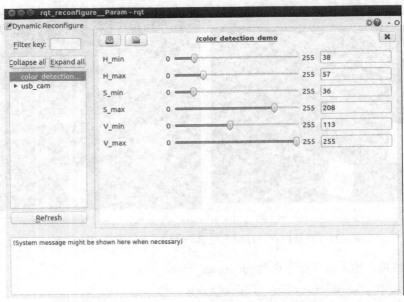

图 8.26 color_detection_demo 节点动态参数配置界面

修改动态参数的值，可以看到参数对识别结果的影响。若想识别其他颜色，可参考表 8.1 设置参数，再在附近拖动滑条，查看识别结果。图 8.27 是识别紫色的参数配置，图 8.28 是识别结果在 rqt_image_view 中的显示。

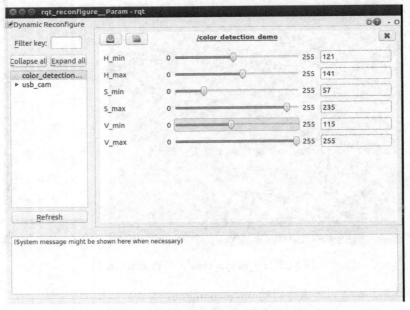

图 8.27 识别紫色的参数动态配置界面

图 8.28 紫色识别结果窗口

8.5.2 编程实现 HSV 颜色检测（Python）

源码位于 xarm_vision/scripts/color_detection_demo.py，由于篇幅限制，完整内容可参考仓库中的程序。程序中使用了 ROS 的动态参数配置机制（参考 4.3 节），允许运行过程中动态修改 HSV 颜色模型值的范围，用以识别不同的颜色，同时使用了 cv_bridge 用于 ROS 图像消息和 OpenCV 图像格式之间的转换（参考 8.4 节）。

本节只对程序中与颜色检测有关的关键部分代码进行解析。

图像话题的回调函数如下：

```
def image_callback(self, data):
    # 使用 cv_bridge() 将 ROS 图像转换成 OpenCV 格式
    try:
        cv_image=self.bridge.imgmsg_to_cv2(data, "bgr8")
    except CvBridgeError as e:
        print (e)
    # 调用 color_detection() 函数进行颜色识别
    self.color_detection(cv_image)
```

回调函数中将 sensor_msgs/Image 类型的图像数据转化成了 OpenCV 的图像数据 cv_image，并调用 color_detection() 函数对图像中的颜色进行了检测。

下面看一下 color_detection() 颜色检测函数的主要内容：

```
# 使用高斯滤波对原始图像进行减噪处理
cv_image_blurred=cv2.GaussianBlur(cv_image, (7, 7), 0)
```

使用 GussianBlur() 函数对图像进行高斯滤波处理，函数第一个参数为需要处理的图像；第二个参数为高斯内核的大小，必须为正数和奇数，或者为 0；第三个参数为高斯核函数在 X 方向的标准偏差；第四个参数为高斯核函数在 Y 方向的标准偏差，默认为 0。函数返回值为滤波后的图像。

```
# 将图像转换为 HSV(Hue, Saturation, Value)模型
cv_image_HSV=cv2.cvtColor(cv_image_blurred, cv2.COLOR_BGR2HSV)
```

使用 cvtColor()颜色空间转换函数将图像转换成 HSV 颜色模型，第一个参数为原始图片；第二个参数为转换成的格式。

```
# 设置想要遮挡的区域的 HSV 值
colorLow=np.array([self.H_min,self.S_min,self.V_min])
colorHigh=np.array([self.H_max,self.S_max,self.V_max])
```

设置想要遮挡的区域的 HSV 值，通过动态参数设置。colorLow 是色调 Hue、饱和度 Saturation 和亮度 Value 的最小值，colorHigh 是色调 Hue、饱和度 Saturation 和亮度 value 的最大值。这几个参数的值可通过 ROS 动态参数调节，用以识别不同的颜色。

```
# 颜色检测，得到目标颜色的二值图像
mask=cv2.inRange(cv_image_HSV, colorLow, colorHigh)
```

使用 inRange()函数进行图像检测，若第一个参数为三通道 HSV 模型的图像，则第二个参数为提取的颜色的下限，第三个参数为提取的颜色的上限；函数返回结果为二值图像。检测图像的每一个像素值是不是在 colorLow 和 colorHigh 之间。如果是，这个像素就设置为 255（白色），并保存在 mask 图像中；否则为 0（黑色）。

```
# 得到尺寸为(7, 7)的椭圆形元素
kernal=cv2.getStructuringElement(cv2.MORPH_ELLIPSE, (7, 7))
```

使用 getStructuringElement()函数返回指定形状和尺寸的结构元素（内核）。第一个参数表示内核的形状，有 MORPH_CROSS（交叉形）、MORPH_RECT（矩形）和 MORPH_ELLIPSE（椭圆形）三种形状；第二参数为内核的尺寸；第三个参数为内核锚点的位置，默认值 Point（-1,-1），表示锚点位于中心点。

```
# 开操作，去除一些噪点
mask=cv2.morphologyEx(mask, cv2.MORPH_OPEN, kernal)
# 闭操作，连接一些区域
mask=cv2.morphologyEx(mask, cv2.MORPH_CLOSE, kernal)
```

使用 morphologyEx()函数进行各种形态学的变化，可用于去噪、图像轮廓提取、图像分割等。函数的第一个参数为源图像；第二个参数为形态学操作的类型；第三个参数为内核结构元素，使用 getStructuringElement()函数创建。

```
# 设置图像显示窗口 Mask 的大小和位置，将处理后的二值图像进行显示
cv2.namedWindow('Mask',cv2.WINDOW_NORMAL);
cv2.moveWindow('Mask',30,30)
cv2.imshow('Mask', mask)
cv2.waitKey(3)
```

使用 namedWindow()函数设置名为 Mask 的图像显示窗口，cv2.WINDOW_NORMAL 表示可以使用鼠标指针拖动调整窗口大小。moveWindow()函数设置了窗口的位置。最后将处理后的二值图像通过 imshow()函数进行了显示。

```
# 将原始图像和二值图像进行"与"操作,图像中除了识别出的颜色区域,其余全部为"黑色"
color_test_result=cv2.bitwise_and(cv_image, cv_image, mask=mask)
```

使用 bitwise_and()函数对原始图像和二值图像进行"与"操作,图像中除了识别出的颜色区域,其余全部为"黑色"。"与"操作后的图像保存在 color_test_result 中。

```
# 设置图像显示窗口 ColorTest 的大小和位置,将"与"之后的图像进行显示
cv2.namedWindow('ColorTest',cv2.WINDOW_NORMAL);
cv2.moveWindow('ColorTest',30,600)
cv2.imshow('ColorTest', color_test_result)
cv2.waitKey(3)
```

设置图像显示窗口 ColorTest 的大小和位置,将"与"之后的 color_test_result 图像进行显示。

```
# 对二值图像进行轮廓检测并绘制轮廓
_, contours, hierarchy=cv2.findContours(mask,cv2.RETR_TREE,cv2.CHAIN_APPROX_SIMPLE)
```

使用 findContours()函数对二值图像进行轮廓检测。第一个参数为输入的二值图像;第二个参数是轮廓检索模式;第三个参数是轮廓近似方法,函数返回的值 contours 是一个列表,列表的每个元素都是一个轮廓。在 OpenCV 中查找轮廓就像在黑色背景中找白色背景,所以要找的物体应该是白色,而背景是黑色。

```
cv2.drawContours(cv_image,contours,-1,(0,0,255),3)
```

找到轮廓后,可以使用 drawContours()方法绘制轮廓。第一个参数为输入的图片,这里我们将轮廓绘制在原始图片 cv_image 上;第二个参数是轮廓列表;第三个参数是对轮廓(第二个参数)的索引,若要全部绘制可设为-1;第四个参数是轮廓的颜色(BGR 表示);第五个参数是轮廓的厚度,单位为像素。

```
# 对轮廓列表中的每个轮廓,计算最小外接矩形并绘制矩形和矩形的中心
for c in contours:
    rect=cv2.minAreaRect(c)
    box=cv2.boxPoints(rect)
    box=np.int0(box)    # 将坐标规范化为整数
    cv2.drawContours(cv_image, [box], 0, (255, 0, 0), 3)
    cv2.circle(cv_image,(int(rect[0][0]),int(rect[0][1])),3,(255, 0, 0),-1)
```

对轮廓 contours 列表中的每个轮廓 c,使用 minAreaRect()函数得到轮廓最小外接矩形的中心、宽、高和旋转角度;使用 boxPoints()函数获取最小外接矩形的 4 个顶点坐标;使用 drawContours()函数在原图像 cv_image 上绘制了矩形,并使用 cv2.circle()函数绘制了矩形的中心。

```
# 将原图像上使用轮廓和矩形标注的识别结果图像转换回 ROS 图像格式,并发布
try:
    self.image_pub.publish(self.bridge.cv2_to_imgmsg(cv_image, "bgr8"))
except CvBridgeError as e:
    print(e)
```

将原图像上使用轮廓和矩形标注的识别结果图像转换回 ROS 图像消息格式,并发布到 /color_test_result 话题。

8.5.3 编程实现 HSV 颜色检测（C++）

源码位于 xarm_vision/src/color_detection_demo.cpp，由于篇幅限制，完整内容可参考仓库中的程序。程序逻辑和功能与 Python 节点一致，这里只对代码关键部分进行解析。

图像话题回调函数如下：

```cpp
// 图像话题回调函数
void imageCallBack(const sensor_msgs::ImageConstPtr data){
  // 将 ROS 图像消息转化成 OpenCV 图像
  cv_bridge::CvImagePtr cv_image_ptr;
  try {
    cv_image_ptr=cv_bridge::toCvCopy(data, sensor_msgs::image_encodings::BGR8);
  } catch (cv_bridge::Exception e) {
    ROS_ERROR_STREAM("Cv_bridge Exception:"<<e.what());
  }
  // 颜色识别
  colorDetection(cv_image_ptr);
}
```

接收到话题上的图像后，会将图像转化成 OpenCV 中可以使用的图像格式，再调用自定义的颜色识别函数 colorDetection() 函数对图像进行处理。

HSV 颜色检测的过程一般包括以下几个步骤。

① 使用 GaussianBlur() 函数对原始图像进行高斯滤波。

② 使用 cvtColor() 颜色空间转换函数将图像转换成 HSV 颜色模型。

③ 使用 inRange() 函数进行图像检测，得到二值图像。检测图像的每一个像素值是不是在 colorLow 和 colorHigh 之间。如果是，这个像素就设置为 255(白色)；否则为 0（黑色）。

④ 使用 morphologyEx() 函数对二值图像进行开闭操作，用于去噪、图像轮廓提取。

下面看一下 colorDetection() 函数中的具体内容。

```cpp
// 颜色识别与结果发布
void colorDetection(cv_bridge::CvImagePtr cv_image_ptr){
cv::Mat cv_image=cv_image_ptr->image;
// 使用高斯滤波对原始图像进行减噪处理
cv::Mat cv_image_blurred;
cv::GaussianBlur(cv_image,cv_image_blurred, cv::Size(7, 7),0);
// 将图像转换为 HSV(Hue, Saturation, Value)模型
cv::Mat cv_image_HSV;
cv::cvtColor(cv_image_blurred,cv_image_HSV,cv::COLOR_BGR2HSV);
// 颜色检测，得到目标颜色的二值图像
cv::Mat mask;
cv::inRange(cv_image_HSV,cv::Scalar(H_min_,S_min_,V_min_),cv::Scalar(H_max_,S_max_,V_max_),mask);
```

```cpp
// 对二值图像进行一些处理
// 得到尺寸为(7, 7)的椭圆形元素
cv::Mat kernal=cv::getStructuringElement(cv::MORPH_ELLIPSE, cv::Size(7,7));
// 开操作，先腐蚀，再膨胀，可清除一些小东西(亮的)，放大局部低亮度的区域
cv::morphologyEx(mask,mask,cv::MORPH_OPEN,kernal);
// 闭操作，先膨胀，再腐蚀，可清除小黑点,连接一些区域
cv::morphologyEx(mask,mask,cv::MORPH_CLOSE,kernal);
// 设置图像显示窗口 Mask 的大小和位置，将处理后的二值图像进行显示
cv::namedWindow("Mask", cv::WINDOW_NORMAL);
cv::moveWindow("Mask", 30,30);
cv::imshow("Mask",mask);     cv::Mat mask_close;
cv::waitKey(3);
```

颜色检测结束后，还可绘制检测出的颜色轮廓以及轮廓的外接矩形，方便提取纯色的目标物体：

```cpp
// 对二值图像进行轮廓检测并绘制轮廓
std::vector<std::vector<cv::Point>> contours;
cv::findContours(mask, contours, cv::RETR_TREE, cv::CHAIN_APPROX_SIMPLE);
cv::drawContours(cv_image,contours,-1,cv::Scalar(0,0,255),3);
// 对轮廓列表中的每个轮廓，计算最小外接矩形并绘制矩形和矩形的中心
cv::Point2f rect[4];
for(auto c : contours){
    cv::RotatedRect box=cv::minAreaRect(c);
    cv::Rect bound_rect = cv::boundingRect(c);
    // 绘制最小外接矩形的中心点
    cv::circle(cv_image,cv::Point(box.center.x,box.center.y),3,cv::Scalar(255,0,0),-1);
    // 绘制最小外接矩形
    box.points(rect);
    cv::rectangle(cv_image, bound_rect, cv::Scalar(255, 0, 0), 3);
}
```

函数的具体作用可参考注释和官方接口说明。OpenCV 编程不是本书教学重点，这里不再展开详细描述。

8.6 ROS 中的物体检测

8.6.1 物体检测简述

物体检测（Object Detection）除需要对物体进行分类外，还需要检测出物体的具体位置坐标。将物体检测应用到机械臂上，能够帮助机械臂感知周围环境，识别特定物体，实现"手眼协调"抓取、物品分拣、定位、人脸识别、故障检测等多种功能，大幅扩展机械臂的"智能化"应用范围。

目前最常用的物体检测方法有基于特征匹配的物体检测和基于深度学习的物体检测两大类。

① 基于特征匹配的算法通常会提取图像中的特征点，通过对比图像之间的特征点进行物体检测。特征点是图像中"有代表性"的点，由关键点和描述两部分组成，FAST(Features From Accelerated Segment Test)、SIFT(Scale Invariant Feature Transform)、SURF(Speeded Up Robust Feature)、ORB(Oriented Fast and Rotated Brief)是几种常见的特征提取算法，在 OpenCV 等图像处理库中都有实现接口。

② 基于深度学习的物体检测兴起于 2013 年，能够自动从数据中学习特征。从 R-CNN、OverFeat 到后面的 Fast/Faster R-CNN、SSD、YOLO 系列，再到 2018 年的 Pelee 算法，基于深度学习的物体检测大幅提高了物体检测性能。

ROS 中提供了几种常用的物体检测算法的封装包，如 find_object_2d、object_recognition_core(ORK)和 darknet_ros(YOLO)。本节将对这三个功能包进行简单介绍，并在后面的章节中对 find_object_2d、find-object-3d 和 darknet_ros 进行测试。

（1）find_object_2d 功能包

find_object_2d 功能包提供了 Find-Object（http://introlab.github.io/find-object/）应用的 ROS 封装，能够使用简单的 Qt 界面选择 SIFT、SUFT、FAST 等特征检测算法，用于物体检测测试。该功能包的输入为 ROS 图像消息，将物体 ID 和在图像中的位置信息发布到 objects 和 objectsStamped 话题上。

find_object_2d 功能包里提供了 find_object_2d 及 find_object_3d 两个节点。其中 find_object_3d 是为 RealSense 之类的深度相机准备的，可以通过在匹配目标后识别目标中心的深度信息输出目标的三维坐标。

（2）ORK

Object Recognition Kitchen （ORK）是一个目标检测项目，待检测目标可以是带纹理的、不带纹理的、透明的物体。ORK 解决了数据库管理、输入输出处理、ROS 集成等非视觉方面的问题，集成了 LINE-MOD、tabletop、TOP 等物体识别方法。LINE-MOD 主要用于 2D 或 3D 刚性物体的检测与定位，能在较短的时间内训练采集到的物体信息，通过模板匹配对比得到目标物体的 ID、位姿和置信度信息。

ORK 的具体安装和测试过程可参考官网链接：

https://wg-perception.github.io/object_recognition_core/index.html

注意：ORK 在 Indigo Lgloo 版本和 Kinetic Kame 版本的 ROS 中可以顺利安装使用，但由于部分功能包的源码还未升级到 Melodic Morenia 等更高版本的 ROS，部署时会出现问题。图 8.29 是在 Kinetic Kame 版本 ROS 下使用 ORK 检测可乐罐的识别结果。

（3）darknet_ros 目标检测

darknet_ros 是实时物体检测 YOLO 系列的 ROS 封装包，这是一种基于深度学习的物体检测方法，有关 YOLO 算法的详细说明可参考链接：

https://pjreddie.com/darknet/yolo/

物体检测的具体算法原理不在本书教学范围内，感兴趣的读者可自行学习。除了使用 ROS 提供的物体检测功能包，也可将自己的目标检测算法进行 ROS 通信接口封装后，集成到 ROS 系统中。

下面我们对 find_object_2d 和 darknet_ros 功能包进行安装测试。

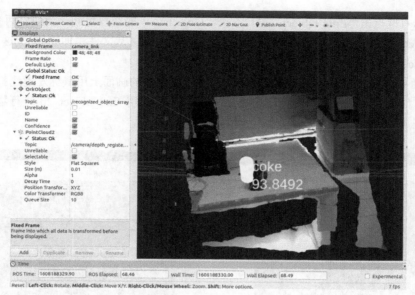

图 8.29　ORK 识别可乐罐

8.6.2　find_object_2d 节点的测试

可直接使用 apt 安装的方式安装 find-object-2d 功能包：

```
$ sudo apt-get install ros-melodic-find-object-2d
```

这里以 USB 摄像头为例进行测试。

输入以下命令启动 usb_cam.launch 驱动 USB 摄像头，发布的图像话题一般为 /usb_cam/image_raw：

```
$ roslaunch xarm_vision usb_cam.launch
```

在启动 find_object_2d 节点时，节点的参数 image 需设为对应的图像话题名 /usb_cam/image_raw。新开终端，输入以下命令启动 2D 检测节点：

```
$ rosrun find_object_2d find_object_2d image:=/usb_cam/image_raw
```

启动后，会弹出用于物体检测的 GUI 窗口 Find-Object，如图 8.30 所示。

图 8.30　Find-Object 物体检测窗口

使用鼠标右键点击"Find-Object"窗口左侧"Objects"下的空白页面，会弹出两个选择：Add Object From Scene（从图像添加物体）和 Add Object From Files（从文件添加物体）。这里选择"Add Object From Scene"，从当前画面中添加需要被检测的物体。

在图 8.31 中点击"Take picture"按钮截图拍照。在截好的画面上用鼠标左键选择想要识别的物体的区域，如图 8.32 所示。黄色点表示的是特征点，在使用 find_object_2d 进行物体检测时，尽量选择特征点较多的物品用于识别。

图 8.31 从当前画面添加物体

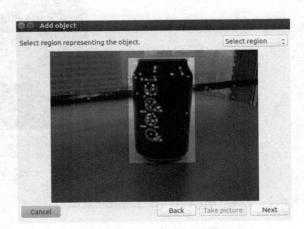

图 8.32 选择识别物体区域

选择好区域后，点击"Next"按钮，如图 8.33 所示，可看到被选择的物体。

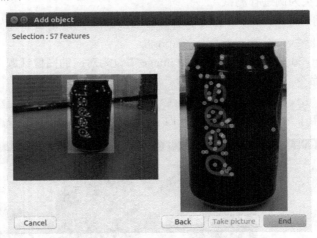

图 8.33 点击"Next"按钮得到被选择物体

若此时的物体选择符合自己的需求，可点击"End"按钮结束目标物体的选择。选择的物体会添加到"Find-Object"窗口左侧的"Objects"下，此时窗口右侧摄像头拍摄的实时画面中，可以看到四边形框框出的检测到的物体，如图 8.34 所示。

可按照以上的方式继续在窗口左侧的"Objects"下使用鼠标右键添加其他物体。

新开一个终端，可以使用 rostopic echo 命令查看 find_object_2d 节点发布的/objects 话题信息：

```
$ rostopic echo /objects
```

/objects 话题的消息类型为 std_msgs/Float32MultiArray，定义如图 8.35 所示。

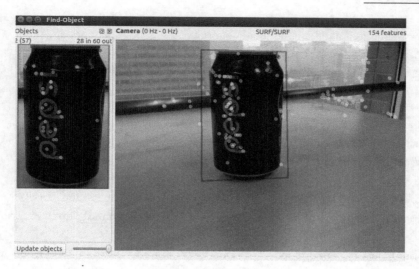

图 8.34 检测出目标物体

```
robot@ros-arm:~$ rosmsg show std_msgs/Float32MultiArray
std_msgs/MultiArrayLayout layout
  std_msgs/MultiArrayDimension[] dim
    string label
    uint32 size
    uint32 stride
  uint32 data_offset
float32[] data
```

图 8.35 std_msgs/Float32MultiArray 消息类型定义

find_object_2d 节点最终可以得到框出目标物体的四边形的 4 个顶点的像素坐标以及四边形中心点的坐标。

在运行 find_object_2d 节点的终端按下“Ctrl+C”快捷键关闭程序时，会弹出提示框提示是否想要保存刚才添加的目标物体的图片，如图 8.36 所示。

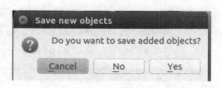

图 8.36 保存目标物体提示

若选择“Yes”按钮，会弹出保存路径选择窗口。选择想要保存的路径，则可以.png 格式将目标物体保存下来。在启动 find_object_2d 节点进行物体检测时，可在“Objects”下使用鼠标右键选择“Add Object From Files”从保存的图片中选择图片添加，同样可以用于物体检测。

8.6.3 find_object_3d 节点的测试

本节对 find_object_3d 节点进行测试。

启动相机驱动节点，这里以 RealSense D415 深度相机为例进行测试：

```
$ roslaunch realsense2_camera rs_rgbd.launch
```

rostopic list 命令可以查看相机发布的话题有哪些，其中我们需要的是彩色图像话题/camera/color/image_raw、深度图像话题/camera/aligned_depth_to_color/image_raw 以及内参标定参数话题/camera/aligned_depth_to_color/camera_info。

可以参考 find_object_2d 功能包里的 find_object_3d.launch 文件编写我们自己的 3d 检测 launch 文件。xarm_vision 功能包中提供了已经编写好的 find_object_3d.launch 启动文件，内容如下：

```xml
<launch>
    <arg name="object_prefix" default="object"/>
    <arg name="objects_path"  default=""/>
    <arg name="gui"           default="true"/>
    <arg name="approx_sync"   default="true"/>
    <arg name="pnp"           default="true"/>
    <arg name="tf_example"    default="true"/>
    <arg name="settings_path" default="~/.ros/find_object_2d.ini"/>

    <arg name="rgb_topic"         default="/camera/color/image_raw"/>
    <arg name="depth_topic"       default="/camera/aligned_depth_to_color/image_raw"/>
    <arg name="camera_info_topic" default="/camera/aligned_depth_to_color/camera_info"/>

    <node name="find_object_3d" pkg="find_object_2d" type="find_object_2d" output="screen">
        <param name="gui" value="$(arg gui)" type="bool"/>
        <param name="settings_path" value="$(arg settings_path)" type="str"/>
        <param name="subscribe_depth" value="true" type="bool"/>
        <param name="objects_path" value="$(arg objects_path)" type="str"/>
        <param name="object_prefix" value="$(arg object_prefix)" type="str"/>
        <param name="approx_sync" value="$(arg approx_sync)" type="bool"/>
        <param name="pnp" value="$(arg pnp)" type="bool"/>

        <remap from="rgb/image_rect_color" to="$(arg rgb_topic)"/>
        <remap from="depth_registered/image_raw" to="$(arg depth_topic)"/>
        <remap from="depth_registered/camera_info" to="$(arg camera_info_topic)"/>
    </node>
    <!--Example of tf synchronisation with the objectsStamped message -->
    <node if="$(arg tf_example)" name="tf_example" pkg="find_object_2d" type="tf_example" output="screen">
        <param name="object_prefix" value="$(arg object_prefix)" type="str"/>
    </node>

</launch>
```

若使用其他相机，话题名需进行修改。

输入以下命令启动 3D 检测节点：

```
$ roslaunch xarm_vision find_object_3d.launch
```

启动后，会弹出用于物体检测的 GUI 窗口"Find-Object"（图 8.37），添加检测物体进行检测的操作与 2D 检测时一致，这里不再赘述。

图 8.37　3d 物体检测

新开一个终端输入以下命令启动 RViz，并点击"Add"按钮添加 TF 插件，可看到目标物体到 camera_link 的坐标转换关系，如图 8.38 所示。

```
$ rosrun rviz rviz
```

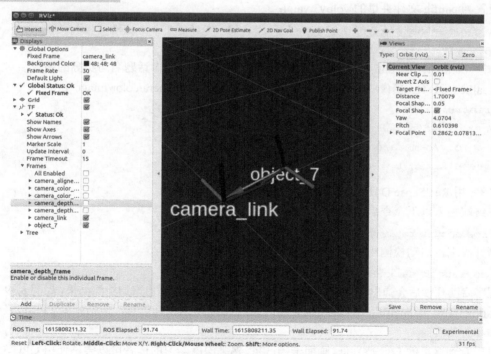

图 8.38　目标物体到 camera_link 的 TF

8.6.4　darknet_ros 的安装和测试

darknet_ros 的代码仓库链接如下：

https://github.com/leggedrobotics/darknet_ros

本节将对 darknet_ros 进行安装测试。

（1）源码安装 darknet_ros

采用源码安装的方式进行安装，进入 ROS 工作空间的 src 文件夹：

`$ cd ~/tutorial_ws/src/`

输入以下命令下载源码：

`$ git clone --recursive https://github.com/leggedrobotics/darknet_ros.git`

输入以下命令编译代码：

`$ cd ..`

`$ catkin_make -DCMAKE_BUILD_TYPE=Release`

因为要下载 weights 权重文件，所以编译时间较长。编译通过后，说明安装成功。

（2）修改启动文件和配置文件

进入 darknet_ros/yolo_network_config/weights/ 目录，若缺少相应的 weights 文件，可参考 how_to_download_weights.txt，选择想要测试的算法，下载对应的权重文件。

下面以 yolov3 为例进行说明，若没有 yolov3.weights 文件，需在终端输入以下命令进行下载：

`$ roscd darknet_ros/yolo_network_config/weights/`

`$ wget http://pjreddie.com/media/files/yolov3.weights`

下载完成后，修改 darknet_ros/launch/darknet_ros.launch 文件，将文件里的 network_param_file 参数设置为 config 文件夹里的 yolov3.yaml：

`<arg name="network_param_file" default="$(find darknet_ros)/config/yolov3.yaml"/>`

修改 darknet_ros/config/ros.yaml 文件，让文件里订阅的图像话题名与实际的图像名对应。这里用 RealSense D415 摄像头进行测试，所以需修改 topic 为 /camera/color/image_raw：

```
subscribers:
  camera_reading:
    topic: /camera/color/image_raw
    queue_size: 1
```

（3）用 RealSense D415 摄像头进行测试

在终端输入以下命令启动相机：

`$ roslaunch realsense2_camera rs_rgbd.launch`

新开终端，启动检测程序：

`$ roslaunch darknet_ros darknet_ros.launch`

程序启动几秒后会弹出"YOLO V3"窗口，可以看到用边框框出来的检测结果，如图 8.39 所示。

darknet_ros，launch 启动的终端也会输出如图 8.40 所示识别信息，包括帧率 FPS 以及识别出的物体和置信度：

可以看到这里的 FPS 特别低，画面卡顿严重。熟悉深度学习的读者可以尝试使用 GPU、CUDA、cuDNN 等进行加速，或者可以选择以 -tiny 为名字后缀的算法进行测试，能提高一定的帧率。

darknet_ros 对识别结果进行了封装，通过 ROS 话题发布出来。

① /darknet_ros/found_object(darknet_ros_msgs/ObjectCount.msg)：检测到的目标的个数。

② /darknet_ros/bounding_boxes(darknet_ros_msgs/BoundingBoxes.msg)：发布边界框数组，以像素坐标的形式提供边界框的位置和大小的信息。

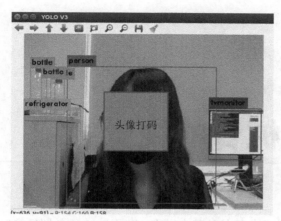

图 8.39　darknet_ros 目标检测　　　　图 8.40　终端输出的识别信息

③ /darknet_ros/detection_image(sensor_msgs/Image)：带识别结果的图像信息。

除了使用提供的基于 COCO 数据集训练的模型进行测试，还可训练自己的数据集，用以特定目标的识别。

本章小结

本章学习了如何使用 ROS 功能包驱动 USB 摄像头和深度相机，对 ROS 系统中定义的标准图像消息和点云消息进行了介绍，同时通过具体示例搭建了简易的 ROS 视觉系统，实现了颜色检测和物体检测功能。

① usb_cam 节点驱动 USB 摄像头。ROS 中提供了 sensor_msgs/Image 和 sensor_msgs/CompressedImage 图像消息类型。
② sensor_msgs/PointCloud2 是 ROS 中标准的点云消息类型。
③ cv_bridge 功能包能够实现 OpenCV 图像和 ROS 图像消息格式之间的转换。
④ 基于 HSV 颜色模型的颜色检测示例。
⑤ ROS 中常用的物体检测功能包的简介和使用。

❓ 习题8

1. _____ 消息用来存储未压缩的图像信息，_____ 消息用来存储压缩图像信息，_____ 消息用来存储点云信息。
2. rqt 工具箱中的 _____ 可以用来查看图像话题的信息。
3. _____ 功能包能够实现 OpenCV 图像和 ROS 图像消息格式之间的转换。

第 9 章 机械臂的视觉抓取

在第 8 章中，我们已经学习了机器人视觉系统的基本组成，以及 ROS 中的图像接口，并学习了颜色检测和物体检测方法。本章将通过一个具体的应用示例，将视觉系统和机械臂控制结合起来，实现自动识别贴有 AR 标签的物体，并使机械臂能自动抓取并放置物品。

9.1 视觉抓取关键技术分析

机械臂视觉抓取是视觉系统在机械臂上的常见应用，可用于物品分拣、物流机器人等领域。下面是一款带移动底盘的机械臂的视觉抓取过程。

① 移动底盘导航到桌子附近后，通过机器人头部的 RealSense D415 相机对桌面上的物体进行检测，基于 LINE-MOD 模板匹配算法（ORK）识别可乐瓶并得到可乐瓶的位姿，如图 9.1 所示。

② 知道可乐瓶的位姿后，使用 MoveIt!进行机械臂的逆运动学解算和运动规划，设置抓取姿态为水平抓取，然后控制机械臂开始对可乐瓶进行抓取（MoveIt!的 pick 接口），抓取过程如图 9.2 所示。

③ 抓取成功后，可将可乐瓶放置到其他位置，如图 9.3 所示。

在上面的视觉抓取示例中，用到的关键技术如下。

（1）相机的选型以及内参标定

针对不同的应用场景，考虑成本、精度、拍摄距离等因素，需要对相机进行选型。当需要对物体进行 3D 检测时，通常会选择深度相机。为了消除相机的畸变，使用相机前需要先对相机进行标定。在 ROS 中，可以使用 camera_calibration 功能包进行相机标定（参考 8.3 节）。

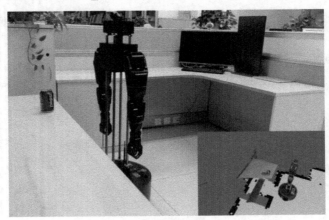

图 9.1　识别可乐瓶位姿

图 9.2　机械臂对可乐瓶进行抓取

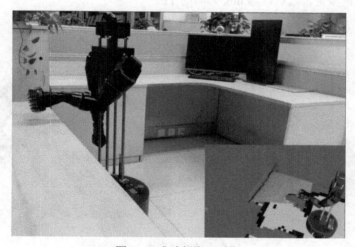

图 9.3　成功抓取可乐瓶

（2）物体检测、目标识别定位

通过物体检测和目标识别，可以识别出抓取目标并确定目标的位姿，通常得到的是相对于相机坐标系（camera_link）的位姿。这一步骤告诉了机械臂（机器人）目标是什么，目标在哪。除了第 8 章提到的颜色检测、模板匹配、物体检测等算法，二维码检测也是常见的检测方法，后面的章节中我们将学习二维码识别。

（3）手眼标定

相机获得的所有信息（图像、点云、目标物体位姿等）都是在相机坐标系下描述的，要想让机械臂（机器人）获得这些信息，尤其是目标物体的位姿，首先需要知道机械臂（机器人）到相机坐标系的坐标转换关系（TF），这样最终才能获得目标相对于机械臂（机器人）的位姿。手眼标定研究的主要内容便是如何得到机械臂和相机之间的 TF 关系。

如图 9.4 所示，类似 XBot-U 这样的机器人，在结构设计时相机就作为机器人的一部分进行了 URDF 建模，机器人与相机之间的 TF 都事先已知，所以不需要进行手眼标定。

通常情况下，相机根据实际的需求进行安装，事先并不知道相机坐标系与机械臂之间的 TF，

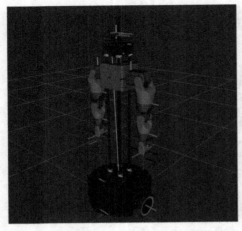

图 9.4 带双臂的 XBot-U 机器人模型和 TF

且难以直接测量，此时需要用到手眼标定（相机的外参标定）。

根据相机的安装位置不同，手眼标定可分为两类，如图 9.5 所示。

① 眼在手外的手眼标定：相机安装在机械臂（机器人）的外部，与机械臂基座的相对位置固定不变，不随机械臂的运动而运动，标定的结果一般是得到相机坐标系与机械臂基坐标系（base_link）之间的 TF。

② 眼在手上的手眼标定：相机安装在机械臂上，通常安装在机械臂末端执行器上面，与机械臂某个 link 的相对位置固定不变，但在基坐标系（base_link）下的位姿会随着机械臂的运动而变化，标定的结果是得到相机坐标系与机械臂末端执行器 link 之间的 TF。

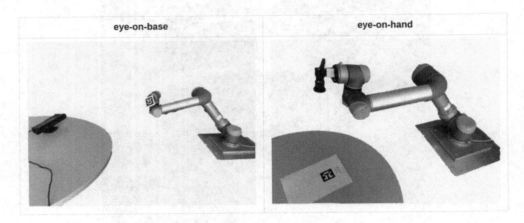

图 9.5 眼在手外和眼在手上的手眼标定

ROS 中提供了 easy_handeye 功能包进行手眼标定，后面的章节中将学习该功能包的使用。

（4）抓取姿态分析

在知道目标的位姿后，如何进行抓取呢？不同形状的物体，最合适的抓取点如何选择呢？这里就需要对抓取姿态进行分析。

在一些已知目标物体形状和大小的情况下，可以自己设定抓取姿态，实现简单的抓取任务。同时，ROS 中也提供了几个开源抓取姿态检测的功能包。

① agile_grasp（http://wiki.ros.org/agile_grasp）：输入点云信息和机械手的几何参数，通过机器学习算法，在杂波中进行抓取姿态检测，最后输出一组期望的抓取姿态。如图 9.6 所示，可以从右下角的 RViz 界面中看到期望的抓取姿态。

② moveit_simple_grasps（https://github.com/davetcoleman/moveit_simple_grasps/）：输入被抓取物体的位姿，生成大量可能的抓握位姿，并通过过滤器消除运动学上不可行的抓取姿态。可用于块状或圆柱体的抓取，不考虑摩擦或其他动力学因素。如图 9.7 所示，绿色箭头表示大量可能的抓握位姿。

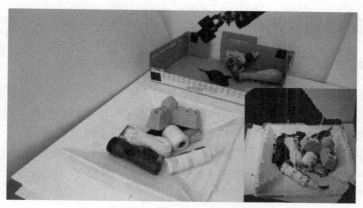

图 9.6 agile_grasp 生成期望的抓取姿态

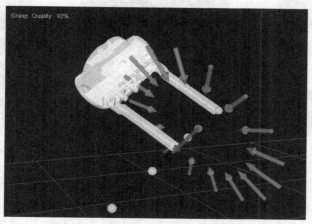

图 9.7 moveit_simple_grasps 生成大量可能的抓握位姿

③ gpd_ros（https://github.com/atenpas/gpd_ros/）：在点云空间中检测到物体的 6-DOF 抓取位姿，主要应用在带二指夹爪类机械手的机械臂上，检测效果如图 9.8 所示。

图 9.8 gpd_ros 检测物体的 6-DOF 抓取位姿

（5）运动规划和避障

在进行抓取时，利用 MoveIt!强大的逆运动学解算、轨迹规划、避障检测等功能模块，通过调用 MoveIt!编程接口，可以快速得到一条行之有效的轨迹，发送给机械臂的下位机，控制机械臂进行抓取操作以及完成抓取后的其他操作（参考第 7 章）。

9.2 AR 标签检测与定位

9.2.1 ar_track_alvar 的简介与安装

在之前的颜色检测和物体检测中，可以发现光照变化、遮挡等因素对检测的结果影响很大，被检测物体本身的特征点的多少也会影响检测。在现实中，可以通过在物体上贴上容易识别的"标记"，以辅助检测和定位。

AR 标签与条形码、二维码类似，是以一定的编码系统生成的特殊标签，如图 9.9 所示。AR 标签在不同的照明条件、观察角度和距离下都更容易识别，多用于相机标定、机器人定位、增强现实等领域。

图 9.9　AR 标签

ar_track_alvar 功能包是开源 AR 追踪库 Alvar 的 ROS 封装。Alvar 具有自适应阈值处理功能，可处理各种照明条件下的检测定位。Alvar 中基于光流的跟踪算法能够实现更稳定的姿态估计，并且采用改进的标签识别方法，不会随着标签数量的增加而显著降低识别速度。

ar_track_alvar 功能包的官方 wiki 链接如下：

http://wiki.ros.org/ar_track_alvar/

ar_track_alvar 功能包具有以下几个主要功能。

① 生成不同大小、分辨率和数据（ID）的 AR 标签。

② 识别 AR 标签并定位各个标签的位姿，可选择集成 Kinect、RealSense 等相机的深度数据，以实现更好的位姿估计。

③ 识别并跟踪由多个标签组成的"标记束"的状态，可以在有遮挡的情况下更好地获得多面物体的位姿。

ar_track_alvar 功能包有两种安装方式：

（1）直接采用 apt 方式安装 ar_track_alvar 功能包：

```
$ sudo apt-get install ros-melodic-ar-track-alvar
```

（2）源码安装方式：

进入 ROS 工作空间 src 文件夹，下载与 ROS Melodic Morenia 版本对应的 melodic-devel 分支的源码，若使用其他版本，请下载对应的分支：

```
$ cd ~/tutorial_ws/src/
$ git clone -b melodic-devel https://github.com/ros-perception/ar_track_alvar.git
```

编译：
```
$ cd ..
$ rosdep install --from-paths src -i -y
$ catkin_make
```

9.2.2 创建 AR 标签

ar_track_alvar 功能包里的 createMarker 节点可以创建不同大小、不同 ID 数据的 AR 标签。在终端输入以下命令，可以看到 createMarker 节点的参数说明，如图 9.10 所示。

```
$ rosrun ar_track_alvar createMarker
```

```
robot@ros-arm:~$ rosrun ar_track_alvar createMarker
SampleMarkerCreator
===================

Description:
    This is an example of how to use the 'MarkerData' and 'MarkerArtoolkit'
    classes to generate marker images. This application can be used to
    generate markers and multimarker setups that can be used with
    SampleMarkerDetector and SampleMultiMarker.

Usage:
/home/robot/tutorial_ws/devel/lib/ar_track_alvar/createMarker [options] argument

    65535              marker with number 65535
    -f 65535           force hamming(8,4) encoding
    -1 "hello world"   marker with string
    -2 catalog.xml     marker with file reference
    -3 www.vtt.fi      marker with URL
    -u 96              use units corresponding to 1.0 unit per 96 pixels
    -uin               use inches as units (assuming 96 dpi)
    -ucm               use cm's as units (assuming 96 dpi) <default>
    -s 5.0             use marker size 5.0x5.0 units (default 9.0x9.0)
    -r 5               marker content resolution -- 0 uses default
    -m 2.0             marker margin resolution -- 0 uses default
    -a                 use ArToolkit style matrix markers
    -p                 prompt marker placements interactively from the user
```

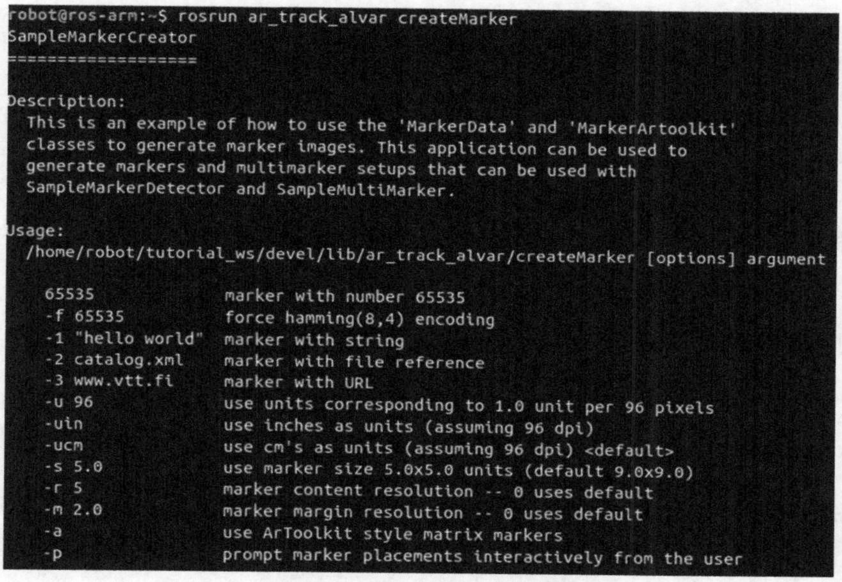

图 9.10　createMarker 节点参数说明

-u 参数可以设置测量单位，默认为厘米；-s 参数可以设置标签大小，默认为 9×9 个使用单位。生成的标签图片会自动保存到运行 createMarker 节点的目录下，所以在运行节点前，需先进入想要保存的目录。如果希望在较远的距离内就能识别标签，可生成尺寸较大的标签。小标签一般用于那些小范围内被识别的物体。

例如可以通过以下命令创建一个 ID 为 1、大小为 5cm×5cm 的标签，保存到 xarm_vision/data 目录下：

```
$ roscd xarm_vision/data/
$ rosrun ar_track_alvar createMarker -s 5 1
```

生成的 AR 标签如图 9.11 所示。

例如可以输入以下命令创建一个字符"hello"的 AR 标签，大小为 10cm×10cm：

```
$ rosrun ar_track_alvar createMarker -s 10 -1 "Hello"
```

生成的 AR 标签如图 9.12 所示。

图 9.11 ID 为 1 的 AR 标签

图 9.12 ID 为 "Hello" 的 AR 标签

除了使用 createMarker 节点创建，还可以通过以下两个链接直接下载 4.5cm×4.5cm 的标签。
ID 号 0~8：

　　http://wiki.ros.org/ar_track_alvar?action=AttachFile&do=view&target=markers0to8.png

ID 号 9~17：

　　http://wiki.ros.org/ar_track_alvar?action=AttachFile&do=view&target=markers9to17.png

将 AR 标签打印出来后，由于打印机的不同，实际打印出的标签的尺寸与生成的尺寸会有所不同，使用时需测量标签的实际尺寸。

9.2.3 检测 AR 标签

参考 ar_track_alvar 功能包提供的 AR 标签检测启动 launch 文件，在 xarm_vision 功能包内创建了 ar_track.launch 文件，可以用来启动 ar_track_alvar 节点进行 AR 标签检测和定位。文件内容如下：

```xml
<launch>
    <arg name="marker_size" default="6.26" />
    <arg name="max_new_marker_error" default="0.08" />
    <arg name="max_track_error" default="0.05" />
    <arg name="cam_image_topic" default="/camera/depth_registered/points" />
    <arg name="cam_info_topic" default="/camera/depth/camera_info" />
    <arg name="output_frame" default="/camera_link" />

    <node name="ar_track_alvar" pkg="ar_track_alvar" type="individualMarkers" respawn="false" output="screen">
        <param name="marker_size"          type="double" value="$(arg marker_size)" />
        <param name="max_new_marker_error" type="double" value="$(arg max_new_marker_error)" />
        <param name="max_track_error" type="double" value="$(arg max_track_error)" />
        <param name="output_frame"         type="string" value="$(arg output_frame)" />
        <remap from="camera_image"  to="$(arg cam_image_topic)" />
        <remap from="camera_info"   to="$(arg cam_info_topic)" />
```

```
    </node>
    <node name="rviz" pkg="rviz" type="rviz" args="-d $(find xarm_vision)/rviz/ar_tags.rviz" />
</launch>
```

ar_track.launch 文件中启动了 ar_track_alvar 节点和配置好的 RViz 显示。对 ar_track_alvar 节点的参数进行说明：

① marker_size（double）：AR 标签的尺寸（即正方形标签的边长），单位为厘米，以实际打印出的标签的尺寸为准。

② max_new_marker_error（double）：确定何时可以在不确定的条件下检测到新标签的阈值。

③ max_track_error（double）：确定在将标签视为消失之前的跟踪误差的阈值。

④ output_frame（string）：发布的 AR 标签位姿参考的坐标系的名称，通常为 camera_link。若相机是机器人的一部分，也可以是机器人的其他坐标系，如 base_link。

⑤ camera_image：用于检测 AR 标签的摄像机的图像话题名称。可以是单色或彩色图像，但应该是未经过相机校正的图像，校正在此包中进行。

⑥ camera_info：相机校准参数的话题名。

以 RealSense D415 相机为例进行测试。先在终端输入以下命令驱动 RealSense D415 深度相机：

```
$ roslaunch realsense2_camera rs_rgbd.launch
```

新开终端，启动 ar_track.launch：

```
$ roslaunch xarm_vision ar_track.launch
```

启动成功后，可以看到 RViz 界面如图 9.13 所示，RViz 中添加了 Marker 插件用以显示识别到的 AR 标签，订阅的话题为/visualization_marker。AR 标签用不同颜色的小方块表示。TF 显示了 AR 标签的中心到相机坐标系 camera_link 的转换关系。

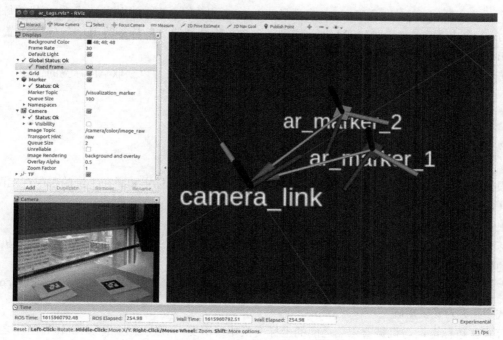

图 9.13　AR 标签识别的 RViz 显示

AR 标签识别结果发布到了话题/ar_pose_marker 上，话题的消息类型为 ar_track_alvar_msgs/AlvarMarkers，具体定义如图 9.14 所示。

```
robot@ros-arm:~$ rosmsg show ar_track_alvar_msgs/AlvarMarkers
std_msgs/Header header
  uint32 seq
  time stamp
  string frame_id
ar_track_alvar_msgs/AlvarMarker[] markers
  std_msgs/Header header
    uint32 seq
    time stamp
    string frame_id
  uint32 id
  uint32 confidence
  geometry_msgs/PoseStamped pose
    std_msgs/Header header
      uint32 seq
      time stamp
      string frame_id
    geometry_msgs/Pose pose
      geometry_msgs/Point position
        float64 x
        float64 y
        float64 z
      geometry_msgs/Quaternion orientation
        float64 x
        float64 y
        float64 z
        float64 w
```

图 9.14　ar_track_alvar_msgs/AlvarMarkers 消息定义

ar_track_alvar_msgs/AlvarMarkers 由消息头 header 和数组 markers 组成，markers 里的每个元素都为 ar_track_alvar_msgs/AlvarMarker 类型，包含了识别到的 AR 标签的 ID 号（id）、置信度（confidence）和标签的位姿（pose）信息。

在后面的章节中，我们将订阅话题/ar_pose_marker 上的消息，以获取 AR 标签的位姿。

9.3　机械臂手眼标定

9.3.1　手眼标定的基本原理

根据相机的安装位置不同，手眼标定可分为眼在手外的手眼标定和眼在手上的手眼标定两类。

（1）眼在手外的手眼标定的原理

眼在手外的手眼标定如图 9.15 所示。

标定板（object）固定在机械臂末端（end），在机械臂某个位姿状态下，从标定板到机械臂末端的坐标转换关系如下：

$$^{end}_{object}T = {}^{end}_{base}T \times {}^{base}_{camera}T \times {}^{camera}_{object}T \qquad (9.1)$$

式中，T 为变换矩阵。

等式左边标定板与机械臂末端之间的坐标变换始终不变，等式右边相机与机械臂基座之间的坐标变换始终不变（未知，待求解），那么当机械臂变换不同的位姿时，联立式（9.1）等号右边部分，有如下关系成立：

$$_{base}^{end1}T \times _{camera}^{base}T \times _{object1}^{camera}T = _{base}^{end2}T \times _{camera}^{base}T \times _{object2}^{camera}T = _{base}^{endn}T \times _{camera}^{base}T \times _{objectn}^{camera}T \quad (9.2)$$

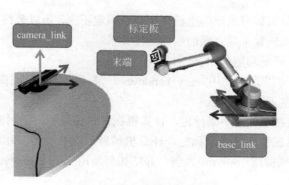

图 9.15　眼在手外的手眼标定

其中标定板到相机的坐标变换可以通过标签检测得到，机械臂基座到机械臂末端的坐标可通过正运动学解算求得，所以式（9.2）中，唯一未知的便是需要求解的相机到机械臂基座的坐标变换关系。

式（9.2）经过左右移项后，可得：

$$_{camera}^{base}T \times \underbrace{_{object1}^{camera}T \times _{object2}^{camera}T^{-1}}_{B} = \underbrace{_{base}^{end1}T^{-1} \times _{base}^{end2}T}_{A} \times _{camera}^{base}T$$

$$\Rightarrow AX = XB \quad (9.3)$$

眼在手外的手眼标定就转换成了 $AX = XB$ 的问题求解。该问题的求解方法网上有很多资料和开源计算库可以用，本书中不再展开叙述，感兴趣的同学可参考文献[7~9]进行学习。

（2）眼在手上的手眼标定的原理

眼在手上的手眼标定如图 9.16 所示。

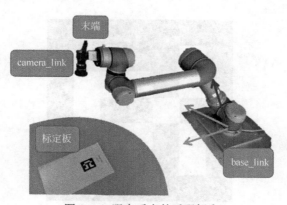

图 9.16　眼在手上的手眼标定

相机安装在机械臂上，相机与机械臂基座之间的坐标变换关系随着机械臂末端的运动而变换。标定板固定放置，与机械臂基座之间的坐标变换关系不变，需要求解的是相机与机械臂末端的坐标变换关系。

同眼在手外的标定原理类似，根据两次运动中，标定板和机械臂基座之间的坐标变换关系保持不变，可联立方程：

$$\begin{aligned}
&{}_{\text{end2}}^{\text{base}}T \times {}_{\text{camera2}}^{\text{end2}}T \times {}_{\text{object}}^{\text{camera2}}T = {}_{\text{end1}}^{\text{base}}T \times {}_{\text{camera1}}^{\text{end1}}T \times {}_{\text{object}}^{\text{camera1}}T \\
&\Rightarrow \underbrace{{}_{\text{end1}}^{\text{base}}T^{-1} \times {}_{\text{end2}}^{\text{base}}T}_{A} \times {}_{\text{camera2}}^{\text{end2}}T = {}_{\text{camera1}}^{\text{end1}}T \times \underbrace{{}_{\text{object}}^{\text{camera1}}T \times {}_{\text{object}}^{\text{camera2}}T^{-1}}_{B}
\end{aligned} \quad (9.4)$$

运动过程中，相机与机械臂末端的坐标变换关系固定不变，所以最终也是转换成 $AX=BX$ 问题的求解，X 表示相机与机械臂末端之间的坐标变换关系。

（3）easy_handeye 开源功能包

在 ROS 中，我们可以直接使用 easy_handeye 开源功能包对机械臂和相机进行手眼标定。easy_handeye 功能包提供了两种标定。

① eye-on-base：眼在手外的手眼标定，计算机械臂基座与相机之间的坐标变换关系。

② eye-in-hand：眼在手上的手眼标定，计算机械臂末端执行器和相机之间的坐标变换关系。

下一节将以桌面机械臂 XBot-Arm 为例，介绍如何使用 easy_handeye 功能包进行眼在手外的手眼标定。

9.3.2 easy_handeye 的安装和准备工作

（1）ArUco 标签制作标定板

这里使用 ArUco 标签制作标定板，可从下述链接中下载打印标签：

https://chev.me/arucogen/

如图 9.17 所示，"Dictionary" 处需选择 "Original ArUco"。可以修改 "Maker ID" 和 "Maker size，mm" 选择生成不同 ID 和尺寸的标签。

图 9.17　生成 ArUco 标签

打印时可以选择 "Open" 获取 PDF 格式的文件。

打印好标签后，需要测量实际的标签边长，本书里生成的是 100mm 的标签，但打印出来实际尺寸是 94mm。这个实际尺寸在后面进行标签识别时需要用到。

（2）安装相关功能包

① 安装 visp 包：

```
$ sudo apt-get install ros-melodic-visp
```

② 源码安装 vision_visp 功能包：

```
$ cd ~/tutorial_ws/src
$ git clone -b melodic-devel https://github.com/lagadic/vision_visp.git
$ cd ..
$ catkin_make --pkg visp_hand2eye_calibration
```

③ 源码安装 aruco_ros 功能包：

```
$ cd ~/tutorial_ws/src
$ git clone -b melodic-devel https://github.com/pal-robotics/aruco_ros.git
$ cd ..
$ catkin_make
```

④ 源码安装 easy_handeye 功能包：

```
$ sudo apt install python-pip
$ cd ~/tutorial_ws/src
$ git clone https://github.com/IFL-CAMP/easy_handeye.git
$ cd ..
$ rosdep install -iyr --from-paths src
$ catkin_make
```

上述代码均编译无误后，说明安装成功。

（3）编写手眼标定的 launch 启动文件

easy_handeye 功能包中提供了 launch 启动文件示例，这里以 ur5_kinect_calibration.launch 文件为参考，在 xarm_vision 功能包中创建基于机械臂 XBot-Arm 和 RealSnese D415 深度相机进行标定的 launch 启动文件 xarm_realsense_calibration.launch，文件内容如下：

```
<launch>
    <arg name="namespace_prefix" default="xarm_realsense_handeyecalibration" />

    <arg name="marker_size" doc="Size of the ArUco marker used, in meters" default="0.094" />
    <arg name="marker_id" doc="The ID of the ArUco marker used" default="100"/>

    <!--1. start the RealSense 415D camera -->
    <include file="$(find realsense2_camera)/launch/rs_rgbd.launch" />

    <!--2. start the robot -->
    <include file="$(find xarm_driver)/launch/xarm_driver.launch" />
    <include file="$(find xarm_moveit_config)/launch/xarm_moveit_planning_execution.launch" />

    <!--3. start aruco_tracker node -->
```

```xml
    <node name="aruco_tracker" pkg="aruco_ros" type="single">
        <remap from="/camera_info" to="/camera/color/camera_info" />
        <remap from="/image" to="/camera/color/image_raw" />
        <param name="image_is_rectified" value="true"/>
        <param name="marker_size"        value="$(arg marker_size)"/>
        <param name="marker_id"          value="$(arg marker_id)"/>
        <param name="reference_frame"    value="camera_link"/>
        <param name="camera_frame"       value="camera_color_optical_frame"/>
        <param name="marker_frame"       value="camera_marker" />
    </node>

    <!--4. start easy_handeye -->
    <include file="$(find easy_handeye)/launch/calibrate.launch" >
        <arg name="namespace_prefix" value="$(arg namespace_prefix)" />
        <arg name="move_group" default="xarm" />

        <arg name="eye_on_hand" value="false" />

        <arg name="tracking_base_frame" value="camera_link" />
        <arg name="tracking_marker_frame" value="camera_marker" />
        <arg name="robot_base_frame" value="base_link" />
        <arg name="robot_effector_frame" value="gripper_centor_link" />
        <arg name="freehand_robot_movement" value="false" />
        <arg name="robot_velocity_scaling" value="0.5" />
        <arg name="robot_acceleration_scaling" value="0.2" />
    </include>
</launch>
```

xarm_realsense_calibration.launch 文件内容主要包含以下四部分。

① 驱动 RealSense D415 相机。

```xml
<include file="$(find realsense2_camera)/launch/rs_rgbd.launch" />
```

② 启动机械臂驱动节点,并启动 MoveIt!的 move_group 节点和相关 launch 文件。

```xml
<include file="$(find xarm_driver)/launch/xarm_driver.launch" />
<include file="$(find xarm_moveit_config)/launch/
xarm_moveit_planning_execution.launch" />
```

③ 启动 ArUco 标签检测节点,需要修改参数与实际标签和相机对应,aruco_tracker 节点的订阅话题和参数说明如下。

a. /camera_info:相机标定结果的发布话题,RealSense D415 彩色图像的标定参数话题为 /camera/color/camera_info。

b. /image:彩色图像话题名,RealSense D415 彩色图像话题为/camera/color/image_raw。

c. reference_frame:发布检测到的标签位姿时所参考的坐标系。RealSense D415 相机参考坐标系有很多，camera_link 是其根坐标系，所以这里发布的标签的参考系选为 camera_link。

  d. camera_frame：彩色图像话题信息的参考坐标系，这里为 camera_color_optical_frame。

  e. marker_frame：检测到的标签的坐标系（link）的名字，这里设为 camera_marker。

  f. marker_id：标签 ID，与使用的 ArUco 标签 ID 对应。

  g. marker_size：标签的尺寸，单位为米，以实际打印出的标签的尺寸为准。

④ 启动 calibrate.launch 文件进行手眼标定，主要参数说明如下。

  a. namespace_prefix：设置手眼标定的命名空间，这里设为 xarm_realsense_handeyecalibration。

  b. move_group：机械臂规划组的名字，XBot-Arm 手臂部分规划组的名字为 xarm。

  c. eye_on_hand：是否是眼在手上的手眼标定，false 代表进行眼在手外的手眼标定。

  d. tracking_base_frame：追踪的相机坐标系名字。

  e. tracking_marker_frame：ArUco 标签坐标系的名字。

  f. robot_base_frame：机械臂基座坐标系的名字。

  g. robot_effector_frame：机械臂末端执行器 link 的名字。

  h. freehand_robot_movement：设为 false 时，在进行标定的过程中，点击 GUI 界面的按钮会自动选择 17 个位置进行标定；设为 true 时需手动调节机械臂的位置。

（4）程序运行常见错误和解决方法

在 Ubutnu18.04 和 ROS Melodic Morenia 环境下第一次启动 xarm_realsense_calibration.launch 时，可能会遇到以下错误。

① rqt 插件启动异常。

可在终端运行以下命令解决此问题：

```
$ rm ~/.config/ros.org/rqt_gui.ini
```

② 手眼标定服务报错，找不到 cv2.CALIB_HAND_EYE_TSAI 模块。

由于 Python 和 OpenCV 的路径问题，可能会遇到如图 9.18 所示的错误。

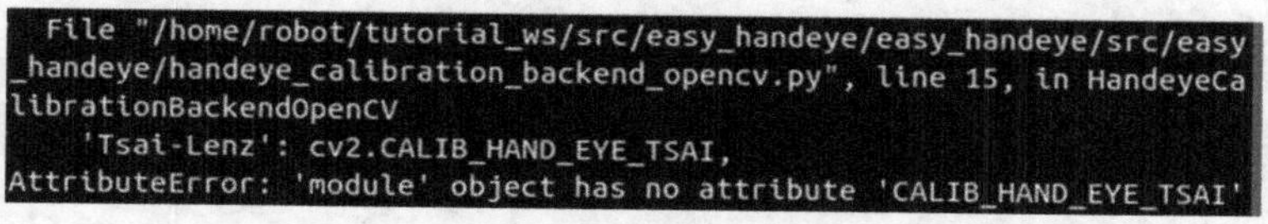

```
File "/home/robot/tutorial_ws/src/easy_handeye/easy_handeye/src/easy
_handeye/handeye_calibration_backend_opencv.py", line 15, in HandeyeCa
librationBackendOpenCV
    'Tsai-Lenz': cv2.CALIB_HAND_EYE_TSAI,
AttributeError: 'module' object has no attribute 'CALIB_HAND_EYE_TSAI'
```

图 9.18 找不到 cv2.CALIB_HAND_EYE_TSAI 错误

可先在终端输入以下命令安装 opencv-contrib-python：

```
$ sudo python -m pip install opencv-contrib-python
```

再将 easy_handeye/easy_handeye/src/easy_handeye/handeye_calibration_backend_opencv.py 文件开头的 "import cv2" 改为如下语句解决此问题：

```
import sys
sys.path.remove('/opt/ros/melodic/lib/python2.7/dist-packages')
import cv2
sys.path.append('/opt/ros/melodic/lib/python2.7/dist-packages')
```

如还遇到其他问题，可自行搜索或到 easy_handeye 的仓库中提交 issue 反馈问题：

      https://github.com/IFL-CAMP/easy_handeye

9.3.3 眼在手外的手眼标定

本节以 XBot-Arm 桌面机械臂为例介绍具体的标定过程，其他机械臂的标定与 XBot-Arm 类似。

（1）启动手眼标定节点

进行手眼标定前，需将 ArUco 标签标定板固定在机械臂末端，并将相机摆放到合适的位置，让机械臂前方桌面区域在相机的视野范围内。后面进行手眼标定的过程中可根据图像画面再进行调节并固定。标定板和相机安装如图 9.19 所示。

图 9.19　标定板和相机安装

XBot-Arm 机械臂的初始位置不适合作为手眼标定的起始位置。为了方便标定，在标定过程中让标签始终在相机的视野内，在使用 MoveIt!配置助手（Setup Assistant）时，我们提前设置了 Handeye_Calibration 位置。该位置保存在 xarm_moveit_config/config/xarm.srdf 文件中：

```xml
<group_state name="Handeye_Calibration" group="xarm">
    <joint name="arm_1_joint" value="-0.3" />
    <joint name="arm_2_joint" value="-1" />
    <joint name="arm_3_joint" value="0" />
    <joint name="arm_4_joint" value="-1.4" />
    <joint name="arm_5_joint" value="0" />
    <joint name="arm_6_joint" value="0.5" />
</group_state>
```

可根据相机的实际安装位置在启动 xarm_realsense_calibration.launch 前修改 xarm.srdf 文件中 Handeye_Calibration 的设置，以便更好地进行手眼标定。

启动编写好的标定 launch 文件：

```
$ roslaunch xarm_vision xarm_realsense_calibration.launch
```

启动后，若程序运行无误，会弹出 RViz 窗口，以及两个 rqt 窗口：如图 9.20 所示的 Hand-eye Calibration automatic movement（自动移动机械臂）窗口及如图 9.21 所示的 Hand-eye Calibration（手眼标定）窗口。

图 9.20 Hand-eye Calibration automatic movement（自动移动机械臂）窗口

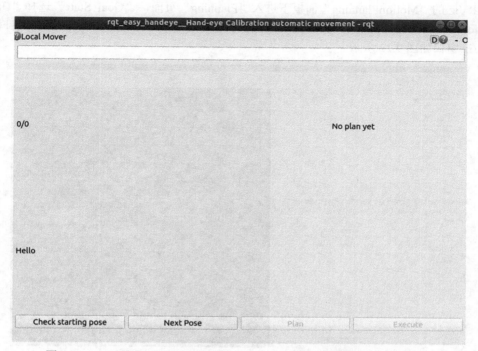

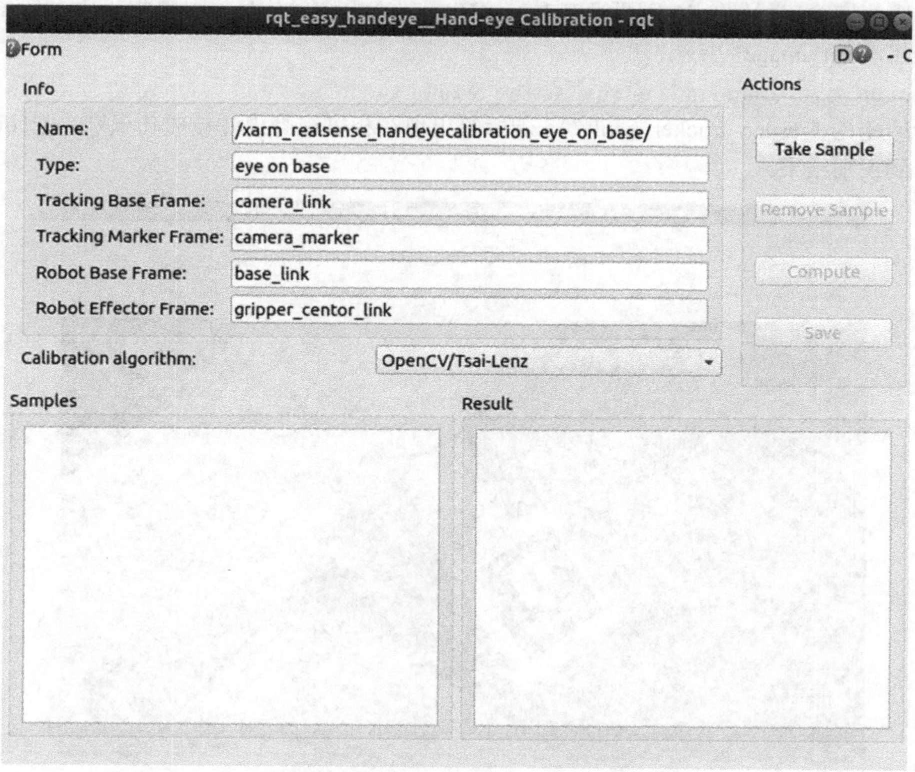

图 9.21 Hand-eye Calibration（手眼标定）窗口

在 RViz 的"MotionPlanning"面板下进入"Planning"页面,"Goal State"选择"Handeye_Calibration",再点击"Plan & Execute"按钮让机械臂运动到"Handeye_Calibration"目标位置,此时 RViz 窗口如图 9.22 所示。

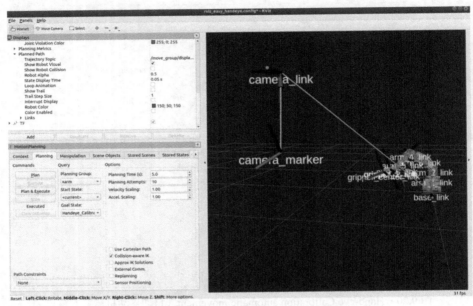

图 9.22 运动到"Handeye_Calibration"后的 Rviz 显示

若手眼标定窗口如图 9.21 所示没有 Image Viewer 查看图像信息,则需要新开一个终端,输入以下命令启动 rqt_image_view。

```
$ rosrun rqt_image_view rqt_image_view
```

选择话题为"/aruco_tracker/result"。若标签出现在相机视野内并被成功识别,则如图 9.23 所示,可看到识别结果。

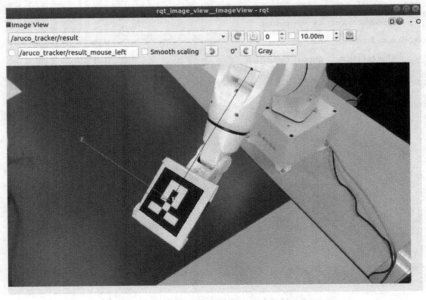

图 9.23 rqt_image_view 查看标签识别

标定过程中自动生成的 17 个位姿都是在标定的初始位姿 Handeye_Calibration 的基础上进行的平移和旋转，所以 Handeye_Calibration 位姿和相机的安装位置十分重要。在开始采样前，还可以调整相机和机械臂的位置。

（2）采样和标定

在 Hand-eye Calibration automatic movement（自动移动机械臂）窗口点击"Check starting pose"按钮，等待几秒后，如图 9.24 所示，在窗口中看到出现"0/17"的提示，则可以开始进行标定。

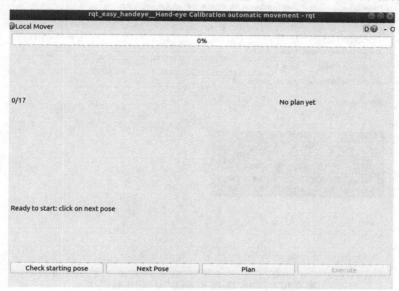

图 9.24　Check Starting Pose 开始标定

点击 Hand-eye Calibration automatic movement 窗口下方的"Next Pose"按钮生成第一个采样位姿，再点击"Plan"按钮进行规划。若成功规划出轨迹，则会出现绿色的"Good Plan"规划成功提示，如图 9.25 所示。

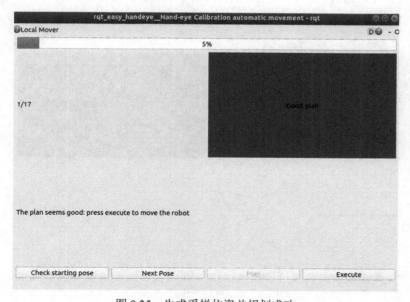

图 9.25　生成采样位姿并规划成功

若规划成功,点击下方的"Execute"按钮执行轨迹,机械臂会运动到第一个采样位姿处。待机械臂运动结束后,若机械臂末端的 ArUco 标签能在相机视野范围内被识别,可在 Hand-eye Calibration 窗口点击"Take Sample"按钮进行采样,如图 9.26 所示。

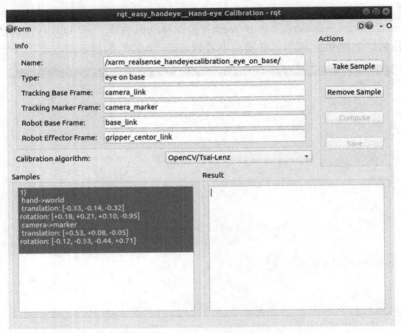

图 9.26　点击"Take Sample"按钮进行采样

一次采样成功后,重复进行"Next pose"—"Plan"—"Execute"—"Take Sample"操作进行采样,直到成功采样 17 个点的位姿。

若出现如图 9.27 所示失败的情况,可放弃这个采样点,直接点击"Next Pose"按钮进行下一个采样点的规划执行。通常 13~17 个采样点即可用于手眼标定的计算。

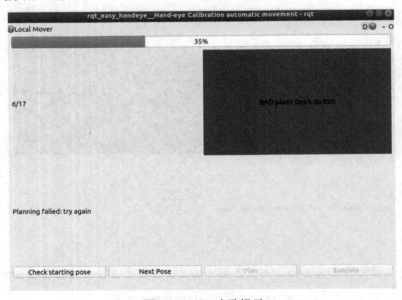

图 9.27　Plan 失败提示

完成 17 个点的采样后，在 Hand-eye Calibration 窗口点击"Compute"按钮进行计算，可以在右下角的"Result"框下看到标定结果，如图 9.28 所示。

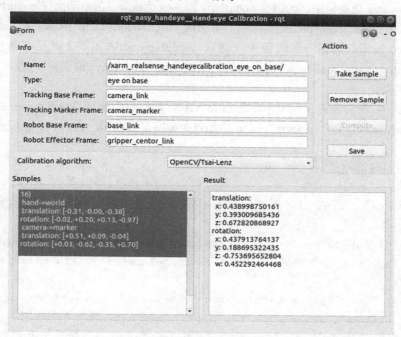

图 9.28　Compute 计算标定结果

标定的是 base_link 到 camera_link 的坐标变换关系。

在 Hand-eye Calibration 窗口点击"Save"按钮保存标定结果以便后续的使用。根据启动 xarm_realsense_calibration.launch 的终端的提示，可以看到标定结果的保存路径为~/.ros/easy_handeye/xarm_realsense_handeyecalibration_eye_on_base.yaml。文件具体内容如下：

```
  parameters:
eye_on_hand: false
freehand_robot_movement: false
move_group: xarm
move_group_namespace: /
namespace: /xarm_realsense_handeyecalibration_eye_on_base/
robot_base_frame: base_link
robot_effector_frame: gripper_centor_link
tracking_base_frame: camera_link
tracking_marker_frame: camera_marker
  transformation:
qw: 0.45229246446759924
qx: 0.4379137641372077
qy: 0.1886953224351039
qz: -0.7536956528043132
x: 0.43899875016116985
y: 0.39300968543570014
z: 0.6728208689273188
```

9.3.4 手眼标定结果的发布和使用

在 easy_handeye 功能包中，提供了 publish.py 脚本以及该节点的启动文件 publish.launch，修改 publish.launch 里的 namespace_prefix 参数的值与 xarm_vision/launch/xarm_realsense_ calibration.launch 里的 namespace_prefix 的值一致，便可以通过 publish.py 脚本加载之前保存的标定结果文件 ~/.ros/easy_handeye/xarm_realsense_handeyecalibration_eye_on_base.yaml 里的内容，同时对外发布标定后的 TF 变换。

在本书示例中，我们参考 publish.py，在 xarm_vision 功能包中编写了 pub_camera_TF.py 脚本，同时参考 publish.launch 文件在 xarm_vision 功能包中编写了 publish_hand_eye_tf.launch 文件，文件内容如下：

```xml
<?xml version="1.0"?>
<launch>
  <arg name="eye_on_hand" doc="eye-on-hand instead of eye-on-base" default="false" />
  <arg name="namespace_prefix" default="xarm_realsense_handeyecalibration" />
  <arg if="$(arg eye_on_hand)" name="namespace" value="$(arg namespace_prefix)_eye_on_hand" />
  <arg unless="$(arg eye_on_hand)" name="namespace" value="$(arg namespace_prefix)_eye_on_base" />
  <!--it is possible to override the link names saved in the yaml file in case of name clashes, for example-->
  <arg if="$(arg eye_on_hand)" name="robot_effector_frame" default="" />
  <arg unless="$(arg eye_on_hand)" name="robot_base_frame" default="" />
  <arg name="tracking_base_frame" default="" />

  <arg name="inverse" default="false" />

  <!--publish hand-eye calibration-->
  <group ns="$(arg namespace)">
      <param name="eye_on_hand" value="$(arg eye_on_hand)" />
      <param unless="$(arg eye_on_hand)" name="robot_base_frame" value="$(arg robot_base_frame)" />
      <param if="$(arg eye_on_hand)" name="robot_effector_frame" value="$(arg robot_effector_frame)" />
      <param name="tracking_base_frame" value="$(arg tracking_base_frame)" />
      <param name="inverse" value="$(arg inverse)" />
      <node name="$(anon handeye_publisher)" pkg="xarm_vision" type="pub_camera_TF.py" output="screen"/>
  </group>
</launch>
```

在终端输入以下命令启动 publish_hand_eye_tf.launch 文件：

```
$ roslaunch xarm_vision publish_hand_eye_tf.launch
```

新开一个终端，输入以下命令查看 base_link 到 camera_link 之间的 TF 变换，如图 9.29 所示：

```
$ rosrun tf tf_echo /base_link /camera_link
```

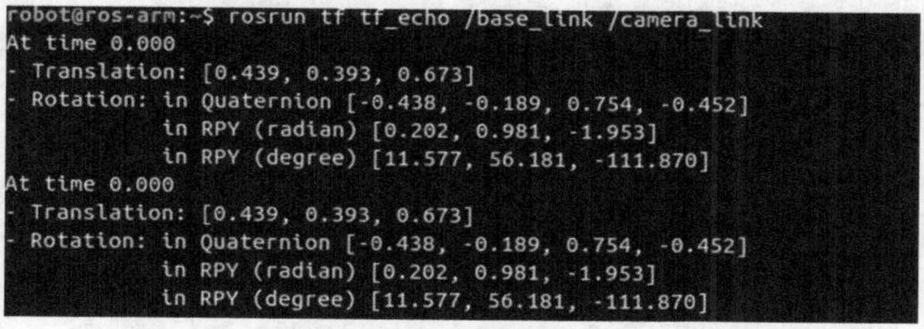

图 9.29　查看 base_link 到 camera_link 之间的 TF 变换

base_link 到 camera_link 之间的 TF 变换关系确定后，就能将检测到的物体或标签位姿从 camera_link 变换到 base_link，用于物体的定位和抓取。

9.4　基于 AR 标签识别的自动抓取

9.4.1　应用系统原理

本节将综合之前的 AR 标签检测与定位、手眼标定、TF、机械臂 MoveIt!的抓取和放置编程等内容，编写一个基于 AR 标签定位的视觉抓取应用示例程序，能够让机械臂抓取桌面上的小方块，并放置到固定的位置。实验场景如图 9.30 所示。

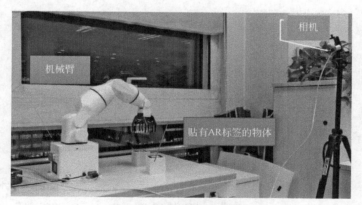

图 9.30　视觉抓取应用场景

视觉感知系统由 RealSense D415 深度相机组成，相机连接到主机上，主机上安装 ROS 和相关程序，能够驱动相机，采集图像、深度和点云等信息。相机坐标系 camera_link 与机械臂基坐标系 base_link 之间的坐标变换关系已通过 easy_handeye 功能包进行标定（参考 9.3 节），通过 TF 变换，可以将 camera_link 下的目标位姿信息变换到 base_link 下。

边长为 6~7cm 的方块上方贴有 AR 标签，放置在桌面上。可通过 RealSense D415 深度相机以及 ar_track_alvar 节点对 AR 标签进行检测（参考 9.2 节），得到 AR 标签的 ID 以及标签中心在 base_link 下的位姿，即方块上表面中心在 base_link 下的位姿。

xarm_vision 功能包里 pickup_with_ar_track.launch 启动文件内容如下：

```xml
<launch>
    <!--1. start the robot arm  and Moveit -->
    <include file="$(find xarm_driver)/launch/xarm_driver.launch" />
    <include file="$(find xarm_moveit_config)/launch/xarm_moveit_planning_execution.launch" />

    <!--2. start the RealSense 415D camera -->
    <include file="$(find realsense2_camera)/launch/rs_rgbd.launch" />

    <!--3. publish TF between base_link and camera_link -->
    <include file="$(find xarm_vision)/launch/publish_hand_eye_tf.launch" />
    <arg name="marker_size" default="4.5" />
    <arg name="max_new_marker_error" default="0.08" />
    <arg name="max_track_error" default="0.05" />

    <arg name="cam_image_topic" default="/camera/depth_registered/points" />
    <arg name="cam_info_topic" default="/camera/depth/camera_info" />
    <arg name="output_frame" default="/base_link" />

    <!--4. start the ar_track_alvar node -->
    <node name="ar_track_alvar" pkg="ar_track_alvar" type="individualMarkers" respawn="false" output="screen">
        <param name="marker_size"          type="double" value="$(arg marker_size)" />
        <param name="max_new_marker_error" type="double" value="$(arg max_new_marker_error)" />
        <param name="max_track_error"      type="double" value="$(arg max_track_error)" />
        <param name="output_frame"         type="string" value="$(arg output_frame)" />
        <remap from="camera_image" to="$(arg cam_image_topic)" />
        <remap from="camera_info"  to="$(arg cam_info_topic)" />
    </node>

    <!--5. start the Rviz -->
    <node name="rviz" pkg="rviz" type="rviz" args="-d $(find xarm_vision)/rviz/ar_tag_pick.rviz" />
</launch>
```

该文件一共启动了五部分。

① 启动机械臂驱动程序和 MoveIt!相关,MoveIt!提供了目标设置、运动规划、避障、定点抓取和放置等 API,同时能够将规划出的轨迹发给机械臂驱动实现对真实机械臂的控制。

② 驱动 RealSense D415 相机，相机采集的图像、深度和点云等信息以 ROS 话题的形式发布出来。

③ 启动 publish_hand_eye_tf.launch 发布 base_link 到 camera_link 的静态 TF 变换，该变换关系由手眼标定获得。

④ 启动 AR 标签检测节点，该节点能够订阅相机话题信息，进行标签检测和定位，将 AR 标签的检测结果发布到/ar_pose_marker 话题。

⑤ 启动 RViz，主要用来查看摄像头的实时画面以及 AR 标签检测结果。

这几部分内容在之前的章节中已经进行了学习，现在主要看本节的新内容——检测和抓取示例节点 pick_with_AR_server。

xarm_vision 功能包里的 pick_with_AR_server 节点会订阅 ar_track_alvar 节点发布的 /ar_pose_marker 话题信息用于获取 AR 标签的 ID 和位姿，同时对外提供了/xarm_vision_pickup 服务的服务端处理函数，当接收到服务请求时，可以将物体添加到 MoveIt!规划场景中用于避障，设置机械臂的抓取姿态为手爪竖直向下抓取，使用 MoveIt!的 pick 和 place 接口进行抓取和放置。

pick_with_AR_server 节点程序流程如图 9.31 所示，具体的程序解析将在后面章节进行学习。

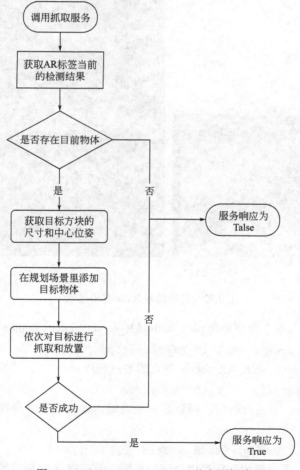

图 9.31 pick_with_AR_server 节点逻辑流程

9.4.2 应用测试

将贴有不同 AR 标签的方块（一块或两块）放在机械臂前方、距离机械臂基座中心 30～40cm 的位置范围内。方块距离过远或过近都会超过机械臂的抓取范围，导致抓取失败。同时需保证 AR 标签在相机视野范围内，以免无法检测到标签。

在终端输入以下命令启动 pickup_with_ar_track.launch：

```
$ roslaunch xarm_vision pickup_with_ar_track.launch
```

启动后会打开 RViz 界面，如图 9.32 所示。右侧显示机械臂模型、TF 关系以及识别到的 AR 标签，左下角 Camera 是相机实时拍摄的图像画面。

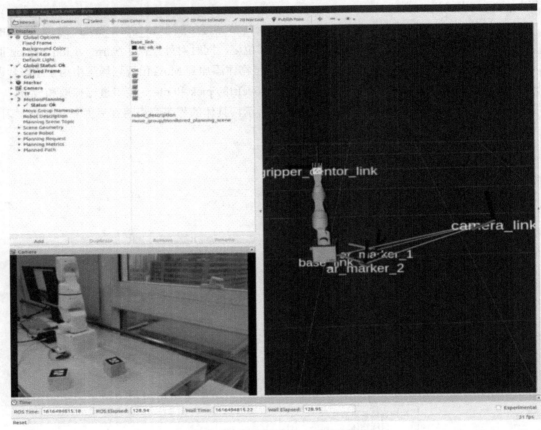

图 9.32 自动抓取 RViz 窗口显示

新开一个终端，输入以下命令启动 pick_with_AR_server 节点的 Python 程序：

```
$ rosrun xarm_vision pick_with_AR_server.py
```

或者输入以下命令启动 pick_with_AR_server 节点的 C++程序：

```
$ rosrun xarm_vision pick_with_AR_server
```

pick_with_AR_server 节点启动后，可新开一个终端，输入以下命令调用/xarm_vision_pickup 服务：

```
$ rosservice call /xarm_vision_pickup "call: {}"
```

服务调用后，RViz 界面的规划场景中会添加桌面以及根据 AR 标签的位姿添加的方块物体，如图 9.33 所示。

第9章 机械臂的视觉抓取

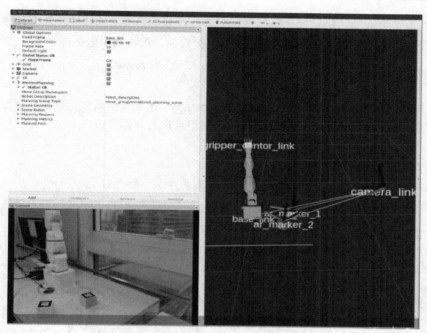

图 9.33 自动添加桌面和目标方块到规划场景中

接着机械臂会开始依次抓取方块,并放置到机械臂左边,抓取过程如图 9.34 所示。

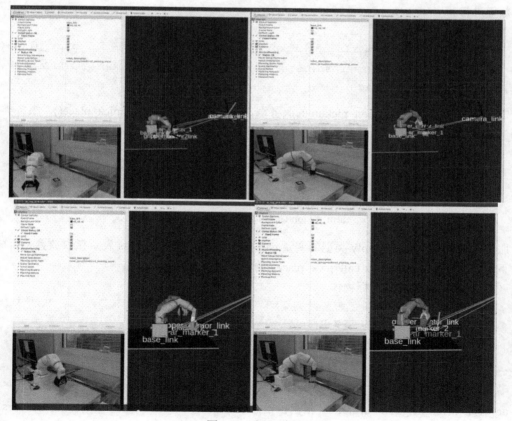

图 9.34 抓取过程

323

若全部抓取放置成功，机械臂会回到初始位姿，规划场景中的物体被移除，且服务调用返回 True。一次服务调用结束后，可将方块再摆放到机械臂前，重新调用服务进行第二次抓取测试。

9.4.3 编程实现自动抓取（Python）

源码位于 xarm_vision/scripts/pick_with_AR_server.py，由于篇幅限制，完整内容可参考仓库中的程序。程序流程如图 9.31 所示，程序中用到的知识点在之前都学过，本节只对程序中的关键部分进行解析。

（1）获取 AR 标签的 ID 和位姿

```
# 话题/ar_pose_marker 的订阅端，回调函数为 get_tags()
rospy.Subscriber("ar_pose_marker", AlvarMarkers, self.get_tags)
```

话题/ar_pose_marker 由 ar_track_alvar 功能包的 ar_track_alvar 节点循环发布，消息类型为 ar_track_alvar_msgs/AlvarMarkers。话题回调函数如下：

```
# /ar_pose_marker 话题回调函数
def get_tags(self, msg):
    self.tag_result=msg
```

该应用中，默认抓取前的目标物体位姿不变，我们不希望每次接收到/ar_pose_marker 话题的消息时都进行抓取操作（话题发布频率很快，抓取需要时间，不符合实际），所以话题回调函数 get_tags()里只是将识别到的 AR 标签信息赋值给了变量 self.tag_result，真正的抓取操作在服务处理函数里进行。

（2）自定义抓取服务

```
# 定义 ROS 服务/xarm_vision_pickup 的服务端，服务回调函数为 call_pick_place()
self.pick_place_srv=rospy.Service('/xarm_vision_pickup', CallPickPlaceDemo, self.call_pick_place)
```

定义 ROS 服务/xarm_vision_pickup 的服务端，服务回调函数为 call_pick_place()。服务类型为 xarm_vision/CallPickPlaceDemo.srv，服务定义如图 9.35 所示。

图 9.35 xarm_vision/CallPickPlaceDemo.srv 的服务定义

服务请求为 std_msgs/Empty 类型的变量 call，返回 bool 型的 success 表示抓取放置是否成功。下面看一下服务回调函数 call_pick_place()的主要内容。

（3）判断是否检测到目标物体

```
n=len(self.tag_result.markers)
# 如果没有检测到标签，服务响应的 success 为 False
if n == 0:
    print "No target found!!!"
    return CallPickPlaceDemoResponse(False)
```

ar_track_alvar_msgs/AlvarMarkers 消息由消息头 header 和数组 markers 组成。若 markers 数组长度为 0，说明识别到的 AR 标签个数为 0，即没有识别到目标物体，服务响应为 False。

(4）规划场景中添加桌面

```python
# 设置桌子的长宽高 [l, w, h]
table_size=[1.0, 1.2, 0.01]
# 设置桌子的位姿
table_pose=PoseStamped()
table_pose.header.frame_id=REFERENCE_FRAME
table_pose.pose.position.x=0.0
table_pose.pose.position.y=0.0
table_pose.pose.position.z=-table_size[2] / 2.0
table_pose.pose.orientation.w=1.0
# 把桌子添加到规划场景中
self.scene.add_box(self.table_id, table_pose, table_size)
rospy.sleep(1)
# 设置桌子 table 为抓取和放置操作的支撑面，使 MoveIt!忽略物体放到桌子上时产生的碰撞警告
self.xarm.set_support_surface_name(self.table_id)
```

抓取前，在规划场景里添加了桌子并将桌子设置为抓取和放置的支撑面，使 MoveIt!忽略物体放到桌子上时产生的碰撞警告。

（5）设置目标物体和抓取姿态

```python
target_poses=[]  # 保存标签位姿
target_ids=[]  # 保存标签的 ID
yaw_offset=[]  # 保存偏航角偏移量，后面用于设置放置姿态
target_size=[0.07,0.07, 0.07] # 方块尺寸

# 在规划场景中添加所有的目标物体，并记录每个目标的位姿
for tag in self.tag_result.markers:
    # target_ids 列表用来保存每个标签的 ID，作为规划场景中目标物体的 ID
    tag.pose.header.frame_id=REFERENCE_FRAME
    target_ids.append(deepcopy(str(tag.id)))
    # target_poses 列表用来保存每个标签的位姿 pose
    target_poses.append(deepcopy(tag.pose))
    # 设置方块的尺寸和中心位置，这里以方块表面的 AR 标签的高度作为边长
    tag.pose.pose.position.z=tag.pose.pose.position.z/2.0
    # 获取 AR 标签的姿态，从四元数转为欧拉角表示
    rpy_euler=euler_from_quaternion([tag.pose.pose.orientation.x,
tag.po se.pose.orientation.y,tag.pose.pose.orientation.z,
tag.pose.pose.orientation.w ])
    # yaw_offset 列表用于保存每个目标方块的偏航角与抓取时的 gripper_centor_link 的
偏航角 yaw 的差值
    Yaw = math.atan(tag.pose.pose.position.y/tag.pose.pose.position.x)
    yaw_offset.append(deepcopy(rpy_euler[2]-yaw))
    # 设置方块的姿态与欧拉角的 Yaw 偏航角一致，Roll 和 Pitch 为零
    q=quaternion_from_euler(0, 0, rpy_euler[2])
    tag.pose.pose.orientation.x=q[0]
```

```
            tag.pose.pose.orientation.y=q[1]
            tag.pose.pose.orientation.z=q[2]
            tag.pose.pose.orientation.w=q[3]
            # 在规划场景中添加目标方块
            self.scene.add_box(str(tag.id), tag.pose, target_size)
    # 给规划场景一定的更新时间
    rospy.sleep(1)
```

把识别到的每个标签的 ID 和位姿添加到了 target_ids 和 target_poses 列表中,用于后续的抓取操作。

这一部分代码十分重要,里面的一些设置是决定能否成功抓取或放置的关键。在实际的 AR 标签检测中,由于各种误差的影响,会发现在 base_link 下应水平(Pitch 和 Roll 为 0)的 AR 标签,在 Pitch 和 Roll 方向上存在一定的旋转。AR 标签的姿态可近似为方块的姿态,我们在将方块添加到规划场景中时,可以忽略 Pitch 和 Roll 方向上的旋转,只考虑 Yaw 的偏转,所以代码中使用 euler_from_quaternion() 函数将 AR 标签位姿中的四元数转换成了欧拉角,再用 q=quaternion_from_euler(0,0, rpy_euler[2]) 为方块设置了新的姿态。这里用方块表面的 AR 标签的高度作为方块的边长,若为了减少误差的影响,也可直接测量方块边长,用固定的边长值设置 target_size。

机械臂抓握位姿的设置会直接影响到抓取能否成功,通常我们会设置机械臂"容易"到达的姿态作为抓取时 gripper_centor_link 的姿态。经过分析,发现当 gripper_centor_link 的偏航角 Yaw 与目标所在位置相对于 base_link 的偏航角一致时,XBot-Arm 机械臂更容易到达。所以本应用中使用 Yaw=math.atan(tag.pose.pose.position.y/tag.pose.pose.position.x) 作为 gripper_centor_link 的偏航角。抓取完成后,gripper_centor_link 与目标物体中心之间的变换关系是不变的,两者在 base_link 下偏航角之间的差值 yaw_offset 也不变,图 9.36 所示是在 x-y 平面上偏航角的关系示意图。

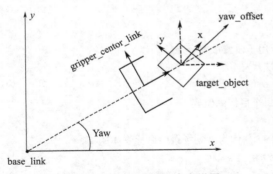

图 9.36 偏航角和抓取姿态设置

在使用 place 接口放置物体时,第二个参数代表的放置位姿是目标物体本身的位姿,而不是 gripper_centor_link 的位姿。为了让机械臂以更容易的姿态放置目标物体,而不考虑放置后目标物体的位姿,在后面设置放置位姿 place_pose 时,我们用期望的 gripper_centor_link 的偏航角 Yaw 加上 yaw_offset 作为 place_pose 的偏航角,这样放置时手爪就能以我们期望的偏航角进行操作了。

(6) 设置固定放置点并进行抓取放置

```
    # 设置一个放置目标位姿 place_pose
    place_pose=PoseStamped()
    place_pose.header.frame_id=REFERENCE_FRAME
    place_pose.pose.position.x=0.25
    place_pose.pose.position.y=0.25
    place_pose.pose.position.z=target_size[2] / 2.0
    # 抓取目标并放置到指定位置
    for i in range(len(target_poses)):
        q = quaternion_from_euler(0, 0, math.pi/4 + yaw_offset[i])
```

```python
            place_pose.pose.orientation.x=q[0]
            place_pose.pose.orientation.y=q[1]
            place_pose.pose.orientation.z=q[2]
            place_pose.pose.orientation.w=q[3]
            if self.pick_and_place(target_ids[i], target_poses[i], place_pose):
                place_pose.pose.position.z += 0.07
                continue
            else:
                return CallPickPlaceDemoResponse(False)
```

设置固定的放置点,对每个目标物体,依次调用自定义的 pick_and_place()函数进行抓取和放置操作。pick_and_place()函数的第一个参数为目标的 ID,第二个参数为目标的位姿,第三个参数为放置的位姿。

示例中设置了第二个物体的放置点比第一个物体的放置点高 7cm,也就是把第二个方块放在第一个方块的上面。

若抓取放置失败,服务调用结束,返回 False。

pick_and_place()函数中的内容与 7.4 节基本一致,需要设置机械臂的抓取姿态 Grasp 并调用 MoveIt!的 pick 接口和 place 接口进行抓取放置,这里不再赘述。

(7)服务响应返回 True

```python
        # 回到初始位姿
        self.xarm.set_named_target('Home')
        self.xarm.go()
        # 闭合手爪
        self.gripper.set_joint_value_target(GRIPPER_CLOSED)
        self.gripper.go()
        rospy.sleep(1)
        # 删除规划场景里的物体
        self.scene.remove_world_object(self.table_id)
        for i in range(len(target_ids)):
            self.scene.remove_world_object(target_ids[i])
        rospy.sleep(1)
        # 返回服务的响应 success 为 True
        return CallPickPlaceDemoResponse(True)
```

若全部物体都被抓取放置成功,则会让机械臂回到初始位姿,闭合手爪,删除规划场景里的桌子和添加的目标物体,服务调用结束,响应为 True。

9.4.4 编程实现自动抓取（C++）

源码位于 xarm_vision/src/pick_with_AR_server.cpp,由于篇幅限制,完整内容可参考仓库中的程序。程序流程和 Python 节点一致,本节只对程序的关键内容进行解析:

```cpp
// 创建话题/ar_pose_marker 的订阅端
ar_marker_sub_=nh_.subscribe(std::string("/ar_pose_marker"), 100,
&ARTrackAndPick::arMarkerCallback, this);
```

ar_track_alvar 节点发布的 /ar_pose_marker 话题的订阅端，话题回调函数 arMarkerCallback() 内容如下：

```cpp
// 话题/ar_pose_marker 的回调函数
void ARTrackAndPick::arMarkerCallback(
  const ar_track_alvar_msgs::AlvarMarkers msg) {
  ar_markers_=msg;
}
```

AR 标签识别的 ID 和位姿等信息保存到变量 ar_markers_ 中，在服务回调函数中进行处理。

```cpp
// 创建服务/xarm_vision_pickup 的服务端
pick_place_srv_=nh_.advertiseService(std::string("/xarm_vision_pickup"), &ARTrackAndPick::callPickPlace, this);
```

创建服务 /xarm_vision_pickup 的服务端，服务回调函数为 callPickPlace()，服务类型为 xarm_vision/CallPickPlaceDemo.srv。

服务回调函数 callPickPlace() 的具体内容如下：

```cpp
bool ARTrackAndPick::callPickPlace(xarm_vision::CallPickPlaceDemo::Request &req,
                      xarm_vision::CallPickPlaceDemo::Response &res){
  if(ar_markers_.markers.size() == 0){
    ROS_INFO("No target found!!!");
    res.success=false;
    return true;
  }
  // 把桌子添加到规划场景中
  addDeskFloor();
  sleep(1);
  moveit::planning_interface::MoveGroupInterface xarm("xarm");
  moveit::planning_interface::MoveGroupInterface gripper("gripper");
  xarm.allowReplanning(true);
  // 设置桌子 table 为抓取和放置操作的支撑面，使 MoveIt!忽略物体放到桌子上时产生的碰撞警告
  xarm.setSupportSurfaceName(table_id_);
  // 在规划场景中添加所有的目标物体，并记录每个目标的位姿
  std::vector<std::string> target_ids;
  std::vector<geometry_msgs::PoseStamped> target_poses;
  std::vector<double> yaw_offset;
  for (auto tag : ar_markers_.markers) {
    tag.pose.header.frame_id="base_link";
    target_ids.push_back(std::to_string(tag.id));
    target_poses.push_back(tag.pose);
    // tag.pose.pose.position.z=tag.pose.pose.position.z/2.0;
    // 获取 AR 标签的姿态 Yaw 表示
    double tag_yaw=tf::getYaw(tag.pose.pose.orientation);
    // yaw_offset 列表用于保存每个目标方块的偏航角与抓取时的 gripper_centor_link 的偏航角 Yaw 的差值
```

```cpp
      double yaw=atan2(tag.pose.pose.position.y,tag.pose.pose.position.x);
      yaw_offset.push_back(tag_yaw -yaw);
      // 设置方块的姿态与欧拉角的偏航角 Yaw 一致, Roll 和 Pitch 为零
      tf2::Quaternion q;
      q.setRPY(0,0,tag_yaw);
      tag.pose.pose.orientation.x=q.x();
      tag.pose.pose.orientation.y=q.y();
      tag.pose.pose.orientation.z=q.z();
      tag.pose.pose.orientation.w=q.w();
      // 在规划场景中添加目标方块
      addBox(std::to_string(tag.id), tag.pose.pose);
      sleep(1);
}
// 设置一个放置目标位姿 place_pose
geometry_msgs::PoseStamped place_pose;
place_pose.header.frame_id="base_link";
place_pose.pose.position.x=0.25;
place_pose.pose.position.y=0.25;
place_pose.pose.position.z=0.07 / 2.0;

// 抓取目标并放置到指定位置
for (int i=0; i<target_ids.size();i++) {
  if(pickupCube(xarm, target_ids[i], target_poses[i])){
    ROS_INFO("Pickup successfully. ");
    tf2::Quaternion q;
    q.setRPY(0,0,3.1415926/4.0 + yaw_offset[i]);
    place_pose.pose.orientation.x=q.x();
    place_pose.pose.orientation.y=q.y();
    place_pose.pose.orientation.z=q.z();
    place_pose.pose.orientation.w=q.w();
    if(placeCube(xarm,target_ids[i],place_pose)){
      place_pose.pose.position.z += 0.07;
    }else{
      ROS_ERROR("Place Failed !!!");
      res.success=false;
      return true;
    }
  }else{
    ROS_ERROR("Pickup Failed !!!");
    res.success=false;
    return true;
  }
}
```

```
gripper.setNamedTarget("Close_gripper");
gripper.move();
// 回到初始位置
ROS_INFO("Moving to pose: Home");
xarm.setNamedTarget("Home");
xarm.move();
// 删除规划场景里的桌面和目标物体
planning_scene_interface_.removeCollisionObjects(target_ids);
ros::WallDuration(1.0).sleep();
res.success=true;
return true;
}
```

抓取位姿和放置点的设置可参考 Python 节点的讲解，在服务回调函数中主要做了以下几部分事情。

① 根据 ar_markers 检测结果信息，判断是否有检测到 AR 标签，若没有则服务调用结束，返回 false。

② 若检测到 AR 标签，则依次对每个标签标记的物体进行处理，保存 ID 和位姿，并在规划场景中添加相应的方块。

③ 依次抓取识别到的方块并放置到固定点，若抓取放置失败，服务调用结束，返回 false。

④ 若抓取放置成功，机械臂回到初始位置，手爪闭合，清除规划场景里的物体，服务调用结束，返回 true。

本章小结

本章分析了视觉抓取应用中用到的关键技术；学习了如何使用 ar_track_alvar 功能包创建和检测 AR 标签；以 XBot-Arm 桌面机械臂为例，学习了使用 easy_handeye 功能包进行眼在手外的手眼标定的具体过程；通过具体的自动抓取应用示例，学习了视觉抓取系统的基本组成和编程实现。

本章是对全书学习内容的综合应用展示，虽然基于 AR 标签的自动抓取示例较为简单，但示例中学习的编程实践技术可应用到更为复杂的场景中。

习题9

1. 简要概括视觉抓取应用中用到的关键技术。
2. ar_track_alvar 功能包里的_____节点可以创建不同大小、不同 ID 数据的 AR 标签。
3. ar_track_alvar 节点将 AR 标签识别结果发布到了话题/ar_pose_marker 上，话题的消息类型为_____。
4. easy_handeye 功能包提供了两种标定方式：_____和_____。

参考文献

[1] 凯文·M. 林奇，朴钟宇. 现代机器人学：机构、规划与控制[M]. 于靖军，贾振中，译. 北京：机械工业出版社，2020.

[2] 克雷格. 机器人学导论[M]. 贠超，译. 北京：机械工业出版社，2018.

[3] 高翔，张涛，刘毅，等. 视觉 SLAM 十四讲：从理论到实践[M]. 北京：电子工业出版社，2019.

[4] Ioan A Sucan and Sachin Chitta，"MoveIt"[R/OL]. http：//moveit.ros.org.

[5] David Coleman，Ioan A Sucan，Sachin Chitt，et al. Reducing the barrier to entry of complex robotic software：a moveIt！case study[J]. Journal of Software Engineering for Robotics，1994，5（1）：3–16.

[6] Görner M，Haschke R，Ritter H，et al. Moveit！task constructor for task-level motion planning[J] in IEEE Intl. Conf. on Robotics and Automation，2019：190–196.

[7] Shiu Y，Ahmad S，calibration of wist-mounted robotic sensors by solving homogeneous transform equations of the form AX=XB[J]. In IEEE Transactions on Robotics and Automation，1989，5（1）：16-29.

[8] http：//math.loyola.edu/～mili/Calibration/index.html.

[9] Tsai R，Lenz R. A New Technique for Fully Autonomous and Efficient 3D Robotics Hand/Eye Calibration[J]. In IEEE Transactions on Robotics and Automation，1989，5（3）：345-358.